高等学校电工电子基础实验系列教材
国家"十一五"规划教材配套实验教材

单片机原理与应用实验教程

（第二版）

主　编　粟　华
副主编　王晶晶　李庆华　贺长伟　田存伟
审　阅　王洪君

山东大学出版社

内容简介

本书是国家"十一五"规划教材《单片机原理与应用》的配套实验教材。它是根据《单片机原理与应用》的实验教学需要，结合作者多年来的实验教学经验而编写的。本书设计了软件仿真实验、硬件接口实验和系统综合实验三个模块。实验内容涵盖了 MCS-51 单片机教学大纲中的汇编语言及 C 语言程序设计、片内外设及中断系统应用、片外存储器扩展、I/O 扩展、人机交互（包括键盘输入、LED 数码管显示、LCD 显示以及 LED 点阵显示）扩展、信号的输入／输出通道（包括常用的传感器、A/D、D/A 和开关量的输入／输出）扩展，以及综合性系统设计等。内容全面，贴近工程实际，注重能力培养。

本书既可作为电子信息、通信工程、计算机、自动化等专业专科生、本科生的单片机原理与应用实验教材，也可作为大学生电子设计大赛的培训教材，还可作为从事单片机开发应用工作的工程技术人员的自学实训书籍。

前　言

　　单片机这种 20 世纪 70 年代诞生的专用于小型智能控制领域的计算机是嵌入式计算机的一种,也是到目前为止应用最广泛的一种专用计算机。MCS-51 单片机以其集成度高、体积小、可靠性高、抗干扰能力强、控制功能强、可扩展性好、性价比高等特点,不仅成为嵌入式计算机发展历史上的里程碑,而且直到现在仍然是嵌入式计算机的典型代表。学习单片机是电气、电子、自动化领域的学生学习智能控制、智能仪器仪表设计的入门基础。很多高水平的电子设计工程师都是从学习单片机尤其是MCS-51 开始的。

　　本书第一版已说明,为了使单片机教材既能满足原理性教学的需要,又能满足工程实际的需要,我们于 2008 年编写了一本国家级“十一五”规划教材《单片机原理及应用》(山东大学出版社出版,王洪君主编)。该书自 2009 年 1 月出版以来,已经三次印刷,销量在 1 万册以上,被山东大学及多家兄弟院校选定为“单片机原理与应用”课程的指定教材,使用效果良好。

　　为了满足新的教学要求,配套国家级“十一五”规划教材《单片机原理及应用》,我们于 2011 年设计了一款“SDU_MCU 系列单片机教学实验箱”,并于 2014 年编写了《单片机原理与应用实验》(第一版)。“SDU_MCU 系列单片机教学实验箱”经过了三年多的使用,发现了一些不足之处。这款实验箱目前存在的主要问题是:模块化程度还不够高,模块数量也不够多,虽能满足绝大多数“单片机原理与应用”课程的实验教学要求,但离同时满足电子设计大赛及各种电子设计创新技能实训的要求还有些差距。

　　为此我们在“SDU_MCU 系列单片机教学实验箱”的基础上,改进开发了第二款单片机实验箱“UP-MODOULE-MCU 模块化单片机教学科研平台”。相比“SDU_MCU 系列单片机教学实验箱”,“UP-MODOULE-MCU 模块化单片机教学科研平台”主要做了如下改进:一是真正实现了母板＋扩展子板的双层结构。母板上实现了常用的矩阵键盘、静态键盘及五向开关、静态及动态 LED 数码管显示电路、12864 及 1602 LCD 的扩展接口电路、开关量的产生与指示电路、交通灯指示电路、直流电机、步进电机、继电器驱动、音频驱动电路、RS232 接口电路、12V/5V/3.3V 电源电路等各种单片机实验所共用的接口电路,而剩余的其他接口电路均通过一个标准的子板扩展区进行扩展实现。扩展子板的更换非常方便,子板的种类也不再受任何限制。目前除了"SDU_MCU 系列单片机教学实验箱"已完成的 PIO 扩展模块、RTC 扩展模块、AD/DA 扩展模块、存储器(Memory)扩展模块、I²C 扩展模块、传感器(Sensors)扩展模块以外,新扩展了:基于 W5100 的以太网模块、基于 CH375 的 USB Host 和 USB Device 模块、基于 SJA1000 的 CAN 总线模块、基于华为 MG323 的 3G 模块、基于 PT2272/PT2262 构成无线遥控器和基于 nRF2401 的 2.4G 无线发射与接收模块、基于 AD9850 的 DDS 模块、基于 Phlips MF RC500 的高频 RFID 读写模块、基于 VS1003 的 MP3 播放模块、基于 ISD1760 的语音录放模块等。扩展子板的数量由原实验箱的 8 个达到目前的 20 余个。这些新扩展的模块在各种电子设计大赛及创新性实训、电子综合设计、毕业设计以及科研项目开发中都是常用的,这些扩展模块的设计使本实验箱不再局限于课程教学使用。另外,子板扩展区的设计充分考虑了通用性要求,使用户自己做的实验板在符合插接尺寸要求的前提下,都可以无障碍地在该扩展区使用。本实验平台已借助于北京博创智联科技有限公司这一国内一流的高校教学实验设备厂商在全国范围内推广使用。

"UP-MODOULE-MCU 模块化单片机教学科研平台"的第二大改进是设计了标准的 CPU 子板扩展区,通过更换 CPU 板可以实现多 CPU 支持。目前已完成开发的 CPU 板有 STM32F107 CPU、AVR ATMega128、AVR ATMega16、MCS-51 四种,并编写了针对所有 CPU 板的实验指导书。未来还将设计出包括 TMS320F2812 DSP CPU 板等更多的 CPU 板,使本实验箱更好地实现一机多用,节省用户投资。

关于本实验箱更多的特点,可通过北京博创智联科技有限公司网站查看,网址为:http://www.up-tech.com/?productstudy/typeid/2/tid/71.html。

由于所依托的实验箱的调整,《单片机原理与应用实验》(第一版)也需要进行调整。因此,我们主要对《单片机原理与应用实验》(第一版)的第 4 章进行了重新编写,结合"UP-MODOULE-MCU 模块化单片机教学科研平台",对所有硬件实验进行重新调整,并对前言部分进行了调整,但书的整体结构以及其他章节的内容都保持不变。

本实验教材仍然包含了软件仿真实验、硬件接口实验、综合创新实验三个模块。内容涵盖了整个 MCS-51 单片机教学计划中的汇编及 C 语言程序设计、片内外设及中断系统应用、片外存储器扩展、I/O 扩展、人机交互(包括键盘输入、LED 数码管显示、LCD 显示以及 LED 点阵显示)扩展、信号的输入输出通道(包括常用的传感器、A/D、D/A 和开关量的输入输出)扩展,以及综合性系统设计等内容。整个实验教学计划按 48 学时以上设计,具体实验内容如下:

(1)纯软件仿真实验(4 个):单片机软件开发环境 Keil μVision 2 的使用以及以此为基础的纯软件仿真实验共有 4 个,其中 2 个汇编语言程序实验,1 个 C 语言程序实验,1 个 C 与汇编混合编程实验。这部分实验的目的是让学生初步熟悉开发环境,熟悉汇编语言与 C 语言单片机程序设计的基本语法规则,为后面的实验打下基础。

(2)Proteus 软件仿真实验 12 个,主要目的是训练学生掌握 Proteus 这种仿真工具软件的使用方法,并利用其进行初级系统设计与仿真验证。这种仿真设计方法可以提高系统设计效率,缩短设计周期,降低设计成本,在现代单片机应用系统设计工作中非常实用。

(3)硬件接口实验(23 个):使用硬件仿真调试器,基于"UP-MODOULE-MCU 模块化单片机教学科研平台"实现的硬件接口实验共有 23 个,分别是:按键声光报警实验 1 个,并口扩展类实验 3 个,键盘及 LED 数码管、LCD 液晶显示及 16×16LED 点阵等人机接口类实验 4 个,AD&DA 实验 2 个,RTC 实验 1 个,I²C 扩展实验 5 个,传感器类实验 5 个,电机控制及转速测量类实验 2 个。这部分实验的目的是训练学生设计单片机硬件系统,并掌握实际硬件电路的调试方法。

(4)系统综合实验 4 个,分别是:电梯控制系统实验,自动国旗升降系统实验,基于单片机控制的函数发生器系统实验和分布式远程抄表系统实验。这部分实验属于综合创新性实验,教材中只给出功能要求,没有过多的指导,主要靠学生根据前期的训练,自己设计系统软硬件结构,并实现其功能。

限于篇幅,其他高级扩展模块如:以太网通信、无线通信、GPRS、USB、MP3、语音录放、CAN、485、RFID、DDS 等模块的相关实验内容并没有出现在本教材中,而"UP-MODOULE-MCU 模块化单片机教学科研平台"所配实验指导书中会包含这些内容。用户在使用本教材时,可根据自己的教学计划、教学目标及教学学时数选择部分内容进行教学。

本书由栗华任主编并统稿,王晶晶、李庆华、贺长伟、田存伟任副主编,王洪君进行了审阅。山东大学信息科学与工程学院的硕士研究生李峰、于涛、陈昭村、王思德、张武,济南飞速电子科技有限公司的曹成美、温立清、谢雪梅等参与了"UP-MODO-ULE-MCU 模块化单片机教学科研平台"硬件电路研制、调测,以及本书实验电路图的整理等工作。山东师范大学物理与电子科学学院、齐鲁工业大学电气工程与自动化学院、山东建筑大学理学院、聊城大学物理科学与信息工程学院的有关领导和任课教师在本书编写过程中给予了大量指导并提出了许多建设性意见,山东大学资产与实验室管理部、山东大学国家级物联信息技术与系统工程实验教学示范中心及山东大学信息科学与工程学院的有关领导在本书编写过程中给予了许多的帮助和鼓励,在此一并表示感谢。

由于作者水平有限,书中如有错误和不当之处,恳请读者批评指正。

编　者

2015 年 7 月

目　录

第1章　集成开发环境 Keil μVision2 及 Proteus 仿真软件使用指南

1.1　集成开发环境 Keil μVision2 应用指南

Keil 软件是众多单片机应用开发软件中的优秀软件之一，它集编辑、编译、仿真于一体，支持汇编语言、PLM 语言和 C 语言的程序设计，界面友好，易学易用。

下面通过图解的方式来介绍 Keil μVision2 软件的使用，学习如何通过输入源程序→新建工程→工程详细设置→源程序编译得到目标代码文件。

1.1.1　Keil μVision2 软件的启动

首先双击 Keil 的桌面快捷方式（见图1.1），启动 Keil 集成开发软件。

图 1.1　Keil μVision2 的桌面图标

启动 Keil μVision2 后，将出现如图 1.2 所示界面。

图 1.2　Keil μVision2 的启动界面

然后,将出现如图 1.3 所示主界面。

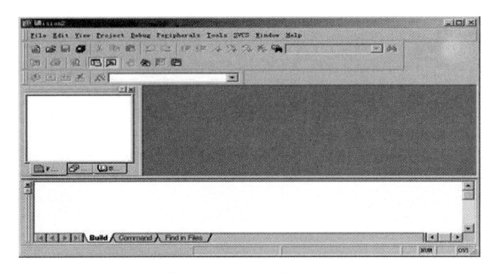

图 1.3 Keil μVision2 的主界面

1.1.2 Keil μVision2 主界面简介

Keil μVision2 的主界面窗口(见图 1.4)主要包括项目窗口(用于管理项目各组成文件)、文本编辑窗口(用于输入、编辑和查看文件代码)和输出窗口(用于显示文件编译结果),还有一些调试窗口。

Keil μVision2 的主界面窗口还有标题栏、菜单栏和工具栏,且大部分的菜单操作和工具栏操作都有对应的快捷键。表 1.1 和表 1.2 分别列出了 μVision2 的主要菜单命令、工具栏图标、默认的快捷键以及对它们的描述。

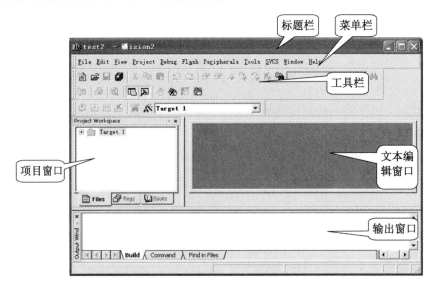

图 1.4 Keil μVision2 的主界面窗口

（1）项目菜单和项目命令（见表 1.1）

表 1.1　　　　　　　　　　项目菜单和项目命令

菜单命令	工具栏图标	快捷键	描述
New Project…			创建新项目
Open Project…			打开一个已经存在的项目
Close Project			关闭当前的项目
Select Device for Target			选择对象的 CPU
Remove Item			从项目中移走一个组或文件
Options …		Alt＋F7	设置对象、组或文件的工具选项
File Extensions，Book and Environment			选择不同文件类型的扩展名
Build Target		F7	编译修改过的文件并生成应用
Rebuild All Target Files			重新编译所有的文件并生成应用
Translate …		Ctrl＋F7	编译当前文件
Stop Build			停止生成应用的过程

（2）调试菜单和调试命令（见表 1.2）

表 1.2　　　　　　　　　　调试菜单和调试命令

菜单命令	工具栏图标	快捷键	描述
Start/Stop Debugging		Ctrl＋F5	开始/停止调试模式
Go		F5	运行程序，直到遇到一个中断
Step		F11	单步执行程序，遇到子程序则进入
Step over		F10	单步执行程序，跳过子程序
Step out of Current Function		Ctrl＋F11	执行到当前函数的结束
Stop Runing		Esc	停止程序运行
Breakpoints…			打开断点对话框
Insert/Remove Breakpoint			设置/取消当前行的断点
Enable/Disable Breakpoint			使能/禁止当前行的断点

续表

菜单命令	工具栏图标	快捷键	描述
Disable All Breakpoints			禁止所有的断点
Kill All Breakpoints			取消所有的断点
Memory Map…			打开存储器空间设置对话框
Performance Analyzer…			打开设置性能分析的窗口

1.1.3　Keil μVision2 创建项目实例

μVision2 包括一个项目管理器,它可以使 MCS-51 应用系统的设计变得简单。要创建一个应用,需要按下列步骤进行操作:

①新建一个项目文件并从器件库中选择一个器件。

②新建一个源文件并把它加入到项目中。

③针对目标硬件进行选项设置。

④编译项目并生成可编程 PROM 的 HEX 文件。

下面将逐步地进行描述,从而指引读者创建一个简单的 μVision2 项目。

第一步:双击 Keil μVision2 的桌面快捷方式,启动 Keil 集成开发软件。

第二步:新建文本编辑窗。单击工具栏上的"新建文件"按钮 ,或者单击"File"→"New…"菜单命令,即可在项目窗口的右侧打开一个新的文本编辑窗,如图 1.5 所示。

图 1.5　新建文本编辑窗

第三步：输入源程序。在新的文本编辑窗中输入源程序，可以输入 C 语言程序，也可以输入汇编语言程序，如图 1.6 所示。

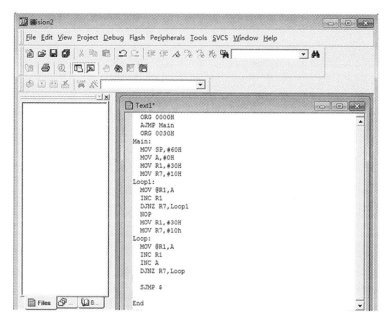

图 1.6　输入源程序

第四步：保存源程序。单击工具栏上的"保存文件"按钮 ，或单击 "File"→ "Save" 菜单命令保存源程序（见图 1.7），会弹出一个对话框，如图 1.8 所示。应在对话框中的"文件名"栏输入要保存的文件名。注意：保存文件时，必须加上文件的扩展名。如果你使用汇编语言编程，那么保存时文件的扩展名为". asm"；如果是 C 语言程序，文件的扩展名使用". c"。

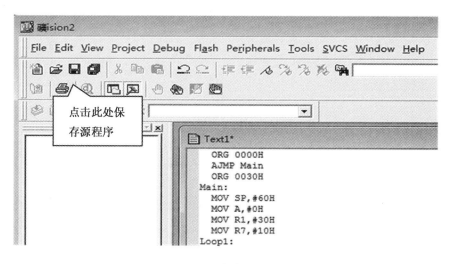

图 1.7　保存源程序

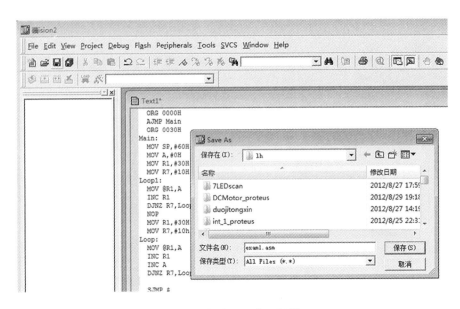

图 1.8   "保存源程序"对话框

注：第三步和第四步之间的顺序可以互换，即可以先输入源程序后保存，也可以先保存后输入源程序。

第五步：新建 Keil 工程。如图 1.9 所示，单击"Project"→"New Project …"菜单命令，将出现如图 1.10 所示对话框。

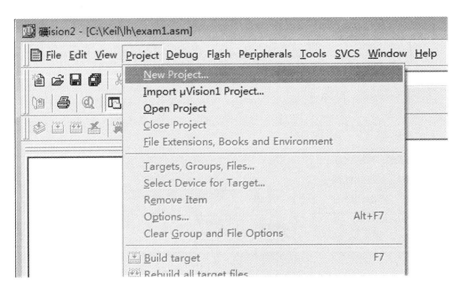

图 1.9   新建工程

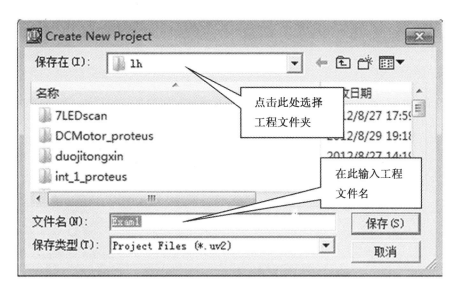

图 1.10 "新建工程"对话框

在"保存工程"对话框中输入工程文件名,Keil 工程默认扩展名为".uv2"。工程名称不用输入扩展名(见图 1.10)。输入名称后保存,将出现"选择设备"对话框。

第六步:选择 CPU 型号。如图 1.11 所示,为工程选择 CPU 型号。本新建工程选择了 Atmel 公司的 AT89C51 单片机。

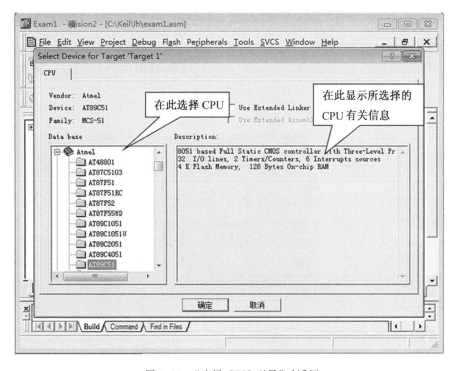

图 1.11 "选择 CPU 型号"对话框

　　选定型号,单击"确定"按钮之后,将会出现一个对话框,询问是否往工程里面添加初始化代码(见图 1.12),可以选择"是(Y)"。

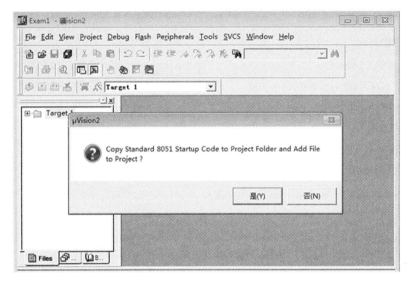

图 1.12　"初始化代码"对话框

　　此时可见到工程管理窗中出现"Target 1",单击"Target 1"前面的"+"展开,将出现下一层的"Source Group 1"文件夹,展开"Source Group 1"文件夹前面的"+",可以看到该文件夹下有一个文件"STARTUP. A51",如图 1.13 所示。

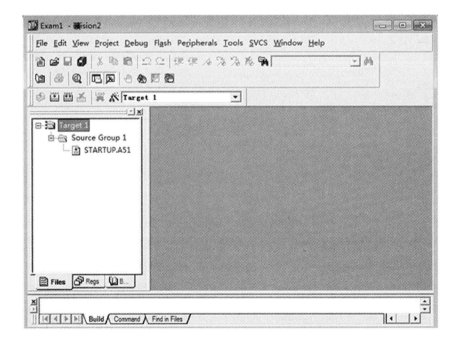

图 1.13　工程管理窗口

"STARTUP. A51"文件是单片机复位之后执行的初始化程序,该程序将对单片机的内存以及堆栈进行初始化。内存在上电时里面的内容是不确定的,"STARTUP. A51"文件就是根据内存的大小,把内存初始化为零,并初始化堆栈指针 SP。对于采用汇编语言进行编程的,不需要提前做这些工作,可以不用加入"STARTUP. A51"文件。而对于采用 C 语言编程的,"STARTUP. A51"文件除了用于内存及堆栈初始化外,还将为 C51 编译器的运行准备初始运行条件,所以要选择加入该文件。

第七步:将源程序加入到工程中。如图 1.14 所示,右击工程管理窗中的"Source Group 1",出现下拉菜单,单击"Add Files to Group 'Source Group 1'"命令,将出现"添加文件"对话框(见图 1.15)。选择刚才建立的源文件,要注意文件类型(即扩展名)的选择。在对话框中的文件类型默认为"C Source file (＊. c)",如果你要添加到工程中的是汇编语言程序,则在文件类型中必须选中"Asm Source file (＊. s ＊;＊. src;＊. a ＊)"。头文件、库文件和目标文件也有相应的选项,选择不当将看不到要添加的文件。找到要添加的文件后,选中,单击 Add 按钮,即可将选择的文件添加到工程中。

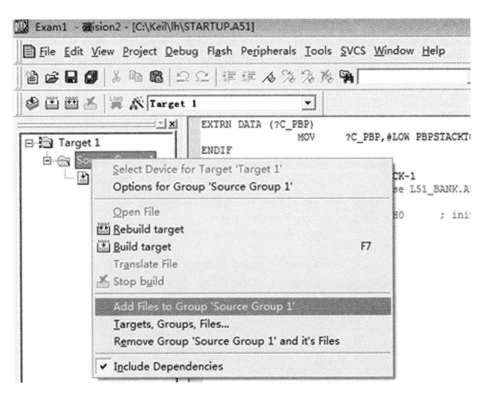

图 1.14　往工程中添加源文件

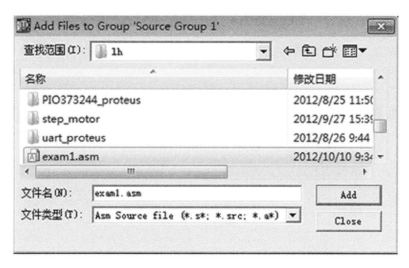

图 1.15 "添加文件"对话框

　　把文件添加到工程中后,此时添加文件对话框并不会自动关闭,而是等待继续添加其他文件,初学者往往以为没有加入成功,再次双击该文件,则会出现如图 1.16 所示对话框,表示该文件不再加入目标。此时应该单击"确定"按钮,返回到前一对话框,再单击 Close 按钮,返回到主界面。

图 1.16 "重复加入文件"对话框

　　如图 1.17 所示,"Source Group 1"文件夹下将出现已建立的"exam1.asm"文件,可见该源文件已成功加入工程,双击即可打开该文件进行编辑、修改源程序。

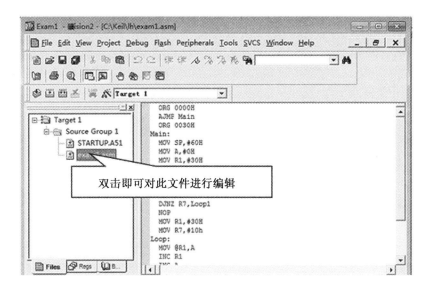

图 1.17　文件成功加入工程

第八步:工程目标"Target 1"属性设置。如图 1.18 所示,在工程项目管理窗中的"Target 1"文件夹上右击,出现下拉菜单,单击"Options For Target'Target 1'"命令,就进入目标属性设置界面。

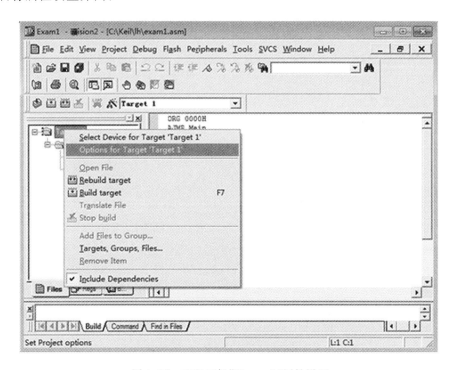

图 1.18　工程目标"Target 1"属性设置

"工程目标'Target 1'属性设置"对话框(见图 1.19)中有 8 个页面,设置的项目繁多复杂,大部分使用默认设置即可,主要设置其中的"目标 Target""输出 Output""列表 Listing""调试 Debug"四个页面。下面对这四个页面的设置进行详细介绍。

(1)工程目标(Target)属性页面设置

该页面主要设置单片机的晶振频率、存储器等。本工程将晶振的频率改为 11.0592MHz(见图 1.19)。晶振的频率设置和所用实验板上的实际晶振频率相同即可。

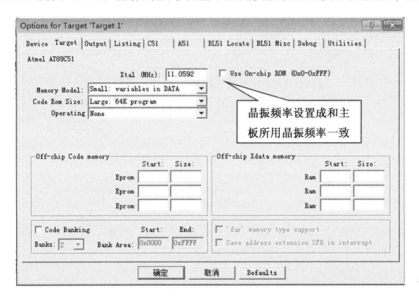

图 1.19 "工程目标'Target 1'属性设置"对话框

本选项页的各选项含义如下:

Xtal(MHz):设置单片机工作的频率,默认是 24.0MHz。

Use On-chip ROM(0x0-0xFFF):表示使用片上的 Flash ROM,AT89C51 有 4KB 的可重复编程的 Flash ROM,该选项取决于单片机应用系统。如果单片机的$\overline{EA}$管脚接高电平,则选中这个选项,表示使用内部 ROM;如果单片机的$\overline{EA}$管脚接低电平,表示使用外部 ROM,则不选中该选项。这里选中该选项。

Off-chip Code memory:表示片外 ROM 的开始地址和大小,如果没有外接程序存储器,那么不需要填任何数据。这里假设使用一个片外 ROM,地址从 0x8000 开始,一般填十六进制的数,Size 为片外 ROM 的大小。假设外接 ROM 的大小为 0x1000 字节,则最多可以外接 3 块 ROM。

Off-chip Xdata memory:可以填上外接的外部数据存储器(Xdata)的起始地址和大小。

Code Banking:Keil 可以支持程序代码超过 64KB 的情况,最大可以有 2MB 的程序代码。如果代码超过 64KB,那么就要使用 Code Banking 技术,以支持更多的程序空间。Code Banking 支持自动的 Bank 的切换,这在建立一个大型系统时是必需的。例如:在单片机里实现汉字字库,实现汉字输入法,都要用到该技术。

Memory Model:单击"Memory Model"后面的下拉箭头,会有 3 个选项,如图 1.20 所示。

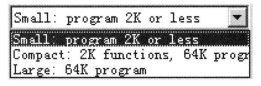

图 1.20　Memory Model 选项

· Small：变量存储在内部 RAM 里。

· Compact：变量存储在外部 RAM 里，使用 8 位间接寻址。

· Large：变量存储在外部 RAM 里，使用 16 位间接寻址。

一般使用 Small 来存储变量，此时单片机优先将变量存储在内部 RAM 里，如果内部 RAM 空间不够，才会存在外部 RAM 中。Compact 的方式要通过程序来指定页的高位地址，编程比较复杂。如果外部 RAM 很少，只有 256 字节，那么对该 256 字节的读取就比较快；如果超过 256 字节，而且需要不断地进行切换，就比较麻烦。Compact 模式适用于比较少的外部 RAM 的情况。Large 模式是指变量会优先分配到外部 RAM 里。需要注意的是，3 种存储方式都支持内部 256 字节和外部 64KB 的 RAM。因为变量存储在内部 RAM 里运算速度比存储在外部 RAM 里要快得多，所以大部分的应用都是选择 Small 模式。

使用 Small 模式时，并不说明变量就不可以存储在外部，只是需要特别指定，比如：

unsigned char xdata a：变量 a 存储在外部 RAM 里。

unsigned char a：变量 a 存储在内部 RAM 里。

但是使用 Large 模式时：

unsigned char xdata a：变量 a 存储在外部 RAM 里。

unsigned char a：变量 a 同样存储在外部 RAM 里。

这就是它们之间的区别，可以看出，这几个选项只影响没有特别指定变量的存储空间的情况，默认存储在所选模式的存储空间，比如上面的变量定义 unsigned char a。

Code Rom Size：单击"Code Rom Size"后面的下拉箭头，将有 3 个选项，如图 1.21 所示。

图 1.21　Code Rom Size 选项

· Small：program 2K or less，适用于 AT89C2051 这些芯片。2051 只有 2KB 的代码空间，所以跳转地址只有 2KB，编译的时候会使用 ACALL，AJMP 这些短跳指令，而不会使用 LCALL，LJMP 指令。如果代码地址跳转超过 2KB，就会出错。

· Compact：2K functions，64K program，表示每个子函数的代码大小不超过 2KB，整个项目可以有 64KB 的代码。也就是说，在 main（）里可以使用 LCALL，LJMP 指令，但在子程序里只能使用 ACALL,AJMP 指令。只有确定每个子程序不会超过 2KB 时,才可以使用 Compact 方式。

　　• Large:64K program,表示程序或子函数代码都可以大到 64KB,使用 Code Banking 还可以更大。通常都选用该方式。选择 Large 方式时的速度不会比 Small 慢很多,所以一般没有必要选择 Compact 和 Small 方式。这里选择 Large 方式。

　　Operating:单击 Operating 后面的下拉箭头,会有 3 个选项,如图 1.22 所示。

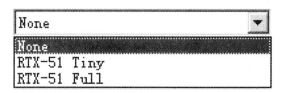

图 1.22　Operating 选项

　　• None:表示不使用操作系统。

　　• RTX-51 Tiny Real-Time OS:表示使用 Tiny 操作系统。

　　• RTX-51 Full Real-Time OS:表示使用 Full 操作系统。

　　Tiny 是一个多任务操作系统,使用定时器 0 做任务切换。在频率为 11.0592MHz 时,切换任务的时间为 30ms。如果有 10 个任务同时运行,那么切换时间为 300ms。不支持中断系统的任务切换,也没有优先级,因为切换的时间太长,实时性大打折扣。多任务情况下(比如 5 个),轮循一次需要 150ms,即 150ms 才处理一个任务,这连键盘扫描这些事情都实现不了,更不要说串口接收、外部中断了。同时切换需要大概 1000 个机器周期,对 CPU 的浪费很大,对内部 RAM 的占用也很严重。实际中用到多任务操作系统的情况很少。

　　Keil C51 Full Real-Time OS 是比 Tiny 要好一些的系统(但需要用户使用外部 RAM),支持中断方式的多任务和任务优先级,但是 Keil C51 里不提供该运行库,要另外购买。

　　这里选择 None。

　　(2)工程输出(Output)页面设置

　　该页面设置如图 1.23 所示。注意:如果要进行单片机写片实验,则一定要把"生成 HEX 文件"选项选中,这样程序编译后才能生成单片机需要的 HEX 格式的目标文件。(这一步是针对具有编程功能的仿真器或单片机编程器而设置的)

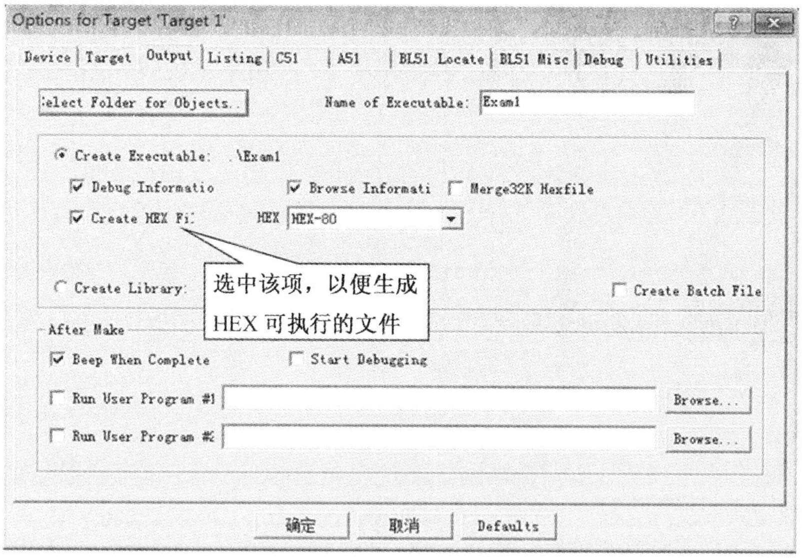

图 1.23　工程输出设置

工程输出设置窗口的其他选项含义如下：

Select Folder for Objects：单击该按钮，可以选择编译后目标文件的存储目录，如果不设置，就存储在项目文件的目录里。

Name of Executable：设置生成的目标文件的名字，缺省情况下和项目的名字一样。目标文件可以生成库或者 obj、HEX 的格式。

Create Executable：如果要生成 OMF 以及 HEX 文件，一般选中 Debug Information 和 Browse Information。选中这两项，才有调试所需的详细信息，比如要调试 C 语言程序，如果不选中，调试时将无法看到用高级语言写的程序。

Create HEX File：要生成 HEX 文件，一定要选中该选项，如果编译之后没有生成 HEX 文件，就是因为这个选项没有被选中。默认是不选中的。

Create Library：选中该项时将生成 lib 库文件。根据需要决定是否要生成库文件，一般应用是不生成库文件的。

After Make：栏中有以下几个设置。

Beep When Complete：编译完成之后发出咚的声音。

Start Debugging：马上启动调试（软件仿真或硬件仿真），根据需要来设置，一般是不选中。

Run User Program ♯1，Run User Program ♯2：这两个选项可以设置编译完之后所要运行的其他应用程序（比如有些用户自己编写了烧写芯片的程序，编译完便执行该程序，将 HEX 文件写入芯片），或者调用外部的仿真器程序。根据自己的需要设置。

（3）工程列表（Listing）页面设置

Keil C51 在编译之后除了生成目标文件之外，还生成"＊.lst"、"＊.m51"文件。这两个文件可以告诉程序员程序中所用的 idata、data、bit、xdata、code、RAM、ROM、stack 等的相关信息,以及程序所需的代码空间。

该页面设置窗口如图 1.24 所示。

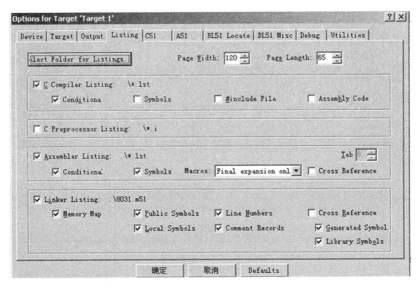

图 1.24　设置 Listing 选项卡

本窗口大部分选项选用默认设置。但是其中的 Assembly Code 选项如果选中的话,会生成汇编语言的代码。这是很有好处的,如果不知道如何用汇编语言来写一个长整型数的乘法,那么可以先用 C 语言来写,写完之后编译,就可以得到用汇编语言实现的代码。对于一个高级的单片机程序员来说,往往既要熟悉汇编语言,又要熟悉 C 语言,这样才能更好地编写程序。若某些地方用 C 语言无法实现,用汇编语言可能很容易;若有些地方用汇编语言很烦琐,用 C 语言可能就很方便。

单击 Select Folder for Listings 按钮后,在出现的对话框中可以选择生成的列表文件的存放目录。不作选择时,使用项目文件所在的目录。

(4)工程调试(Debug)页面设置

调试页面设置如图 1.25 所示。

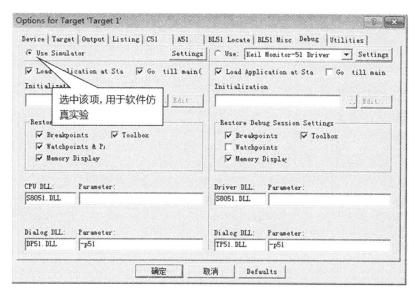

图 1.25　工程调试设置

这里有两类仿真形式可选：Use Simulator 和 Use：Keil Monitor-51 Driver，前一种是纯软件仿真，后一种是带有 Monitor-51 目标仿真器的仿真。

Load Application at Start：选择该项之后，Keil 才会自动装载程序代码。

Go till main：调试 C 语言程序时可以选择这一项，PC 会自动运行到 main 程序处。

这里选择 Use Simulator。

如果选择 Use：Keil Monitor-51 Driver，还可以单击图 1.25 中的 Settings 按钮，打开的新窗口如图 1.26 所示，其中的设置如下：

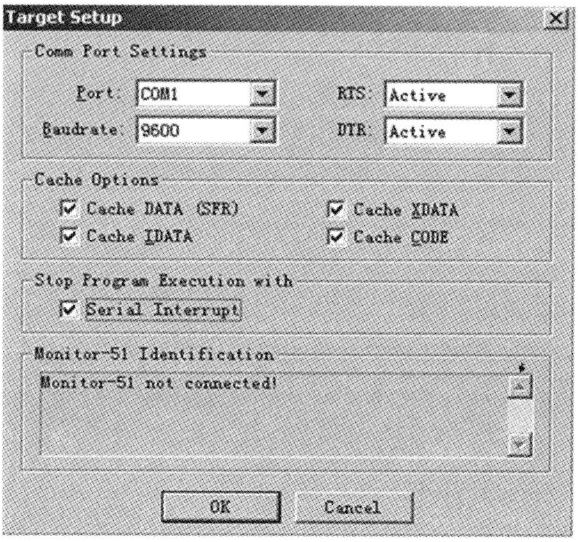

图 1.26　Target 设置

・Port：设置串口号，为仿真机的串口连接线 COM_A 所连接的串口。

・Baudrate：设置为 9600，仿真机固定使用 9600bit/s 跟 Keil 通信。

・Serial Interrupt：允许串行中断，选中它。

・Cache Options：可以选也可以不选，推荐选它，这样仿真机会运行得快一点。

最后单击 OK 按钮关闭窗口。

仿真器仿真环境下还可以利用虚拟的仿真器与 Proteus 一起实现联合仿真，在后面的 Proteus 仿真章节将介绍。

第九步：源程序的编译与目标文件的获得。

至此，已经完成了从源程序输入、工程建立到工程详细设置的工作。下面将完成最后的步骤，此时可以在文本编辑窗中继续输入或修改源程序，使程序实现功能目标，在检查程序无误后保存工程。

如图 1.27 所示，单击"构造目标 Build target"快捷按钮 [图标]，或者选用"Project"→"Build target"菜单命令，甚至使用快捷键 F7 进行源程序的编译连接，与源程序编译相关的信息会出现在输出窗口中的"Build"页中。

图 1.27 显示编译结果为 0 错误，0 警告，同时产生了目标文件"Exam1.hex"。如果源程序中有错误，则不能通过编译，错误会在输出窗口中报告出来，双击该错误，就可以定位到源程序的出错行，可以对源程序进行反复修改，再编译，直到没有错误为止。注意：每次修改源程序后一定要保存。

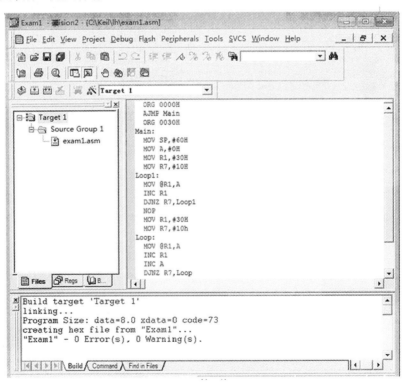

图 1.27　源程序的编译构造

编译通过后,打开工程文件夹(见图 1.28),可以看到文件夹中有了"Exam1.hex",这就是需要的最终目标文件。此时,可以用编程器(也称"烧录器")把该文件写入单片机,单片机就可以实现程序的功能了。

图 1.28　编译成功,获得目标文件"Exam1.hex"

1.1.4　Keil μVision2 软件调试

单击"启动/停止调试 Start/Stop Debug Session"快捷按钮 （见图 1.29）,即可对编译通过的可执行文件进行调试,这时将出现如图 1.30 所示调试窗口。

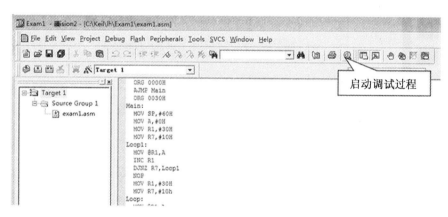

图 1.29　开始调试

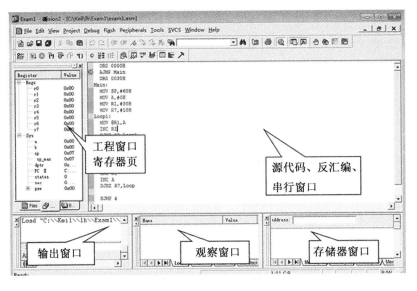

图 1.30　调试窗口

　　Keil 软件在调试程序时提供了多个窗口(见图 1.30),主要包括工程窗口(Project Window)寄存器(Regs)页、输出窗口(Output Window)、观察窗口(Watch & Call Stack Window)、存储器窗口(Memory Window)、反汇编窗口(Disassembly Window)和串行窗口(Serial Window)等,各窗口的大小可以使用鼠标调整。进入调试模式后,可以通过菜单 View 下的相应命令打开或关闭这些窗口,如图 1.31 所示,单击相应菜单便可切换该调试窗口是否显示。

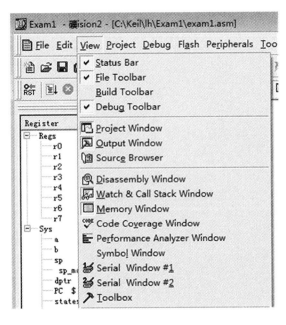

图 1.31　调试窗口显示管理

　　进入调试程序后,输出窗口自动切换到 Command 页。该页用于输入调试命令和输出调试信息。对于初学者,可以暂不学习调试命令的使用方法。

　　要想调试程序,应先使程序运行起来。使程序运行起来的方法有三种:全速运行(Run)、单步进入(Step Into)和单步越过(Step Over),这些运行过程可以通过相应的工具栏按钮进行,如图 1.32 所示。

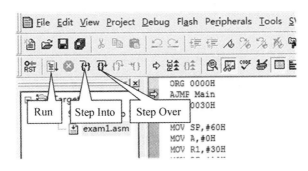

图 1.32　程序运行启动窗口

　　全速运行(Run)用于验证程序的整体功能,单步进入(Step Into)用于观察每条语句的执行效果(包括子程序内部),单步越过(Step Over)也用于观察每条语句的执行效果,但子程序调用作为一条语句来对待,不进入子程序内部。

　　刚进入调试窗口时,源程序窗口左侧的黄色箭头 指向第一条语句,即程序复位后 PC 所指向的位置,每执行一条单步语句,黄色箭头 随着 PC 值的改变而往下调整,并且执行过的语句左侧都用深绿色标注,如图 1.33 所示。

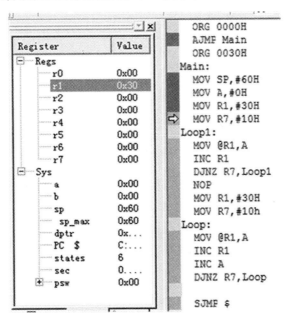

图 1.33　程序单步执行效果

（1）存储器窗口

存储器窗口中可以显示系统中各种内存中的值，通过在地址（Address）后的编辑框内输入"字母:数字"即可显示相应内存值。其中，字母可以是 C、D、I、X，分别代表代码存储空间、直接寻址的片内存储空间、间接寻址的片内存储空间、扩展的外部 RAM 空间，数字代表想要查看的地址。例如，输入 D:0 即可观察到从地址 0 开始的片内 RAM 单元中的值；键入 C:0 即可显示从 0 开始的 ROM 单元中的值，即查看程序的二进制代码，如图1.34 所示。

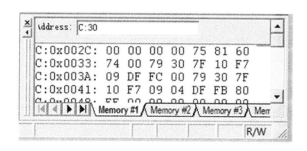

图 1.34　存储器窗口

该窗口的显示值可以以各种形式显示，如十进制、十六进制（默认）、字符型等，改变显示方式的方法是点击鼠标右键，在弹出的快捷菜单中选择，如图 1.35 所示。

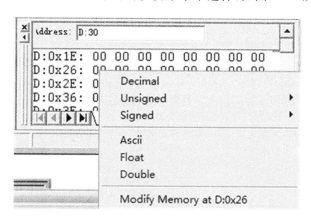

图 1.35　存储器窗口显示格式调整

另外，把鼠标停留在某个存储单元，右击该存储单元还可以修改其内容。如显示的是数据存储器，将鼠标停留在 26H 单元，右击该单元，将出现如图 1.35 所示的菜单，选择其中的"Modify Memory at D:0x26"，即可进入如图 1.36 所示的修改窗口。

填入相应的修改值（如 0xff），单击 OK 按钮，可以看到 0x26 单元的值已经修改成所写入的值，如图 1.37 所示。

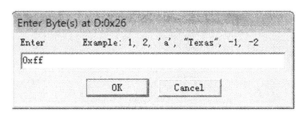

图 1.36　存储器单元值修改对话框

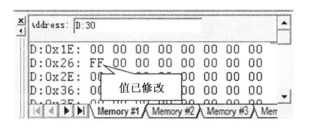

图 1.37　存储器单元值已修改

（2）工程窗口寄存器页

工程窗口寄存器页包括了当前的工作寄存器组和系统寄存器组，如图 1.38 所示。系统寄存器组中有一些是实际存在的寄存器，如 A、B、DPTR、SP、PSW 等；有一些是实际中并不存在或虽然存在却不能对其操作的，如 PC、Status 等。

每当程序中执行到对某寄存器的操作时，该寄存器会以反色（蓝底白字）显示，单击该寄存器然后按下 F2 键，即可修改该值，如图 1.39 所示。

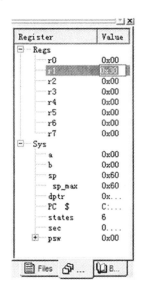

图 1.38　工程窗口寄存器页　　　　图 1.39　寄存器修改值

（3）观察窗口

观察窗口是很重要的一个窗口。工程窗口中仅可以观察到工作寄存器和系统寄存器（如 A、B、DPTR 等），如果需要观察其他的寄存器的值或者在用高级语言编程时需要直接观察变量，就要借助于观察窗口了。一般情况下，我们仅在单步执行时才对变量的值的变化感兴趣，因为全速运行时，变量的值是不变的，只有在程序停下来之后，才会将这些值最新的变化反映出来。但是，在一些特殊场合下，我们也可能需要在全速运行时观察变量的变化，此时可以单击"View"→"Periodic Window Updata"（周期更新窗口），确认该项处于被选中状态，即可在全速运行时动态地观察有关值的变化。但是，选中该项，将会使程序仿真执行的速度变慢。

为了观察某个变量的值，可以在观察窗口中的 Name 栏输入要观察的变量名，按回车键就会看到该变量的值；也可以将光标停留在要观察的变量上（如 R7），然后右击该变量，在弹出的对话框中选择"Add ＊＊ to Watch Window "，如图 1.40 所示。

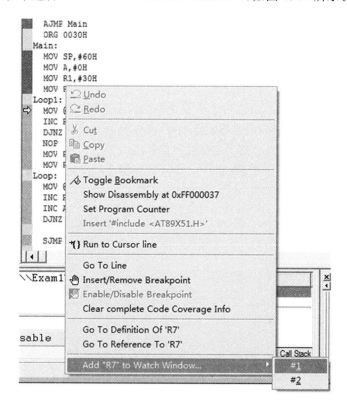

图 1.40　添加观察变量

添加变量后,观察窗口将会显示该变量的当前值,如图 1.41 所示。

图 1.41　观察变量的值

如果在调试过程中想人工修改所观察变量的值,可以选中该变量,并将鼠标对准该变量的 Value 栏,然后按快捷键 F2 即可。

如果要删除某个观察变量,只要在观察窗口选中该变量,然后按 Delete 按键即可。

1.2　系统仿真软件 Proteus 应用指南

Proteus 是英国 Labcenter 公司开发的组合了高级原理设计、混合模式 SPICE 仿真,PCB 系统设计以及自动布线等功能的一个完整的电子系统设计软件。该软件主要由ISIS 和 ARES 两个应用软件构成。其中,ISIS 是原理图仿真软件,可以仿真、分析(SPICE)各种模拟、数字以及单片机电路系统;ARES 是 PCB 设计软件,该软件具有 32 位数据库,能够实现元件自动布置、自动布线等功能。

这里我们主要介绍 ISIS 原理图仿真软件。该软件的特点是:

(1)实现了单片机仿真和 SPICE 电路仿真相结合。具有模拟电路仿真、数字电路仿真、单片机及其外围电路组成的系统的仿真、RS232 动态仿真以及 I^2C 调试器、SPI 调试器、键盘和 LCD 系统仿真的功能。

(2)支持主流单片机系统的仿真。目前支持的单片机类型有 68000 系列、8051 系列、AVR 系列、PIC 系列以及部分 ARM 系列和各种常用外围芯片,如存储器、AD/DA、LCD、LED 数码管、步进电机及直流电机、温度传感器、时钟芯片等。

（3）有各种虚拟仪器，如示波器、逻辑分析仪、信号发生器等。

（4）提供软件调试功能。支持第三方的软件编译和调试环境，如 Keil C51 μVision 等软件。

利用 ISIS 仿真软件进行单片机应用系统设计，可以实现单片机应用系统的软硬件协同设计，进行硬件设计之前的原理性验证，提高硬件系统设计的成功率，是现代电子系统设计工程师应该掌握的基本技能。

本节主要以 Proteus 7.9 为平台，通过实例讲解 Proteus ISIS 单片机仿真以及与 Keil C51 进行软件联合调试的方法。

1.2.1　Proteus 软件的启动

双击桌面上的 ISIS 7 Professional 图标 或者单击屏幕左下方的"开始"→"程序"→"Proteus 7 Professional"→"ISIS 7 Professional"，将出现如图 1.42 所示界面，开始启动 Proteus。

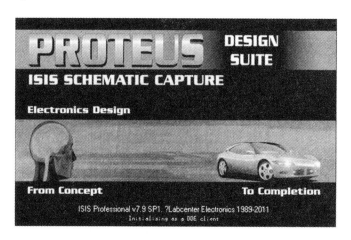

图 1.42　Proteus 启动时的屏幕

1.2.2　Proteus 软件的应用及实例

Proteus ISIS 的工作界面如图 1.43 所示。它包括标题栏、菜单栏、标准工具栏、绘图工具栏、状态栏、对象选择按钮、仿真进程控制按钮、预览窗口、对象选择窗口、图形编辑窗口。

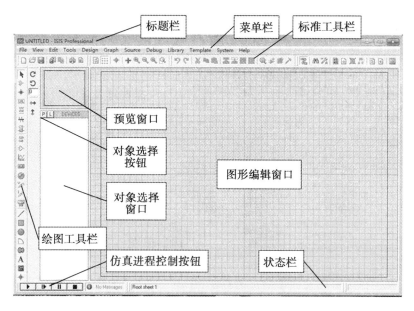

图 1.43　Proteus ISIS 的工作界面

以下分别列出主窗口和四个输出窗口的全部菜单项。对于主窗口,在菜单项旁边同时列出工具条中对应的快捷鼠标按钮。

(1)图形编辑窗口

在图形编辑窗口内完成电路原理图的编辑和绘制。

①坐标系统。为了方便作图,图形编辑窗口设置了坐标系统。ISIS 中坐标系统的基本单位是 10nm,主要是为了和 Proteus ARES 保持一致。但坐标系统的识别(read-out)单位被限制在 1th(1th = 1/1000inch = 0.0254mm)。坐标原点默认在图形编辑区的中间,图形的坐标值能够显示在屏幕的右下角的状态栏中。编辑窗口内有点状的栅格,可以通过 View 菜单中的 Grid 命令在打开和关闭间切换(见图 1.44)。点与点之间的间距由当前捕捉的设置决定。捕捉的尺度可以由 View 菜单中的 Snap 命令设置,或者直接使用快捷键 F4、F3、F2 和 Ctrl+F1。如若键入 F3 或者通过 View 菜单选中 Snap 100th,你会注意到鼠标在图形编辑窗口内移动时,坐标值是以固定的步长 100th 变化,这称为捕捉。如果你想要确切地看到捕捉位置,可以使用 View 菜单中的 X Cursor 命令,选中后将会在捕捉点显示一个小的或大的交叉十字。

②实时捕捉。当鼠标指针指向管脚末端或者导线

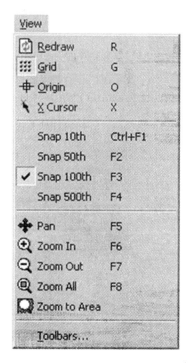

图 1.44　栅格设置

时,鼠标指针将会捕捉到这些物体,这种功能被称为实时捕捉。该功能可以方便地实现导线和管脚的连接。

③视图的缩放与移动。视图的缩放与移动可以通过如下几种方式:

a.单击预览窗口中想要显示的位置,编辑窗口将显示以鼠标点击处为中心的内容。也可以用鼠标移动预览窗口中的绿色小框,使其中央部分对准要显示的内容,然后单击该内容即可。预览窗口中的蓝色框表示图纸边框。

b.在编辑窗口内移动鼠标,按下 Shift 键,用鼠标向上下或左右边框移动并碰到边框上,这会使显示向相应方向平移。我们把这称为 Shift-Pan。

c.用鼠标指向编辑窗口并按缩放键或者操作鼠标的滚动键,会以鼠标指针位置为中心重新显示。

d.使用一些快捷键,如完全显示(或者按 F8)、放大按钮(或者按 F6)和缩小按钮(或者按 F7),拖放、取景、找中心(或者按 F5)。

(2)元器件放置及基本编辑

通过对象选择按钮从元件库中选择对象,并置入对象选择窗口实现器件放置。

①器件选择。放置器件的步骤如下:

a.单击绘图工具栏中的 按钮,再单击对象选择按钮 P(位于预览窗口下方),将弹出如图 1.45 所示器件选取窗口。

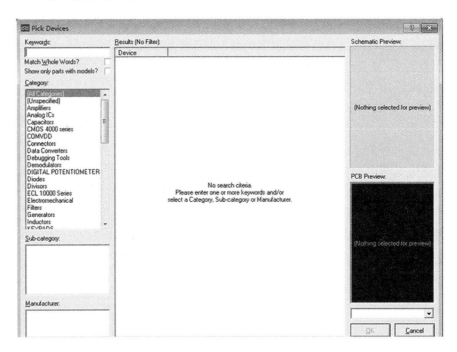

图 1.45　器件选取窗口

b.从器件类型(Category)中选择你要选择的器件类型,如 TTL 74LS Series。

c.根据对象的具体类型选择子模式图标(Sub-mode Icon),如 Decoders。

d. 必要时,从生产厂家(Manufacturer)栏中作出选择。

e. 从结果(Results)栏选择想要放置的器件,如 74LS138,选中后界面右侧将显示该器件的原理图及 PCB 封装预览,如图 1.46 所示。

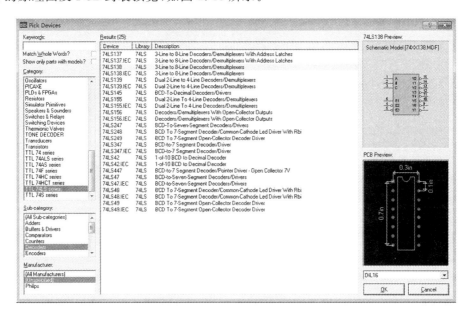

图 1.46　器件选取后的界面

f. 选定器件后,双击该器件所在栏,所选器件将被加入对象选择窗口。然后,还可以继续选择其他器件,将其加入对象选择窗口。待所有器件都选择完毕后,单击器件选择窗口右下侧的 OK 按钮,完成器件选择过程,回到主窗口。

g. 在主窗口下,从对象选择窗口中选择要加入主编辑窗口的器件,单击该器件,预览窗口将出现该器件的原理图预览,如图 1.47 所示。

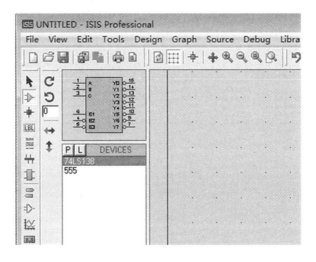

图 1.47　器件选择

h.将鼠标箭头移动到原理图编辑窗口,点击鼠标左键,该器件将浮现在原理图编辑窗口,如图1.48所示。

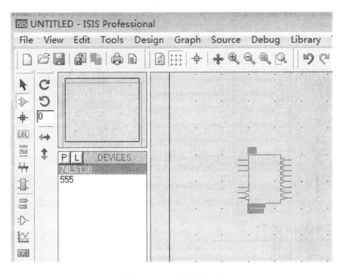

图 1.48　器件浮现

i.将其移动到合适的位置,再次点击鼠标左键,该器件将被放置在原理图中想放置的位置,如图1.49所示。

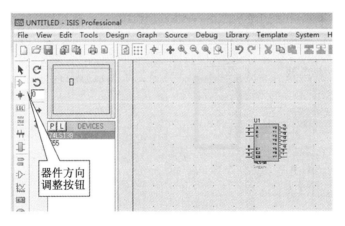

图 1.49　器件放置

②器件的选中。器件选中的方法:可以单击需要选中的器件,该器件将变成红色,表示该器件已被选中;也可以按住 Ctrl 键同时选中多个器件;还可以在需要选中的器件旁边单击,拖拽形成一个虚线框,使该虚线框覆盖要选择的器件,该器件也将变红,表示已被选中,如图1.50所示。

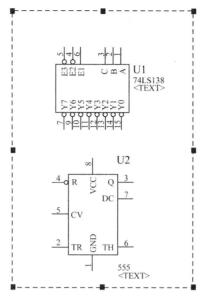

图 1.50　器件选中

对于已有连线的器件,选中该器件后,所有与其相连的连线也将同时被选中。

单击空白处,可以取消所有对象的选择。

③器件的移动。对于选中的器件,把鼠标箭头放置其上,点击鼠标左键,对器件进行拖拽,将拖拽出它们的粉红色影子,这表示你正移动器件的位置,移动到指定位置之后,松开鼠标左键,器件将被移动到你指定的位置(见图 1.51)。

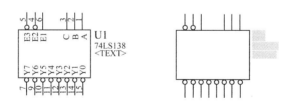

图 1.51　器件移动过程

对于已连线的器件,移动时将影响所连接线。

也可以单独移动器件的各种属性标签,如器件的序号及其描述。这时需要先选中该器件,然后将鼠标移动到需要移动的器件属性标签上,再点击鼠标左键将其移动。

④器件方向的调整。可以利用器件方向调整按钮(见图 1.49)通过顺时针旋转 $90°$ ( )、逆时针旋转 $90°$( )、左右镜像( )或上下镜像( )等方式进行调整。调整后的器件将会在预览窗口显示出来。这种调整将对以后加入该原理图中的器件产生统一影响。如果不想这样,也可以在将器件放入编辑窗口后,选中该器件,点击鼠标右键,弹出器

件管理菜单,从中选择"Rotate Clockwise""Rotate Anti-Clockwise""Rotate 180 degrees"
"X-Mirror""Y-Mirror"进行方向调整,如图 1.52 所示。

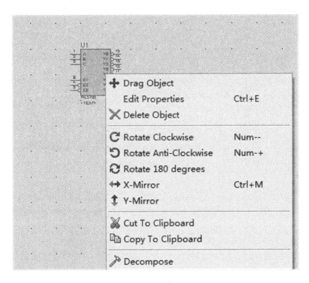

图 1.52 器件方向调整

⑤器件的删除。为删除器件,要先用鼠标指向选中的对象,将其选中,然后右击它,弹
出器件管理菜单。可以选择"Delete Object"菜单(见图 1.52)将其删除,也可以按键盘上
的 Delete 键将其删除。删除对象的同时也将删除该对象的所有连线。

⑥器件的拷贝、剪切与粘贴。为拷贝或剪切器件,要先用鼠标指向选中的对象,将其
选中,然后右击它,弹出器件管理菜单。可以选择"Copy To Clipboard"或"Cut To Clip-
board"菜单(见图 1.52)进行拷贝或剪切,也可以单击工具栏上的 ![] 或 ✂ 按钮对其进
行拷贝或剪切。剪切对象的同时也将剪切该对象的所有连线。

被拷贝或者剪切到粘贴板(Clipboard)的器件还可以被粘贴回器件编辑窗口,粘贴的
方法是:单击工具栏上的 ![] 按钮,或者右击器件编辑窗口的空白位置,弹出其菜单,并选
择"Paste From Clipboard",如图 1.53 所示。

图 1.53 器件粘贴

⑦器件的编辑。编辑单个器件的步骤是：首先选中要编辑的对象，单击选中的要编辑的对象(以上两步也可以一步实现，即将鼠标移动到需要编辑的器件上方，双击需要编辑的器件，或者按下 Ctrl＋E 按键)，这时会弹出器件编辑对话窗口，如图 1.54 所示，在此可以修改器件编号(Component Reference)、器件参数值(如电阻、电容值、封装形式等)。

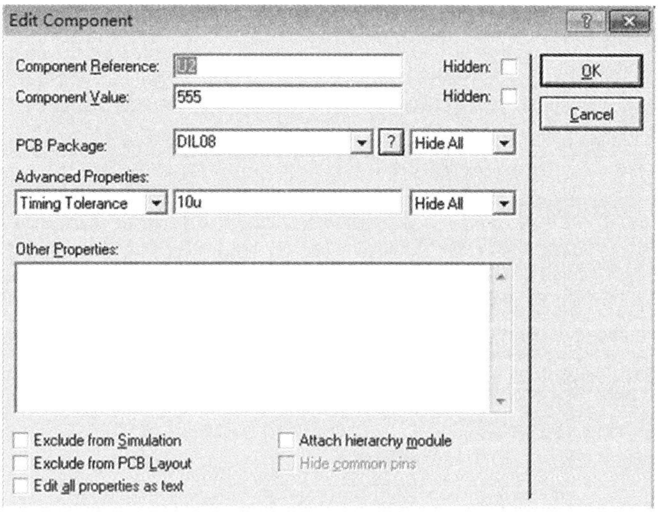

图 1.54　器件编辑窗口

⑧器件整体的拷贝、移动和删除。在选择多个器件后，使用工具栏中的快捷按钮"Block Copy [图标]""Block Move [图标]"和"Block Delete [图标]"，可以完成对它们整体的拷贝、移动和删除。这里的 Block Copy 同时完成了"Copy to Clipboard [图标]"和"Paste From Clipboard [图标]"两步的功能。

⑨操作的取消与恢复。以上③～⑧的内容如果操作有误，可以用"Edit"→"Undo"或者工具栏中的快捷按钮 [图标] 来实现操作的取消。取消之后，还可以用"Edit"→"Redo"或者工具栏中的快捷按钮 [图标] 来实现将取消的动作恢复操作。

(3)元器件放置示例

按前述方法放置如下元件：AT89C51，7SEG-COM-AN-GRN，CAP，CAP-ELEC，CRYSTAL，RES，BUTTON。这些元件的库类名及子类名如表 1.3 所示。

表 1.3　　　　　　　　　　　　　　元件的库类名及子类名

元件	库类名	子类名	生产厂商
AT89C51 单片机	Microprocessor ICs 处理器	8051 Family 8051 家族	Atmel
7SEG-COM-AN-GRN 绿色共阳极七段数码管	Optoelectronics 光电器件	7-Segment Displays 七段显示	

续表

元件	库类名	子类名	生产厂商
RES 一般电阻	Resistors 电阻	Generic 通用	
CAP 非电解电容	Capacitors 电容器	Generic 通用	
CAP-ELEC 电解电容	Capacitors 电容器	Generic 通用	
CRYSTAL 晶振	Miscellaneous 杂类		
R×8 双线 8 排阻	Resistors 电阻	Resistor Packs 排阻	
BUTTON 按键	Switches&Relays 开关与继电器	Switches 开关	

　　对于已知详细名称的元器件,也可以用在元器件选择对话框中的 Keywords 栏输入相应元器件名称的方法,实现元器件的自动查找,如图 1.55 所示。

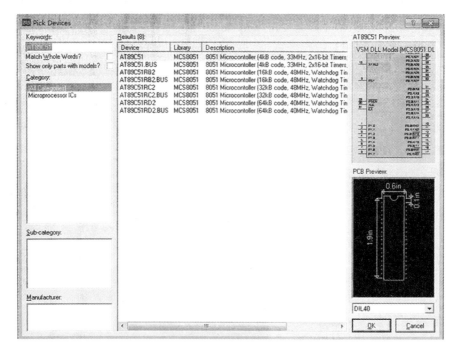

图 1.55　元器件的自动查找

将这些元器件加入后进行简单布局,并调整其参数,如图 1.56 所示。

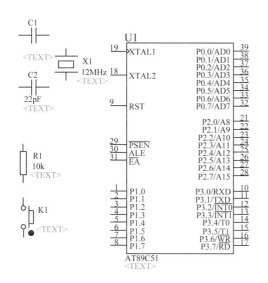
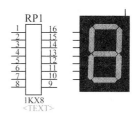

图 1.56　元器件放置示例

继续放置电源和地。单击绘图工具栏中的"终端模式"按钮，从对象选择窗口中选择 POWER 和 GROUND,将它们加入图 1.56 中,将出现如图 1.57 所示窗口。

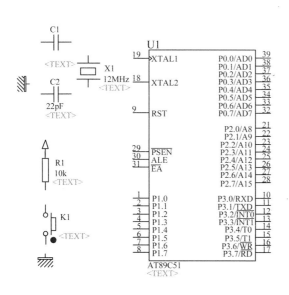
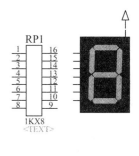

图 1.57　放置电源和地

（4）元器件连线

元器件之间的连线，分为普通导线连接、总线连接和总线分支连接。

①导线连接。Proteus 的智能化可以在你想要画线的时候进行自动检测。当鼠标指针靠近一个对象的连接点时，鼠标的指针就会变成一个"×"，单击元器件的连接点，移动鼠标（不用一直按着左键），粉红色的连接线就会变成深绿色。如果你想让软件自动定出线的路径，只需单击另一个连接点即可。这就是 Proteus 的自动走线功能（Wire Auto-Router，简称 WAR）。如果你只是在两个连接点单击，WAR 将选择一个合适的线径。WAR 可通过使用工具栏里的 WAR 命令按钮 ![icon] 来打开或关闭，也可以在菜单栏的 Tools 下找到这个图标。如果你想自己决定走线路径，只需在想要拐点处点击鼠标左键即可。在此过程的任何时刻，你都可以按 Esc 键或者点击鼠标的右键来放弃画线。

两条导线交叉时，如果没有人工放置电气连接点，则认为两条导线是不相连的。如果需要将两条交叉导线进行电气连接，需要手工进行。方法是：单击工具箱的节点放置按钮 ![icon]，当把鼠标指针移到编辑窗口，指向一条导线或者两条导线的交叉点时，会出现一个"×"，点击左键就能放置一个电气连接点。

②画总线。为了简化原理图，我们可以用一条导线代表数条并行的导线，这就是所谓的总线。方法是：单击放置工具条中的图标 ![icon] 或执行"Place"→"Bus"菜单命令，这时工作平面上将出现"十"字形光标，将"十"字形光标移至要连接的总线分支处单击鼠标左键，系统将弹出"十"字形光标并拖着一条较粗的线，然后将"十"字形光标移至另一个总线分支处，单击鼠标左键，一条总线就画好了。

③画总线分支线。总线分支线用来连接总线和元器件管脚，画线的方式类似于前面的导线连接。为了和一般的导线区分，我们一般喜欢画斜线来表示分支线，但是在自动走线（即 WAR 打开）模式下，线都是横竖方向走的，如果你想自己画斜线，只要走线时按下 Ctrl 键，或者临时关闭 WAR 模式即可。

④添加网络标号。画好分支线我们还需要给分支线起个名字（即增加网络标号 Label），以便将它们进行区别。

增加网络标号的方法有两种。一种是单击画图工具栏中的 ![icon] 按钮或者执行"Place"→"Net Label"菜单命令，将鼠标移动到需要增加网络标号的导线上，这时鼠标将呈现"×"。该导线也有一红色影子出现，这说明在鼠标当前位置增加的网络标号是为该导线添加的。这时，点击鼠标左键，将出现如图 1.58 所示对话框。

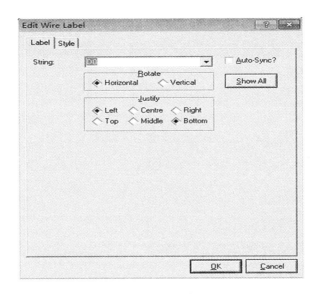

图 1.58　添加网络标号属性

在该对话框的 String 栏写上该网络标号的名字，然后单击 OK 按钮即可。

另一种添加网络标号的方法是右击分支线选中它，这时就会出现如图 1.59 所示选择菜单，选择其中的"Place Wire Label"菜单项，然后就会出现如图 1.58 所示的添加网络标号的属性对话框窗口。

图 1.59　添加网络标号选择菜单

按照前述方法对图 1.57 中所有元件进行连线，并增加网络标号，结果如图 1.60 所示。

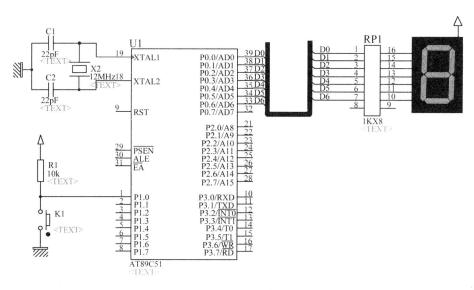

图 1.60　连线结果

（5）进行仿真调试

①建立源程序。用文本编辑器，可以使用 Proteus 自带的 SRCEDIT. EXE，其位置为"..\Proteus 7 Professional\BIN\SRCEDIT. EXE"，这里的"..."表示 Proteus 的安装目录；也可以使用 Windows 自带的文本编辑器记事本"notepad. exe"，在文本编辑器中输入如下程序：

```
        ORG 0000H
        AJMP START
        ORG 0030H
START：
        MOV SP，#60H
        MOV P0，#0FFH
        MOV P1，#0FFH
        MOV R1，#0
        MOV DPTR，#TABLE
LOOP1：
        MOV C，P1.0
        JC LOOP1
        ACALL D10MS  ；去抖动
        MOV C，P1.0
        JC LOOP1
LOOP2：
        MOV C，P1.0    ；等待按键释放
        JNC LOOP2
```

```
      ACALL D10MS
      MOV C,P1.0
      JNC LOOP2
      MOV A,R1
      ANL A,♯0FH
      MOVC A,@A+DPTR
      MOV P0,A
      INC R1
      AJMP LOOP1
D10MS：MOV R7,♯10H        ;延时 10ms 子程序
DE1：   MOV R6,♯0FFH
DE2：   DJNZ R6,DE2
        DJNZ R7,DE1
        RET
TABLE:DB 0C0H,0F9H,0A4H,0B0H,99H,92H,82H,0F8H,80H,90H,88H,
      DB 83H,0C6H,0A1H,86H,8EH
        END
```

并将其保存为汇编程序文件,如"Test1.asm",如图 1.61 所示,假设其保存位置为".. \ Proteus 7 Professional\Test1.asm"。

图 1.61　建立源程序

②加入源程序。利用鼠标右键选择图 1.60 中的 AT89C51 芯片,弹出菜单,如图 1.62所示,单击"Add/Remove Source File"菜单选项,将弹出"源程序选择"对话框,将刚刚建立的源程序及其所在目录加入,如图 1.63 所示,单击 OK 按钮完成源程序的加入。

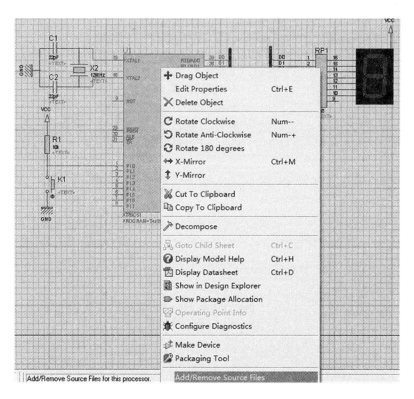

图 1.62　加入源程序

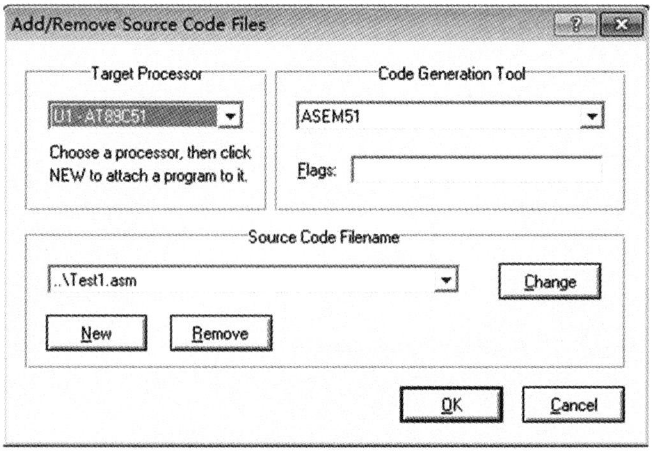

图 1.63　选择源程序

③编译源程序。利用菜单"Source"→"Build All"将所加入的源程序进行编译,如果源程序没有错误,将弹出如图 1.64 所示信息框。

图 1.64　源程序编译信息框

至此,汇编源程序"Test1.asm"已编译成可执行程序"Test1.Hex"。

④加入可执行程序。双击图 1.60 中的 AT89C51 芯片,将弹出如图 1.65 所示对话框。

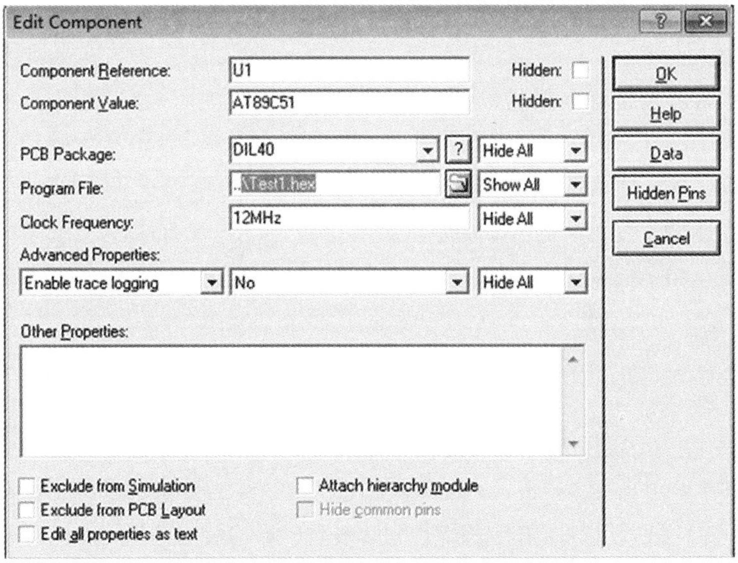

图 1.65　加入可执行程序

可以在 Program File 栏中写上可执行程序,也可以通过其右侧的 [图] 按钮选择可执行程序及其所在路径。

单击 OK 按钮,完成可执行程序的加入。

⑤执行仿真。单击主窗口下方的"仿真控制"按钮 [▶],并按下图 1.60 中的按键 K1,仿真效果如图 1.66 所示。

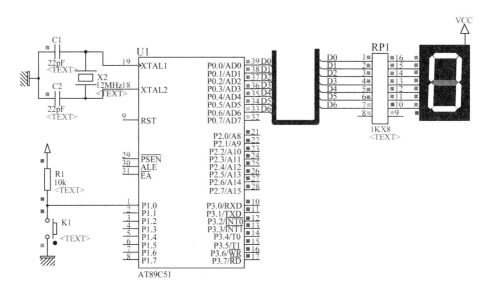

图 1.66　仿真效果

每次按下 K1，七段数码管显示的字符将加"1"，并在 0～F 之间循环。

图 1.66 中每个信号端口上的红色方框（在图中为深灰色）表示该端口上的电平为高电平，蓝色方框（在图中为浅灰色）表示该端口上的电平为低电平。

单击"仿真控制"按钮 ▮■▮ 可以停止仿真过程。

（6）Keil C 与 Proteus 联合调试

①建立联合调试环境。联合调试环境的建立分三步：

a. 假若 Keil C 与 Proteus 均已正确安装在"C:\Program Files"的目录里，把"C:\Program Files\Labcenter Electronics\Proteus 7 Professional\MODELS\VDM51. dll"复制到"C:\Program Files\keil\C51\BIN"目录中。

b. 用记事本打开"C:\Program Files\keil\C51\TOOLS. INI"文件，在［C51］栏目下加入：TDRV4＝BIN\VDM51. DLL（"PROTEUS VSM MONITOR 51 DRIVER"），其中，"TDRV4"中的"4"要根据实际情况写，只要不和原来的重复就可以。

步骤 a 和 b 只需在初次使用时设置。

②建立源程序。进入 Keil C μVision2 开发集成环境，创建一个新项目（Project）"C:\Program Files\keil\Test1. uv2"，为该项目选定合适的单片机 CPU 器件（如 Atmel 公司的 AT89C51），并包含启动文件"STARTUP. A51"。为该项目建立 C 源程序。

源程序如下：

```
♯include "reg51. h"
unsigned char code LED_CODES[]＝        //0～F 的显示码
{   0xc0,0xF9,0xA4,0xB0,0x99,//0～4
    0x92,0x82,0xF8,0x80,0x90,//5～9
    0x88,0x83,0xC6,0xA1,0x86,0x8E};//A,b,C,d,E
```

```
void main()
{
unsigned char i＝0；
unsigned char j＝0；
P1＝255；     //为输入做准备
P0＝255；     //使输出七段数码管不亮
while(1)
{
do{
i＝P1&1；     //按键
} while(i＝＝1)；//等待按键按下
P0＝LED_CODES[j]；//查输出码
do{
i＝P1&1；
} while(i＝＝0)；  //等待按键释放
j＋＋；
if (j＝＝16)     //将显示变量限制为 0～15
j＝0；
}
}
```

将其保存为"C:\Program Files\keil\Test1.c"，并将"Test1.c"加入工程文件"Test1.uv2"。

选择"Project"→"Options for Target"选项或者单击工具栏中的"Options for target"按钮 ，弹出对话框。将 Target 页中的晶振频率设置为 12MHz。在 Output 页中选择"Create Hex File"。在 Debug 页，选择硬仿真，并选择其中的"PROTEUS VSM MONITOR 51 DRIVER"仿真器，如图 1.67 所示。

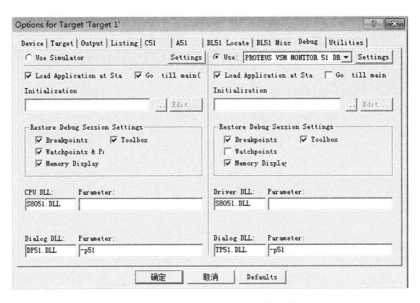

图 1.67　选择 Proteus 虚拟仿真器

　　再单击 Setting 按钮,设置通信接口。在 Host 后面填上"127.0.0.1",如果使用的不是同一台电脑,则需要在这里填上另一台电脑的 IP 地址(另一台电脑也应安装 Proteus)。在 Port 后面填上"8000"。设置好的情形如图 1.68 所示,单击 OK 按钮即可回到图 1.67所示界面。

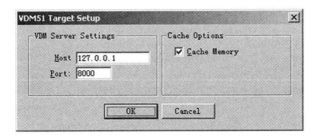

图 1.68　Proteus 虚拟仿真器通信设置

　　单击"确定"按钮,回到 Keil 主菜单。

　　构造工程"Test1.uv2",使其生成可执行程序"Test1.hex",若程序没有错误,将显示如图 1.69 所示构造结果。

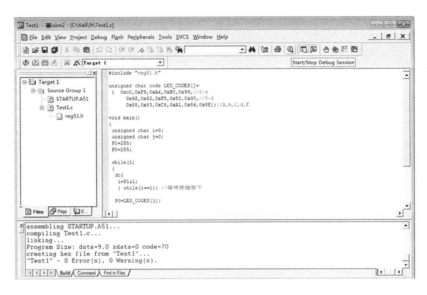

图 1.69　Keil 构造结果

　　按前面讲述的方法和图 1.65,为 AT89C51 设置可执行程序"Test1. hex"。

　　进入 Proteus 的 ISIS,单击菜单"Debug",选择"Use Remote Debug Monitor",如图 1.70 所示。此后,便可实现 Keil C 与 Proteus 连接调试。

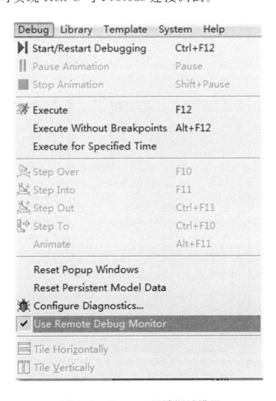

图 1.70　Proteus 远端调试设置

单击图 1.69 中的"启动调试"按钮 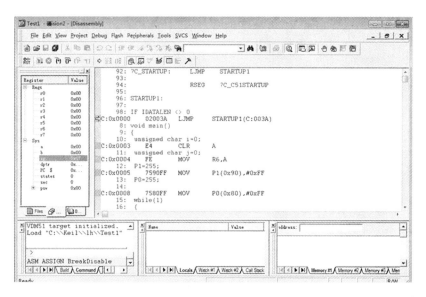，Keil 将与 Proteus 连接，并出现如图 1.71 所示界面。

图 1.71　Keil 与 Proteus 连接成功

执行图 1.71 中的"运行程序"按钮 开始调试过程。这时 Proteus 将出现如图 1.72所示界面，这表明 Proteus 已开始仿真过程。

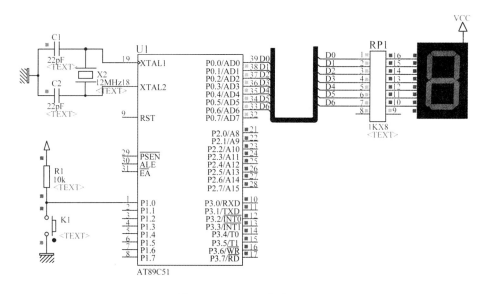

图 1.72　Proteus 仿真界面

按图 1.72 中的 K1 键一次，将出现如图 1.66 所示的仿真结果界面。再按 K1，每按一次，七段数码管显示字符将加"1"，并在 0～F 之间循环。

在 Keil 界面图 1.71 中,单击"程序停止"按钮 ,则仿真程序停止执行,再操作 Proteus 中的 K1 按键,七段数码管的显示不再变化,再单击 Keil 界面中的按钮 ,停止 Keil 仿真,Proteus 也将停止仿真过程,回到图 1.60 所示的界面。

(7)Proteus 仿真信号测试

这里利用本地仿真(见图 1.61~图 1.66)介绍 Proteus 环境下的信号测试方法。

①电压探针。在 Proteus 仿真环境下,除了用红色方块表示端口高电平,用蓝色方块表示端口低电平外,还可以用电压探针实测电压大小。

在图 1.60 中的 P1.0 与电阻 R1 和按键 K1 之间的连接线上加入 1 个电压探针。加入的方法是:单击绘图工具栏中的 按钮,将鼠标移动到需要加入电压探针的信号线上,点击鼠标左键,将放置 1 个电压探针,如图 1.73 所示。

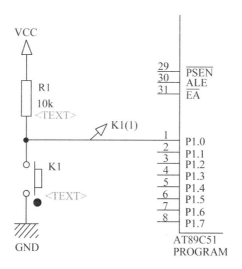

图 1.73 添加电压探针

执行仿真,电压探针将显示当前的电压值。分别按下、松开 K1,观察电压探针探测的电压如何改变,结果如图 1.74 所示。

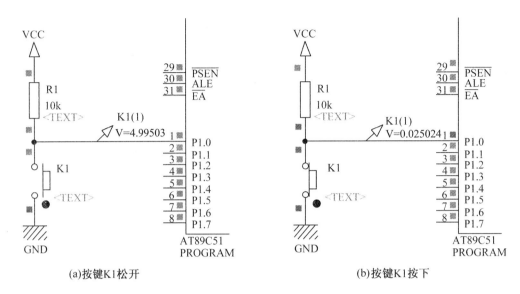

图 1.74　电压探针探测结果

②虚拟仪器。Proteus 提供了众多的虚拟仪器,如示波器(OSCILLOSCOPE)、逻辑分析仪(LOGIC ANALYSER)、函数发生器(SIGNAL GENERATOR)、数字信号图案发生器(PATTERN GENERATOR)、时钟计数器(COUNTER TIMER)、虚拟终端(VIRTUAL TERMINAL)以及简单的电压计(DC VOLTMETER 与 AC VOLTMETER)、电流计(DC AMMETER 与 AC AMMETER)、SPI 协议分析仪(SPI DEBUGGER)、I^2C 协议分析仪(I^2C DEBUGGER),这些虚拟仪器为仿真调试提供了类似于实际硬件测试环境的测试分析工具,对于电路系统设计具有很好的帮助作用。

这里简单说明常用虚拟示波器和虚拟频率计的使用方法。

在 Proteus 仿真环境下画出如图 1.75 所示的由 NE555 构成的方波发生器电路,所用元件库来源及参数如表 1.4 所示。

表 1.4　　　　　　　　　　　　　元件库来源及参数

元件编号	元件名称	参数	所在元件库类名	子类名
U1	NE555		Analog ICs 模拟集成电路	Timers 定时器
Q1	NPN		Transistors 三极管	Bipolar 双极型
RV1,RV2	POT	100kΩ	Resistors 电阻	Variable 可变的
D1,D2	1N4148		Diodes 二极管	Switches 开关

续表

元件编号	元件名称	参数	所在元件库类名	子类名
R1	RES	330Ω	Resistors 电阻	Generic 通用
R2	RES	10Ω	Resistors 电阻	Generic 通用
R3	RES	10kΩ	Resistors 电阻	Generic 通用
C1	CAP	0.1μF	Capacitors 电容	Generic 通用
C2	CAP	0.01μF	Capacitors 电容	Generic 通用

其中,可变电阻 RV1 用于调节 NE555 3 端信号的占空比和 6 端信号的上升沿和下降沿,RV2 用于调节信号的周期。

添加这些元件后,并按图 1.75 所示添加相应的电源和地,然后连线。

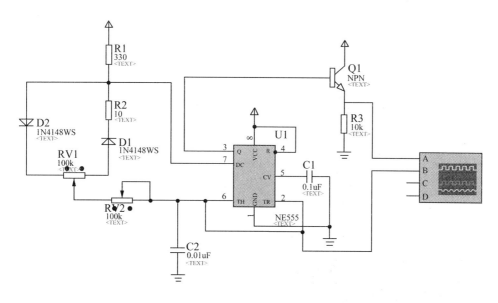

图 1.75　NE555 构成的方波发生器仿真电路

a.虚拟示波器。单击 Proteus 仿真工具栏中的“虚拟仪器”按钮 ![icon]，选择对象选择窗口中的示波器(OSCILLOSCOPE)选项,如图 1.76 所示。对象预览窗口中将显示该虚拟仪器的示意图。将鼠标移动到原理图编辑窗口,点击鼠标左键,将该示波器放在原理图中合适的位置,并按图 1.75 所示进行连线。将 Q1 的发射极连接到示波器的 A 输入端,将 U1 的 6 脚连接到示波器的 B 输入端。

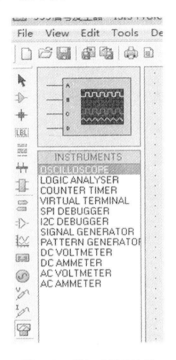

图 1.76　添加虚拟示波器

　　单击"仿真启动"按钮 ▶ 进行仿真,这时将弹出示波器的界面图,并显示 A 端和 B 端的信号波形图(见图 1.77),可用类似于真实示波器的调节方法,调节信号波形的周期和幅度。

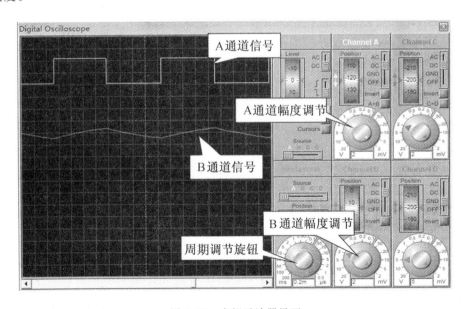

图 1.77　虚拟示波器界面

如果在仿真过程中不慎关掉了示波器的界面,可以用如下方法重新将示波器界面打开:用鼠标右键选中图 1.75 中的示波器元件,将弹出如图 1.78 所示菜单,单击其中的"Digital Oscilloscope"菜单项,图 1.77 中的示波器界面将重新出现。

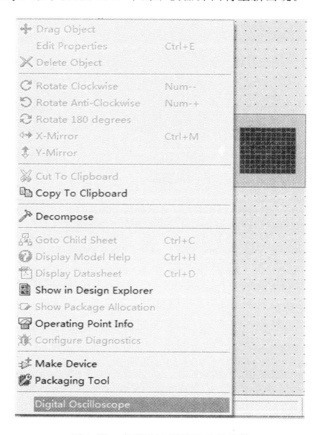

图 1.78　虚拟示波器界面重现菜单

b. 虚拟时钟计数器。虚拟频率计利用虚拟时钟计数器来实现。具体使用方法如下:

单击 Proteus 仿真工具栏中的"虚拟仪器"按钮，选择对象选择窗口中的时钟计数器(COUNTER TIMER)选项,如图 1.79 所示。

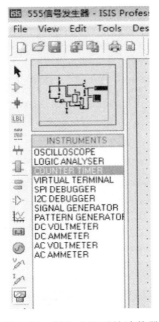

图 1.79　添加虚拟时钟计数器

　　将鼠标移动到原理图编辑窗口,点击鼠标左键,将该时钟计数器放在原理图中合适的位置,并按图 1.80 所示进行连线。将 Q1 的发射极与时钟计数器的 CLK 进行连接。

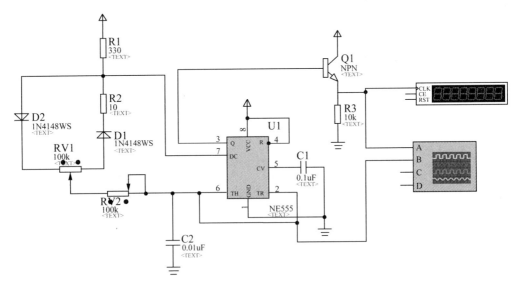

图 1.80　添加虚拟时钟计数器后的电路图

单击"仿真启动"按钮 ▶ 进行仿真,这时时钟计数器开始工作,其计数值在不断变化,单击该时钟计数器,将显示如图 1.81 所示窗口。

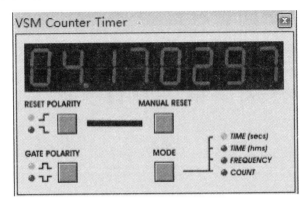

图 1.81　虚拟时钟计数器工作界面

默认方式下为时间测量模式(TIME),单位为秒。

单击图 1.81 中的 MODE 按钮,将改变该虚拟时钟计数器的工作方式。将其改变为 FREQUENCY 模式就是频率计模式,这时显示的是信号频率。

改变图 1.80 中 RV2 滑动变阻器滑动抽头的位置,可以观察到图 1.82 中频率计显示的信号频率是变化的。

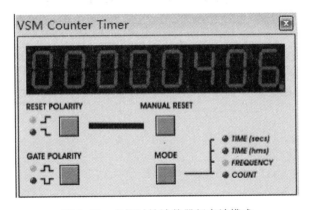

图 1.82　虚拟时钟计数器频率计模式

第 2 章   软件实验

2.1   汇编程序实验 1

2.1.1   示例实验

(1)实验内容

在 Keil 环境下建立工程,并将以下程序加入工程,构造工程,并运行可执行程序,记录执行结果,分析程序功能。

(2)示例程序

```
        ORG 0000H
        AJMP MAIN
        ORG 0030H
MAIN：
        MOV SP,＃60H
        MOV A,＃0H
        MOV R1,＃30H
        MOV R7,＃10H
LOOP1：
        MOV @R1,A
        INC R1
        DJNZ R7,LOOP1
        NOP
        MOV R1,＃30H
        MOV R7,＃10H
LOOP：
        MOV @R1,A
        INC R1
```

```
INC A
DJNZ R7,LOOP
SJMP  $
END
```

（3）实验步骤

①运行 Keil μVision2，按照 1.1.3 节介绍的方法建立工程"esimlab1. uV2"，CPU 为 AT89C51，不用包含启动文件"STARTUP. A51"。

②输入源程序，在 Keil μVision2 开发环境中建立源程序"esimlab1. asm"，将上述程序加入该程序文件，并将该文件加入工程"esimlab1. uV2"。

③设置工程"esimlab1. uV2"的属性，将其晶振频率设置为 12MHz，选择输出可执行文件，仿真方式为"Use Simulator"。

④构造（Build）工程"esimlab1. uV2"。如果输入有误，则进行修改，直至构造正确，生成可执行程序"esimlab1. hex"为止。

⑤在上述程序 NOP 指令处设置断点，运行程序至断点，并用存储器观察窗口观察内部 RAM 30H～3FH 单元内的值。

⑥单步运行后面的程序，观察寄存器 R1、R7、A、PC、30H～3FH 单元的内容随着指令的执行的变化情况。

（4）实验作业

①为示例程序源程序添加注释。

②写出示例程序的功能。

③记录示例程序运行结果。

2.1.2　自我完成实验

（1）实验内容

将片内 RAM 30H 单元中的 8 位二进制数转换成十进制数。希望转换后的结果保存于 31H 和 32H 单元，31H 低 4 位存放个位，高 4 位存放十位；32H 低 4 位存放百位，高 4 位为 0。

（2）程序流程图（见图2.1）

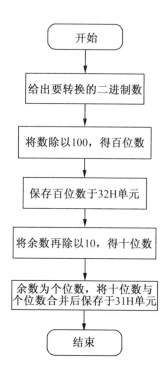

图2.1 汇编程序实验1自我完成实验流程图

（3）实验步骤

①根据上述实验内容及程序流程图，编写汇编语言源程序，并加上相应注释（注意扩展名为".asm"），将其保存。

②运行 Keil μVision2，按照1.1.3节介绍的方法建立工程"simlab1.uV2"，CPU 为 AT89C51，不用包含启动文件"STARTUP.A51"。

③将编写好的源程序加入工程"simlab1.uV2"，并设置工程"simlab1.uV2"的属性，将其晶振频率设置为12MHz，选择输出可执行文件，仿真方式为"Use Simulator"。

④构造（Build）工程"simlab1.uV2"。如果输入有误，则进行修改，直至构造正确，生成可执行程序"simlab1.hex"为止。

⑤运行程序，并用存储器观察窗口观察内部 RAM 30H、31H、32H 单元的值。

⑥更改 30H 单元的值，重新运行程序，观察内部 RAM 30H、31H、32H 单元的值。

（4）实验作业

①编写源程序并进行注释。

②记录实验过程。

③记录程序运行结果。

2.2 汇编程序实验 2

2.2.1 示例实验

（1）实验内容

在 Keil 环境下建立工程，并将以下程序加入工程，构造工程，并运行可执行程序，记录执行结果，分析程序功能。

（2）示例程序

```
    ORG 0000H
    AJMP MAIN
    ORG 0030H
MAIN：
    MOV 30H，♯45H
    MOV A，30H
    ANL A，♯0FH
    MOV 31H，A
    MOV A，30H
    ANL A，♯0F0H
    SWAP A
    MOV B，♯10
    MUL AB
    ADD A，31H
    MOV 31H，A
    SJMP $
END
```

（3）实验步骤

①运行 Keil μVision2，按照 1.1.3 节介绍的方法建立工程"esimlab2. uV2"，CPU 为 AT89C51，不用包含启动文件"STARTUP. A51"。

②输入源程序，在 Keil μVision2 开发环境中建立源程序"esimlab2. asm"，将上述程序加入该程序文件，并将该文件加入工程"esimlab2. uV2"。

③设置工程"esimlab2. uV2"的属性，将其晶振频率设置为 12MHz，选择输出可执行文件，仿真方式为"Use Simulator"。

④构造（Build）工程"esimlab2. uV2"。如果输入有误，则进行修改，直至构造正确，生成可执行程序"esimlab2. hex"为止。

⑤单步运行程序，观察寄存器 A、B、PSW 以及片内 RAM 30H、31H 单元随程序执行的变化情况，并分析 PSW 位的变化情况。

⑥更换"MOV 30H，♯45H"语句中"45H"为其他 BCD 码，重新运行程序，并观察片内 RAM 30H、31H 单元中数值间的关系，分析程序功能。

（4）实验作业

①为示例程序源程序添加注释。

②写出示例程序的功能。

③记录示例程序运行结果。

2.2.2　自我完成实验

（1）实验内容

片内 RAM 30H 开始的 32 个单元中分布着随机的有符号 8 位二进制数，按从小到大的顺序进行排序，排序后的数据仍然保存到 30H 开始的 32 个单元中（低地址存放小数据）。

（2）编程思路

首先，在程序存储器中构建一个表格，该表格具有 32 个随机产生的 8 位二进制数，如：

TABLE：DB 1,3,9,2,17,4,11,6

　　　　DB 5,20,100,64,21,14,79,35

　　　　DB 92,7,91,23,65,16,13,18

　　　　DB 18,73,65,101,27,19,62,69

然后，利用查表指令"MOVC A，@A＋DPTR"将它们读取到 30H～4FH 单元中，再利用"冒泡排序法"将它们排序即可。"冒泡排序法"的基本原理是：

遍历所有 32 个数据找出其中的最大者，并记下最大数据所在的存储位置，然后将这个最大的数据放置在最后一个单元，同时，将最后一个单元原来的数据保存到这个最大值原来所处的位置，完成第一轮的排序。

再遍历除了最后一个单元以外的前面 31 个单元的数据并找出其中最大者，记下其所在位置。遍历完这一遍后将找到的最大数据保存在倒数第二个单元（对于所有数据来说它是次最大数据，所以保存在倒数第二个单元），并将倒数第二个单元原来的数据保存在刚刚找到的那个最大值原来所在的位置处，完成第二轮的排序。以此类推，把所有的数据排好序即可。

（3）程序流程图（见图 2.2）

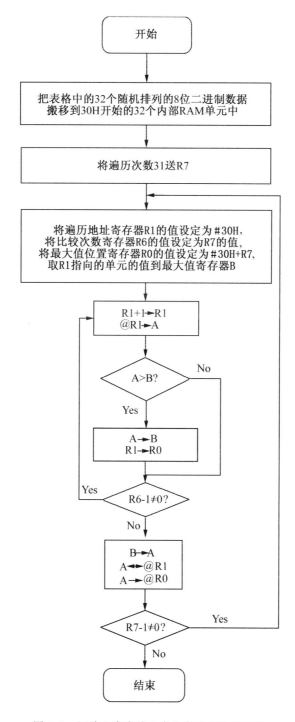

图 2.2　汇编程序实验 2 自我完成实验流程图

（4）实验步骤

①根据上述实验内容及程序流程图,编写汇编语言源程序,并加上相应注释(注意扩展名为"＊.asm"),将其保存。

②运行 Keil μVision2,按照 1.1.3 节介绍的方法建立工程"simlab2.uV2",CPU 为 AT89C51,不用包含启动文件"STARTUP.A51"。

③将编写好的源程序加入工程"simlab2.uV2",并设置工程"simlab2.uV2"的属性,将其晶振频率设置为12MHz,选择输出可执行文件,仿真方式为"Use Simulator"。

④构造(Build)工程"simlab2.uV2"。如果输入有误,则进行修改,直至构造正确,生成可执行程序"simlab2.hex"为止。

⑤运行程序,并用存储器观察窗口观察内部 RAM 30H～4FH 单元排序前后的数值。

（5）实验作业

①编写源程序并进行注释。

②记录实验过程。

③记录程序运行结果。

2.3 C 语言程序实验

2.3.1 示例实验

（1）实验内容

在 Keil 环境下建立工程,并将以下程序加入工程,构造工程,并运行可执行程序,记录执行结果,分析程序功能。

（2）示例程序

```
#include<reg51.h>
#include<stdio.h>
#define uchar unsigned char
#define uint unsigned int
uchar data a[32] _at_ 0x30；   //设定数组 a 的起始地址为 30H
uint i _at_ 0x55；   //将变量 i 放在地址 55H
//延时程序
void DelayMS(uint ms)
{
uchar t;
while(ms－－) for(t=0;t<120;t++);
}
//主程序
void main()
```

```
{
    SP＝0x60；  //设定堆栈指针位置
    SCON＝0x52；
    TMOD＝0x20；
    TH1＝0xf3；
    TR1＝1；//此行及以上 3 行为 Printf 函数所必须
    for(i＝0;i＜32;i＋＋)
    {
        a[i]＝i;
        printf("It is：%d now.\n",i)；//打印程序执行的信息
        DelayMS(20000)；
    }
    while(1)；
}
```

（3）实验步骤

①运行 Keil μVision2，按照 1.1.3 节介绍的方法建立工程"esimlab3.uV2"，CPU 为 AT89C51，并包含启动文件"STARTUP.A51"。

②输入源程序，在 Keil μVision2 开发环境中建立源程序"esimlab3.c"，将上述程序加入该程序文件，并将该文件加入工程"esimlab3.uV2"。

③设置工程"esimlab3.uV2"的属性，将其晶振频率设置为 12MHz，选择输出可执行文件，仿真方式为"Use Simulator"。

④构造（Build）工程"esimlab3.uV2"。如果输入有误，则进行修改，直至构造正确，生成可执行程序"esimlab3.hex"为止。

⑤启动调试过程，并通过"View"→"Serial Window ♯1"把串行调试窗口 1 显示出来。

⑥运行程序，用存储器观察窗口观察内部 RAM 30H 单元内的值是如何变化的，并观察串行调试窗口 1 中显示的内容。

（4）实验作业

①为示例程序源程序添加注释。

②写出示例程序的功能。

③记录示例程序运行结果。

④讨论示例程序中"while(1)"的作用。

2.3.2　自我完成实验

（1）实验内容

同实验 2.2.2。

（2）编程思路

参考实验 2.2.2。

（3）程序流程图

参考实验 2.2.2。

（4）实验步骤

①根据上述实验内容，参考 2.3.1，编写 C 语言源程序，并加上相应注释（注意扩展名为"＊.c"），将其保存。

②运行 Keil μVision2，按照 1.1.3 节介绍的方法建立工程"simlab3.uV2"，CPU 为 AT89C51，包含启动文件"STARTUP.A51"。

③将编写好的源程序加入工程"simlab3.uV2"，并设置工程"simlab3.uV2"的属性，将其晶振频率设置为 12MHz，选择输出可执行文件，仿真方式为"Use Simulator"。

④构造（Build）工程"simlab3.uV2"。如果输入有误，则进行修改，直至构造正确，生成可执行程序"simlab3.hex"为止。

⑤运行程序，并用存储器观察窗口观察内部 RAM 30H～4FH 单元排序前后的数值。

（5）实验作业

①画流程图。

②编写源程序并进行注释。

③记录实验过程。

④记录程序运行结果。

2.4　C 语言与汇编语言混合编程实验

2.4.1　示例实验

（1）实验内容

在 Keil 环境下建立工程，并将以下程序加入工程，构造工程，并运行可执行程序，记录执行结果，分析程序功能。

（2）示例程序

```
//该程序保存为 C 语言源程序"esimlab4.c"
#include〈reg51.h〉
#include〈math.h〉  //为使用 sin 函数所以要包含该头文件
typedef unsigned char uchar;
typedef unsigned int uint;
extern void delay(char n);//在 main 函数调用之前应该先将子函数 void delay()进
                         //行声明
extern uint add(char c,char d);//将汇编函数声明为外部函数
extern float asmsin(float e);//声明一个外部汇编函数
uchar i,j,n;
uint x;
```

```
float y,z;
main()
{
//以下为 C 调用有参数传递但是无返回值的汇编函数的示例
n=100;
for(i=0;i<200;i++)
{
  for(j=0;j<250;j++)
  {
    delay(n);   //无返回参数的汇编函数
  }
}
//以下为 C 调用有参数传递也有返回值的汇编函数的示例
i=150;
j=200;
x=add(i,j);   //有参数传递有返回值的汇编函数

//以下 C 先调用汇编,汇编中又调用了 C
y=3.1415926/2;
z=asmsin(y);  //汇编函数 asmsin 中调用了 C 的库函数 sin(x)
while(1);
}
```

```
=================================================
;以下程序保存为“delay.asm”,在 12MHz 晶振下,本汇编程序的延时长度为 x * 0.1ms
;x 表示传递过来的数值,该数值在 0 到 255 之间
? PR? _DELAY SEGMENT CODE; //作用是在程序存储区中定义段,段名为
                 ; // _DELAY,? PR? 表示段位于程序存储区内
PUBLIC _DELAY;      //声明函数为公共函数
RSEG ? PR? _DELAY;   //表示函数可被连接器放置在任何地方,RSEG 是段名
                 的属性
_DELAY:
    MOV A,R7; //只有一个参数 R7
    MOV R2,A
DL1:MOV R1,#48
DL2:DJNZ R1,DL2
    NOP
    DJNZ R2,DL1
RET
```

```
END
==============================================
;以下程序保存为"add.asm"
? PR? _ADD SEGMENT CODE；
PUBLIC _ADD；
RSEG ? PR? _ADD；
_ADD：
MOV A,R5
CLR C
ADD A,R7
MOV R7,A
MOV A,♯0
ADDC A,♯0
MOV R6,A      //将函数返回值放在 R6、R7 中,返回整型数
RET
END
==============================================
;以下程序保存为"asmsin.asm"
? PR? _ASMSIN SEGMENT CODE；//在程序存储区中定义段
PUBLIC _ASMSIN；        //声明函数
EXTRN CODE(_SIN)；  //声明为外部函数,来自于 C 库函数
RSEG ? PR? _ASMSIN；       //函数可被连接器放置在任何地方
_ASMSIN：
LCALL _SIN；   //调用 C 库函数中的正弦函数 y＝sin(x),这里的参数是通过 R4
                 //到 R7 带入,也是通过 R4 到 R7 带出
RET
END
```

(3)实验步骤

①运行 Keil μVision2,按照 1.1.3 节介绍的方法建立工程"esimlab4.uV2",CPU 为 AT89C51,并包含启动文件"STARTUP.A51"。

②输入源程序,在 Keil μVision2 开发环境中建立上述源程序"esimlab4.c""delay. asm""add.asm""asmsin.asm",将上述这些程序文件加入工程"esimlab4.uV2"。

③设置工程"esimlab4.uV2"的属性,将其晶振频率设置为 12MHz,选择输出可执行文件,仿真方式为"Use Simulator"。

④构造(Build)工程"esimlab4.uV2"。如果输入有误,则进行修改,直至构造正确,生成可执行程序"esimlab4.hex"为止。

⑤运行程序,利用设置断点的方式观察程序每一部分的功能与运行结果。

⑥适当调整每一部分的参数,重新运行程序,观察运行结果。

（4）实验作业

编写实验报告，内容包含两部分：

①仔细分析每段程序的功能，并分析在 C 语言中调用汇编语言程序，在汇编语言中调用 C 语言程序的语法格式，将其总结出来。

②记录示例程序运行结果。

第3章　Proteus 系统仿真实验

3.1　基本并行 I/O 口实验

3.1.1　示例实验

(1)实验内容

在 Proteus 环境下搭建如图 3.1 所示的电路图。

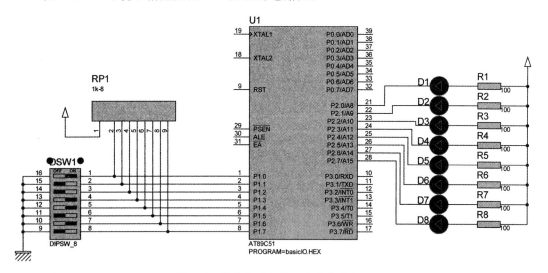

图 3.1　基本并行 I/O 口实验电路(1)

图中所用元器件如表 3.1 所示。

表 3.1　　　　　　　　　　　　基本并行 I/O 口实验电路(1)中所用元器件

元件编号	元件名称	参数	所在元件库类名	子类名	生产厂家
U1	AT89C51		Microprocessor ICs 微处理器	8051 Family 8051 家族	Atmel
RP1	RESPACK-8	10kΩ×8	Resistors 电阻	Resistor Packs 排阻	
DSW1	DIPSW_8		Switches & Relays 开关与继电器	Switches 开关	
D1～D8	LED-RED		Optoelectronics 光电器件	LEDs 发光二极管	
R1～R8	RES	100Ω	Resistors 电阻	Generic 通用	

(2)示例程序

```
ORG 0000H
AJMP MAIN
ORG 0030H
MAIN：
MOV SP,#60H
LOOP：
MOV P1,#0FFH
MOV A,P1
MOV P2,A
SJMP LOOP
END
```

(3)实验步骤

①按照 1.2.2 节(1)～(4)部分所介绍的方法在 Proteus 环境下建立原理图,并保存为"basicIO.DSN"文件。

②输入源程序,按照 1.2.2 节第(5)部分所介绍的方法建立源程序"basicIO.asm",程序内容如上面的示例程序所示,并将源程序加入系统中。

③构造(Build)源程序。按照 1.2.2 节第(5)部分所介绍的方法编译源程序。

④执行仿真。单击主窗口下方的"仿真控制"按钮 ▶ ,并单击图 3.1 中的 DIP 开关 DSW1 中的各开关键,使之在 ON 和 OFF 之间切换,并观察图中 D1～D8 发光二极管的亮灭情况。

⑤程序调试。单击主窗口下的"暂停(Pause)仿真控制"按钮 ❚❚ ,单击"Debug"菜单下

的"3. 8051 CPU Registers-U1"子菜单,如图 3.2 所示,将出现如图 3.3 所示的寄存器窗口。

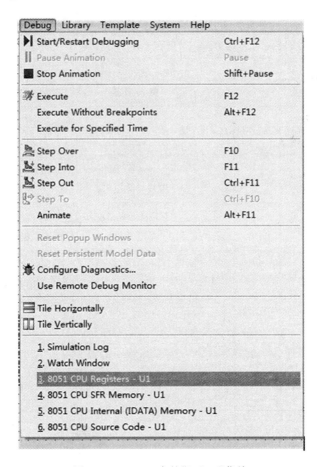

图 3.2　Proteus 中的"Debug"菜单

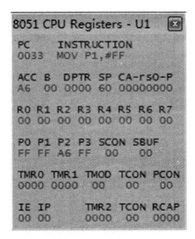

图 3.3　Proteus 中的 CPU 寄存器窗口

　　然后,再单击图 3.2 中"Debug"菜单下的"6. 8051 CPU Source Code-U1 "子菜单,
将弹出源代码调试窗口,如图 3.4 所示。

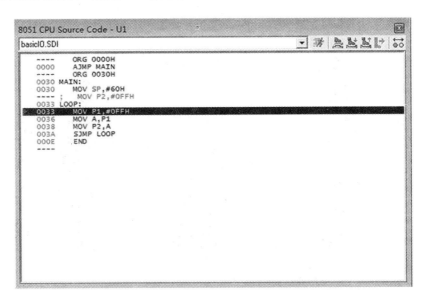

图 3.4　Proteus 中的源代码调试窗口

该窗口右上角的 为"Run Simulation"即全速运行按钮, 为"Step Over"按钮,

为"Step Into"按钮, 为"Step Out"按钮, 为"Toggle Breakpoint"按钮。

利用这些按钮可以对程序进行调试,并可通过寄存器窗口观察程序运行结果。

(4)实验作业

①为示例程序源程序添加注释。

②写出示例程序的功能。

③记录示例程序运行结果。

④总结 Proteus 单片机系统仿真的基本流程。

3.1.2　自我完成实验

(1)实验内容

在 Proteus 环境下搭建如图 3.5 所示的电路图。

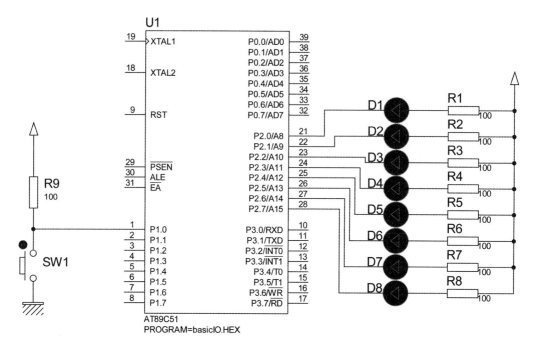

图 3.5　基本并行 I/O 口实验电路(2)

图中所用元器件如表 3.2 所示。

表 3.2　　　　　　　　　基本并行 I/O 口实验电路(2)中所用元器件

元件编号	元件名称	参数	所在元件库类名	子类名	生产厂家
U1	AT89C51		Microprocessor ICs 微处理器	8051 Family 8051 家族	Atmel
SW1	BUTTON		Switches & Relays 开关与继电器	Switches 开关	
D1～D8	LED-RED		Optoelectronics 光电器件	LEDs 发光二极管	
R1～R9	RES	100Ω	Resistors 电阻	Generic 通用	

实验功能为:

当按键 SW1 被按下后,D1～D8 轮流点亮,点亮时间为 100ms;当按键停下后,停止轮换;再次按下后继续轮换。

(2)编程思路

①进行初始化工作,包括设置堆栈指针 SP,将 P2 口所有位设置为 1,使 P2 口所接发光二极管全部熄灭。将显示缓冲单元(设为 20H 单元)初始化为 FEH。

②从 P1 口读数据,查看 P1.0 位。如果 P1.0 位为 0,则执行如下循环:将显示缓冲单元的值送给 P2 口,调用 100ms 延时程序,将显示缓冲单元的值循环左移 1 位,再送回显示缓冲单元。如果 P1.0 位不为 0 则不执行上述循环。

③重复上面的操作②。

（3）程序流程图

根据上述编程思想，请读者自己画出流程图。

（4）实验步骤

①根据上述实验内容，参考 1.2.2 节，在 Proteus 环境下建立图 3.5 所示原理图，并将其保存为"basicIO_self. DSN"文件。

②根据（2）和（3）编写控制源程序，将其保存为"basicIO_self. asm"。

③将源程序添加到 U1 中，并构造该程序。

④执行仿真过程，观察 D1～D8 的指示，查看程序功能是否正确。

⑤修改延时程序延时参数，重新执行③和④。

（5）实验作业

①画流程图。

②编写源程序并进行注释。

③记录实验过程。

④记录程序运行结果。

3.2 扩展并行 I/O 口实验

3.2.1 示例实验

（1）实验内容

在 Proteus 环境下搭建如图 3.6 所示的电路图。

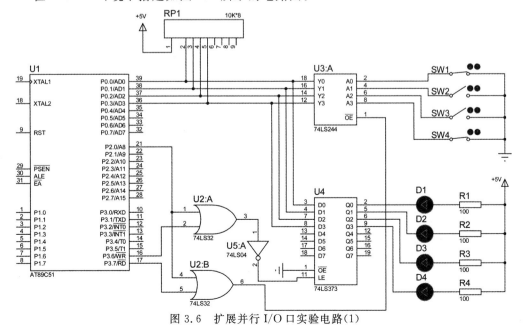

图 3.6 扩展并行 I/O 口实验电路（1）

图中所用元器件如表 3.3 所示。

表 3.3　　　　　　　　扩展并行 I/O 口实验电路(1)中所用元器件

元件编号	元件名称	参数	所在元件库类名	子类名	生产厂家
U1	AT89C51		Microprocessor ICs 微处理器	8051 Family 8051 家族	Atmel
U2	74LS32		TTL 74LS series TTL 74LS 系列	Gates& Inverters 门与反相器	
U3	74LS244		TTL 74LS series TTL 74LS 系列	Buffers & Drivers 缓冲与驱动	
U4	74LS373		TTL 74LS series TTL 74LS 系列	Flip-Flops & Latches 触发与锁存	
U5	74LS04		TTL 74LS series TTL 74LS 系列	Gates& Inverters 门与反相器	
RP1	RESPACK-8	$10k\Omega \times 8$	Resistors 电阻	Resistor Packs 排阻	
SW1~SW4	SWITCH		Switches & Relays 开关与继电器	Switches 开关	
D1~D4	LED-RED		Optoelectronics 光电器件	LEDs 发光二极管	
R1~R4	RES	100Ω	Resistors 电阻	Generic 通用	

(2)示例程序

```
    ORG 0000H
    AJMP MAIN
    ORG 0030H
MAIN:
    MOV SP,#60H
    MOV DPTR,#0FE00H
LOOP:
    MOVX A,@DPTR
    MOVX @DPTR,A
    SJMP LOOP
    END
```

（3）实验步骤

①按照 1.2.2 节（1）～（4）部分所介绍的方法在 Proteus 环境下建立图 3.6 所介绍的原理图，并保存为"expandIO.DSN"文件。

②输入源程序，按照 1.2.2 节第（5）部分所介绍的方法建立源程序"expandIO.asm"，程序内容如上面的示例程序所示，并将源程序加入系统中。

③构造（Build）源程序。按照 1.2.2 节第（5）部分所介绍的方法编译源程序。

④执行仿真。单击主窗口下方的"仿真控制"按钮 ▶ ，并单击图 3.6 中 SW1～SW4 中的各开关，使之在 ON 和 OFF 之间切换，并观察图中 D1～D4 发光二极管的亮灭情况，分析程序功能。

（4）实验作业

①为示例程序源程序添加注释。

②写出示例程序的功能。

③记录示例程序运行结果。

3.2.2　自我完成实验

（1）实验内容

在 Proteus 环境下搭建如图 3.7 所示的电路图。

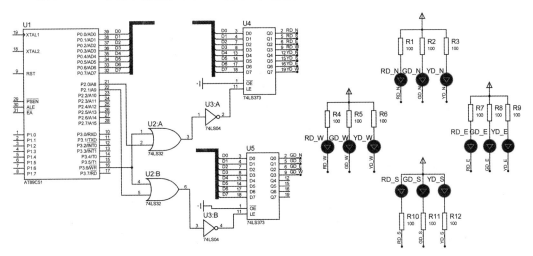

图 3.7　扩展并行 I/O 口实验电路（2）

图中所用元器件如表 3.4 所示。

表 3.4　　　　　　　扩展并行 I/O 口实验电路(2)中所用元器件

元件编号	元件名称	参数	所在元件库类名	子类名	生产厂家
U1	AT89C51		Microprocessor ICs 微处理器	8051 Family 8051 家族	Atmel
U2	74LS32		TTL 74LS series TTL 74LS 系列	Gates& Inverters 门与反相器	
U3	74LS04		TTL 74LS series TTL 74LS 系列	Gates& Inverters 门与反相器	
U4,U5	74LS373		TTL 74LS series TTL 74LS 系列	Flip-Flops & Latches 触发与锁存	
RD_N,RD_S, RD_E,RD_W	LED-RED		Optoelectronics 光电器件	LEDs 发光二极管	
YD_N,YD_S, YD_E,YD_W	LED-YELLOW		Optoelectronics 光电器件	LEDs 发光二极管	
GD_N,GD_S, GD_E,GD_W	LED-GREEN		Optoelectronics 光电器件	LEDs 发光二极管	
R1~R12	RES	100Ω	Resistors 电阻	Generic 通用	

实验功能为:

仿真实现交通信号灯控制功能。

控制顺序为:

①南北绿灯亮,同时东西红灯亮 10s;

②南北黄灯亮,同时东西红灯亮 2s;

③南北红灯亮,同时东西绿灯亮 10s;

④东西黄灯亮,同时南北红灯亮 2s;

⑤重复①~④。

(2)编程思路

①进行初始化工作,包括设置堆栈指针 SP,将两个 74LS373 的输出口所有位均设置为 1,使所有发光二极管全部熄灭。

②分析两个 74LS373 的地址。假定所有无关地址均定义为 1,那么 U4 的锁存地址为"#0FE00H",U5 的锁存地址为"#0FD00H"。

③分析 4 个状态下两个 74LS373 的输出数据值:假定"南北绿灯亮,同时东西红灯亮"为状态 1,即 Stat1;"南北黄灯亮,同时东西红灯亮"为状态 2,即 Stat2;"南北红灯亮,同时东西绿灯亮"为状态 3,即 Stat3;"东西黄灯亮,同时南北红灯亮"为状态 4,即 Stat4。

根据图 3.7,状态 1 下 U4 和 U5 的输出如表 3.5 所示。

表 3.5　　　　　　　　　　　　**状态 1 下 U4 和 U5 的输出**

U4							
状态	D7	D6	D5	D4	D3	D2	D1	D0
东西红灯亮	YD_W	YD_E	YD_S	YD_N	RD_W	RD_E	RD_S	RD_N
0F3H	1	1	1	1	0	0	1	1
U5							
状态	D7	D6	D5	D4	D3	D2	D1	D0
南北绿灯亮	X	X	X	X	GD_W	GD_E	GD_S	GD_N
0CH	0	0	0	0	1	1	0	0

　　其中,表中信号标号"Y"为"Yellow"(黄色),"R"为"Red"(红色),"G"为"Green"(绿色),"W"为"West"(西面),"E"为"East"(东面),"S"为"South"(南面),"N"为"North"(北面),"D"为"Diode"(二极管)。这些信号端低电平时所连接的发光二极管将被点亮。

　　状态 2 下 U4 和 U5 的输出如表 3.6 所示。

表 3.6　　　　　　　　　　　　**状态 2 下 U4 和 U5 的输出**

U4							
状态	D7	D6	D5	D4	D3	D2	D1	D0
南北黄灯亮,东西红灯亮	YD_W	YD_E	YD_S	YD_N	RD_W	RD_E	RD_S	RD_N
0C3H	1	1	0	0	0	0	1	1
U5							
状态	D7	D6	D5	D4	D3	D2	D1	D0
绿灯全灭	×	×	×	×	GD_W	GD_E	GD_S	GD_N
0FH	0	0	0	0	1	1	1	1

　　状态 3 下 U4 和 U5 的输出如表 3.7 所示。

表 3.7 状态 3 下 U4 和 U5 的输出

U4							
状态	D7	D6	D5	D4	D3	D2	D1	D0
南北红灯亮	YD_W	YD_E	YD_S	YD_N	RD_W	RD_E	RD_S	RD_N
0FCH	1	1	1	1	1	1	0	0

U5							
状态	D7	D6	D5	D4	D3	D2	D1	D0
东西绿灯亮	×	×	×	×	GD_W	GD_E	GD_S	GD_N
03H	0	0	0	0	0	0	1	1

状态 4 下 U4 和 U5 的输出如表 3.8 所示。

表 3.8 状态 4 下 U4 和 U5 的输出

U4							
状态	D7	D6	D5	D4	D3	D2	D1	D0
东西黄灯亮，南北红灯亮	YD_W	YD_E	YD_S	YD_N	RD_W	RD_E	RD_S	RD_N
3CH	0	0	1	1	1	1	0	0

U5							
状态	D7	D6	D5	D4	D3	D2	D1	D0
绿灯全灭	×	×	×	×	GD_W	GD_E	GD_S	GD_N
0FH	0	0	0	0	1	1	1	1

④编写延时 1s 的程序，并按功能要求进行状态切换。

(3)程序流程图

根据上述编程思路，请读者自己画出流程图。

(4)实验步骤

①根据上述实验内容，参考 1.2.2 节，在 Proteus 环境下建立图 3.7 所示原理图，并将其保存为"expandIO_self. DSN"文件。

②根据(2)和(3)编写控制源程序，将其保存为"expandIO_self. asm"。

③将源程序添加到 U1 中，并构造该程序。

④执行仿真过程，观察各个方向的交通信号灯指示，查看程序功能是否正确。

(5)实验作业

①画出流程图。

②编写源程序并进行注释。

③记录实验过程。

④记录程序运行结果。

3.3　静态 LED 显示实验

3.3.1　示例实验

（1）实验内容

在 Proteus 环境下搭建如图 3.8 所示的电路图。

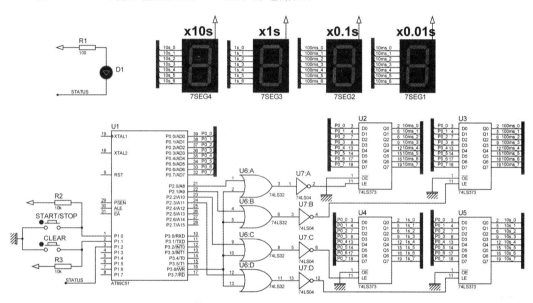

图 3.8　静态 LED 显示实验电路图

图中所用元器件如表 3.9 所示。

表 3.9　　　　　　　　　　静态 LED 显示实验电路中所用元器件

元件编号	元件名称	参数	所在元件库类名	子类名	生产厂家
U1	AT89C51		Microprocessor ICs 微处理器	8051 Family 8051 家族	Atmel
U2～U5	74LS373		TTL 74LS series TTL 74LS 系列	Flip-Flops & Latches 触发与锁存	
U6	74LS32		TTL 74LS series TTL 74LS 系列	Gates& Inverters 门与反相器	
U7	74LS04		TTL 74LS series TTL 74LS 系列	Gates& Inverters 门与反相器	

续表

元件编号	元件名称	参数	所在元件库类名	子类名	生产厂家
U8	74LS08		TTL 74LS series TTL 74LS 系列	Gates& Inverters 门与反相器	
7SEG1～7SEG4	7SEG-COM-AN-GRN		Optoelectronics 光电器件	7-Segment Displays 七段显示	
D1	LED-GREEN		Optoelectronics 光电器件	LEDs 发光二极管	
R1	RES	100Ω	Resistors 电阻	Generic 通用	
R2,R3	RES	10kΩ	Resistors 电阻	Generic 通用	
START/STOP, CLEAR	BUTTON		Switches & Relays 开关与继电器	Switches 开关	

（2）功能要求

这里要实现一个秒表计时器，最小计时单位为0.01s。图3.8中有4个七段数码管7SEG1～7SEG4，其中，7SEG4用于显示"×10s"，7SEG3用于显示"×1s"，7SEG2用于显示"×0.1s"，7SEG1用于显示"×0.01s"。这4个数码管的显示数据通过4个74LS373锁存器（U2～U5）提供。两个按键分别是"启/停"按钮 START/STOP 和"清零"按钮 CLEAR。当单击"启/停"按钮时，用于启动秒表或者暂停秒表。当单击"清零"按钮时，则将秒表清零。图中发光二极管 LED1 用于指示秒表的"启/停"状态，当秒表正在运行时，该指示灯点亮；当秒表停止时，该指示灯熄灭。

（3）示例程序

```
        ORG 0000H
        AJMP MAIN
        ORG 0030H
MAIN：
        MOV SP,♯60H ;初始化
        CLR F0
        SETB P1.2
        LCALL DISCLR
LOOP：
        SETB P1.1
        JB P1.1, GOON
WAIT0：
```

```
SETB P1. 1
JNB P1. 1,WAIT0    ;等待 CLEAR 按键释放
LCALL DISCLR
CLR F0
GOON：
    SETB P1. 0
    JB P1. 0,NEXT1
WAIT1：
    SETB P1. 0    ;等待 START/STOP 按键释放
    JNB P1. 0,WAIT1
    CPL F0
NEXT1：
    JNB F0,NEXT
    CLR P1. 2    ;执行秒表计时功能
    LCALL DISPLAY
    LCALL DELAY10ms
    LCALL ADJUST
    SJMP LOOP
NEXT：
    SETB P1. 2
    SJMP LOOP
DELAY10ms：    ;10ms 延时程序
    DL0：MOV R2,♯100
    DL1：MOV R1,♯48
    DL2：DJNZ R1,DL2  ;内循环 100μs
        NOP
        DJNZ R2,DL1  ;中循环 10ms
        RET
ADJUST：    ;秒表计数器调整子程序
    INC 30H
    MOV A,30H
    CJNE A,♯10,GOTORET
    MOV 30H,♯0
    INC 31H
    MOV A,31H
    CJNE A,♯10,GOTORET
    MOV 31H,♯0
    INC 32H
```

```
        MOV A,32H
        CJNE A,#10,GOTORET
        MOV 32H,#0
        INC 33H
        MOV A,33H
        CJNE A,#10,GOTORET
        MOV 33H,#0
GOTORET:RET
DISCLR:        ;显示清零
        MOV 30H,#0
        MOV 31H,#0
        MOV 32H,#0
        MOV 33H,#0
        CLR A
        MOV DPTR,#TABLE
        MOVC A,@A+DPTR
        MOV DPTR,#D10msADD
        MOVX @DPTR,A
        MOV DPTR,#D100msADD
        MOVX @DPTR,A
        MOV DPTR,#D1sADD
        MOVX @DPTR,A
        MOV DPTR,#D10sADD
        MOVX @DPTR,A
        SETB P1.2
        RET
DISPLAY:  ;显示子程序
        MOV A,30H
        MOV DPTR,#TABLE
        MOVC A,@A+DPTR
        MOV DPTR,#D10msADD
        MOVX @DPTR,A
        MOV A,31H
        MOV DPTR,#TABLE
        MOVC A,@A+DPTR
        MOV DPTR,#D100msADD
        MOVX @DPTR,A
        MOV A,32H
```

```
        MOV DPTR,♯TABLE
        MOVC A,@A+DPTR
        MOV DPTR,♯D1sADD
        MOVX @DPTR,A
        MOV A,33H
        MOV DPTR,♯TABLE
        MOVC A,@A+DPTR
        MOV DPTR,♯D10sADD
        MOVX @DPTR,A
        RET
    TABLE：DB 0C0H,0F9H,0A4H,0B0H,99H,92H,82H,0F8H,80H,90H ;七段
LED 共阳极显示码
    D10msADD EQU 0FE00H      ;0.01s 显示锁存地址
    D100msADD EQU 0FD00H     ;0.1s 显示锁存地址
    D1sADD EQU 0FB00H    ;1s 显示锁存地址
    D10sADD EQU 0F700H    ;10s 显示锁存地址
        END
```

(4)实验步骤

①按照 1.2.2 节(1)～(4)部分所介绍的方法在 Proteus 环境下建立图 3.8 所示原理图,并保存为"staticLED. DSN"文件。

②输入源程序,按照 1.2.2 节第(5)部分所介绍的方法建立源程序"staticLED. asm",程序内容如上面的示例程序所示,并将源程序加入系统中。

③构造(Build)源程序。按照 1.2.2 节第(5)部分所介绍的方法编译源程序。

④执行仿真。单击主窗口下方的"仿真控制"按钮 ▶ ,观察 4 个七段数码管的显示情况。单击图 3.8 中的按键 START/STOP,观察程序运行中 4 个七段数码管的显示及 LED1 的亮灭情况,再次单击按键 KEY_START,观察程序运行中 4 个七段数码管的显示及 LED1 的亮灭情况。单击图 3.8 中的按键 CLEAR,并观察图中 4 个七段数码管的显示及 LED1 的亮灭情况。

(5)实验作业

①分析源程序并为源程序添加注释。

②分析示例程序中 30H～33H 单元的功能。

③记录示例程序运行结果。

④总结 C51 单片机汇编语言程序设计中的模块化编程方法。

3.3.2　自我完成实验

(1)实验内容

在 Proteus 环境下搭建如图 3.9 所示的电路图。

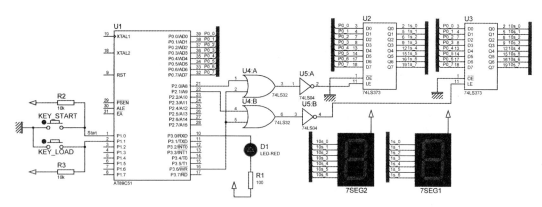

图 3.9　倒计时器电路图

图中所用元器件如表 3.10 所示。

表 3.10　　　　　　　　　　　倒计时器电路中所用元器件

元件编号	元件名称	参数	所在元件库类名	子类名	生产厂家
U1	AT89C51		Microprocessor ICs 微处理器	8051 Family 8051 家族	Atmel
U2,U3	74LS373		TTL 74LS series TTL 74LS 系列	Flip-Flops & Latches 触发与锁存	
U4	74LS32		TTL 74LS series TTL 74LS 系列	Gates& Inverters 门与反相器	
U5	74LS04		TTL 74LS series TTL 74LS 系列	Gates& Inverters· 门与反相器	
7SEG1,7SEG2	7SEG-COM- AN-GRN		Optoelectronics 光电器件	7-Segment Displays 七段显示	
D1	LED-RED		Optoelectronics 光电器件	LEDs 发光二极管	
R1	RES	100Ω	Resistors 电阻	Generic 通用	
R2,R3	RES	10kΩ	Resistors 电阻	Generic 通用	
KEY_START, KEY_LOAD	BUTTON		Switches & Relays 开关与继电器	Switches 开关	

（2）控制要求

图 3.9 中 7SEG2 为十位显示数码管，7SEG1 为个位显示数码管，KEY_LOAD 为"倒计时初值"按钮，KEY_START 为"倒计时启动"按钮。要求实现的功能是：当 KEY_LOAD 按钮被按下时，加载倒计时初值（如 10s）；当按下 KEY_START 按钮时，开始倒计时，每过 1s，计时器减 1，直到减到"00"为止。减到"00"时，使 P3.0 引脚上的 LED 按 10Hz 频率进行闪烁，直到再次按下 KEY_LOAD 按钮，才重新加载初值，并熄灭 LED。再次按下 KEY_START 按钮又一次开始倒计时，如此反复。

（3）编程思路

①分析两个 74LS373 的地址。假定所有无关地址均定义为 1，那么 U2 的锁存地址为"♯0FE00H"，U3 的锁存地址为"♯0FD00H"。

②程序流程图（见图 3.10）。

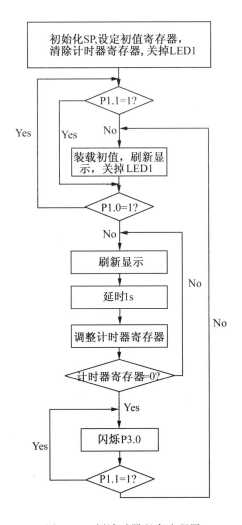

图 3.10　倒计时器程序流程图

（4）实验步骤

①根据上述实验内容，参考 1.2.2 节，在 Proteus 环境下建立图 3.9 所示原理图，并将其保存为"staticLED_self.DSN"文件。

②根据（2）和（3）编写控制源程序，将其保存为"staticLED_self.asm"。

③将源程序添加到 U1 中，并构造该程序。

④执行仿真过程，观察秒表程序功能是否正确。

（5）实验作业

①编写源程序并进行注释。

②记录实验过程。

③记录程序运行结果。

3.4　矩阵键盘扫描实验

3.4.1　示例实验

（1）实验内容

在 Proteus 环境下搭建如图 3.11 所示的电路图。

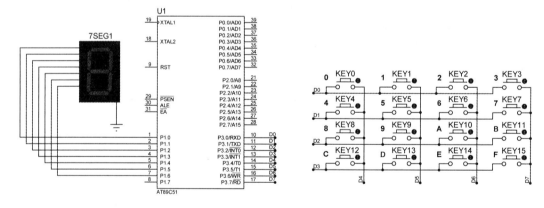

图 3.11　矩阵键盘扫描电路图

图中，每个按键旁边的字符 0～F 是文本文字，单击左侧绘图工具栏中的 **A** 即可逐个加入，这些文字用于标示按下该键之后数码管将显示的字符。

图中所用元器件如表 3.11 所示。

表 3.11　　　　　　　　　　　矩阵键盘扫描电路中所用元器件

元件编号	元件名称	所在元件库类名	子类名	生产厂家
U1	AT89C51	Microprocessor ICs 微处理器	8051 Family 8051 家族	Atmel
7SEG1	7SEG-COM- AN-GRN	Optoelectronics 光电器件	7-Segment Displays 七段显示	
KEY0～KEY15	BUTTON	Switches & Relays 开关与继电器	Switches 开关	

（2）功能要求

利用 C 语言或汇编语言编写程序，实现按键扫描。当单击按键 KEY0 时，7SEG1 数码管将显示字符"0"；当单击按键 KEY1 时，7SEG1 数码管将显示字符"1"；当单击按键 KEY2 时，7SEG1 数码管将显示字符"2"。以此类推，单击哪个按键，就将显示其旁边的字符。

（3）示例程序

①C 语言源程序（保存为"keyscan.c"文件）

```
/ * * * * * * * * * * * * * 必要的变量定义 * * * * * * * * * * * * * * * * */
# include <reg51.h>
# define uint unsigned int
# define uchar unsigned char
uchar code KEY_TABLE[]={ 0x11,0x21,0x41,0x81,0x12,0x22,0x42,0x82,
                0x14,0x24,0x44,0x84,0x18,0x28,0x48,0x88};
                //按键键值表
                //表中前四位与按键所在列有关，后四位与按键所在行有
                //关。四位二进制数中为 1 的那一位所在的位置就是按键所
                //在的行或列的位置。如键值为 0x24，则表示在第 2 行第
                //1 列；0x82 则表示在第 1 行第 3 列
uchar code TABLE[]={ 0x3f,0x06,0x5b,0x4f,0x66,0x6d,0x7d,0x07,0x7f,0x6f,
                0x77,0x7c,0x39,0x5e,0x79,0x71}; //显示码表
/ * * * * * * * * * * 长延时子程序，作点亮数码管延时 * * * * * * * * * * */
void delay1()
{
uint n=50000;while(n－－);
}
/ * * * * * * * * * * 短延时子程序，作键盘去抖动功能 * * * * * * * * * * */
void delays()
```

```
{
uint n=10000;while(n－－);
}
/＊＊＊＊＊＊＊＊＊＊＊＊＊＊主程序＊＊＊＊＊＊＊＊＊＊＊＊＊＊＊＊/
void main()
{
uchar temp,key,num,i;
P1=0x0;
while(1)
{
    P3=0xf0；    //行置为 0,列置为 1,读列值
    if(P3！=0xf0)
      {
        delays()；    //去抖动
        P3=0xf0;
        if(P3！=0xf0)
        {
         temp=P3;
         P3=0x0f;
         key=temp|P3;
         key=0xff－key;//按位取反
         for (i=0;i<16;i++)
         {
           if(key==KEY_TABLE[i])
           {
             num=i;
        break;
           }
         }
      P1=TABLE[num];
      delay1();
      }
    }
}
    }
```

②汇编语言源程序(保存为"keyscan. asm"文件)

```
        ORG 0000H
        AJMP MAIN
        ORG 0030H
MAIN：
        MOV SP,♯60H
        MOV P1,♯00H
LOOP：
        MOV 30H,♯0    ;存放有无按键按下标志
        MOV 31H,♯0    ;存放键码
        LCALL KEYSCAN
        MOV A,30H
        JZ LOOP
        MOV 32H,♯0 ;存放按键是否错误,1 表示有错误,0 表示无错误
        MOV 33H,♯0 ;存放键号
        LCALL SEARCHKEYNUM
        MOV A,32H
        JNZ LOOP
        MOV DPTR,♯TABLE2
        MOV A,33H
        MOVC A,@A+DPTR
        MOV P1,A
        LJMP LOOP
KEYSCAN：
        MOV P3,♯0F0H
        MOV A,P3
        ANL A,♯0F0H
        CJNE A,♯0F0H,ASKEY
        SJMP KEYSCAN
ASKEY：
        LCALL DELAY10ms
        MOV P3,♯0F0H
        MOV A,P3
        ANL A,♯0F0H
        CJNE A,♯0F0H,ISKEY
        MOV 31H,♯0
```

```
        MOV 30H,#0
        LJMP TORET1
ISKEY：
        MOV 31H,A
SEARCHLINE0：
        MOV P3,#0FEH
        MOV A,P3
        ANL A,#0F0H
        CLR C
        SUBB A,#0F0H
        JZ SEARCHLINE1
        MOV A,#0EH
        LJMP TOSTORE
SEARCHLINE1：
        MOV P3,#0FDH
        MOV A,P3
        ANL A,#0F0H
        CLR C
        SUBB A,#0F0H
        JZ SEARCHLINE2
        MOV A,#0DH
        LJMP TOSTORE
SEARCHLINE2：
        MOV P3,#0FBH
        MOV A,P3
        ANL A,#0F0H
        CLR C
        SUBB A,#0F0H
        JZ SEARCHLINE3
        MOV A,#0BH
        LJMP TOSTORE
        SEARCHLINE3：
        MOV P3,#0F7H
        MOV A,P3
        ANL A,#0F0H
        CLR C
```

```
        SUBB A,#0F0H
        JZ WRONGKEY
        MOV A,#07H
        LJMP TOSTORE
WRONGKEY：
        MOV 31H,#0
        MOV 30H,#0
        SJMP TORET1
TOSTORE：
        ORL A,31H
        CPL A
        MOV 31H,A
        MOV 30H,#1
TORET1：
        RET
SEARCHKEYNUM：
        MOV DPTR,#TABLE1
        MOV A,33H
        MOVC A,@A+DPTR
        CLR C
        SUBB A,31H
        JZ ENDSEARCH
        INC 33H
        MOV A,33H
        CJNE A,#10H,SEARCHKEYNUM
        MOV 32H,#1 ;没有找到相同的键码,说明是错误按键,如按双键
        SJMP TORET2
        ENDSEARCH：
        MOV 32H,#0
TORET2：
        RET
DELAY10ms：      ;10ms 延时程序
    DL0：MOV R2,#100
    DL1：MOV R1,#48
    DL2：DJNZ R1,DL2    ;内循环 100μs
        NOP
```

       DJNZ R2,DL1　;中循环 10ms

       RET

  TABLE1：DB 11H,21H,41H,81H,12H,22H,42H,82H,14H,24H,44H,84H,
18H,28H,48H,88H

  TABLE2：DB 3FH,06H,5BH,4FH,66H,6DH,7DH,07H,7FH,6FH,77H,7CH,
39H,5EH,79H,71H

    END

（4）实验步骤

①根据上述实验内容，参考 1.2.2 节，在 Proteus 环境下建立图 3.11 所示原理图，并将其保存为"keyscan. DSN"文件。

②运行 Keil μVision2，按照 1.1.3 节介绍的方法建立工程"keyscan_c. uV2"，CPU 为 AT89C51，包含启动文件"STARTUP. A51"。

③按照 1.2.2 节第（6）部分介绍的方法将前面示例的 C 语言的源程序"keyscan. c"加入工程"keyscan_c. uV2"，并设置工程"keyscan_c. uV2"的属性，将其晶振频率设置为 12MHz，选择输出可执行文件，仿真方式为"选择硬仿真"，并选择其中的"PROTEUS VSM MONITOR 51 DRIVER"仿真器。

④构造（Build）工程"keyscan_c. uV2"。如果输入有误，则进行修改，直至构造正确，生成可执行程序"keyscan_c. hex"为止。

⑤为 AT89C51 设置可执行程序"keyscan_c. hex"。

⑥运行程序，单击图 3.11 中的各按键，观察数码管的显示与按键的关系是否符合程序要求。

⑦重新执行②～⑥，产生汇编语言程序的工程和可执行文件。这时新建立的工程文件命名为"keyscan_asm. uV2"，设置后加入的是汇编语言源程序"keyscan. asm"。另外，不需包含启动文件"STARTUP. A51"。为 AT89C51 设置的可执行程序是"keyscan_asm. hex"。

（5）实验作业

①分析源程序并为源程序添加注释。

②分析 C 语言源程序和汇编语言源程序中分别用了什么方法识别键盘。

③记录示例程序运行结果。

3.4.2　自我完成实验

（1）实验内容

在 Proteus 环境下搭建如图 3.12 所示的电路图。

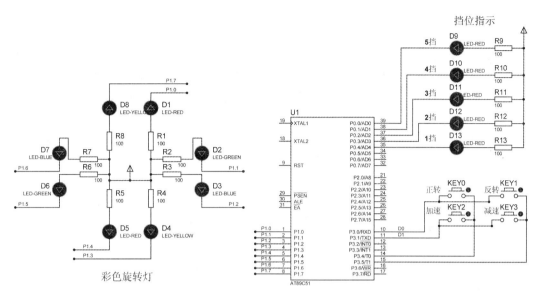

图 3.12　旋转彩灯控制电路图

图中所用元器件如表 3.12 所示。

表 3.12　　　　　　　　　　旋转彩灯控制电路中所用元器件

元件编号	元件名称	参数	所在元件库类名	子类名	生产厂家
U1	AT89C51		Microprocessor ICs 微处理器	8051 Family 8051 家族	Atmel
D1,D5,D9~D13	LED-RED		Optoelectronics 光电器件	LEDs 发光二极管	
D2,D6	LED-GREEN		Optoelectronics 光电器件	LEDs 发光二极管	
D3,D7	LED-BLUE		Optoelectronics 光电器件	LEDs 发光二极管	
D4,D8	LED-YELLOW		Optoelectronics 光电器件	LEDs 发光二极管	
R1~R13	RES	100Ω	Resistors 电阻	Generic 通用	
KEY0~KEY3	BUTTON		Switches & Relays 开关与继电器	Switches 开关	

（2）控制要求

图 3.12 中，D1～D8 八个发光二极管构成彩色旋转灯，D9～D13 为挡位指示灯，1 挡旋转速度最慢（周期为 1s，D13 亮），2 挡较快（周期为 0.8s，D12 亮），3 挡更快（周期为 0.6s，D11 亮），4 挡再快（周期为 0.4s，D10 亮），5 挡最快（周期为 0.2s，D10 亮）。按键

KEY0～KEY1 用于设定旋转方向为顺时针旋转或者逆时针旋转,KEY2～KEY3 用于加快或者减慢旋转速度。

(3)编程思路

按键扫描的方式可以采用前面示例程序中的方法:线反转法或行扫描法。可以用汇编语言实现,也可以用 C 语言实现。建议如前面示例程序所示,汇编语言采用行扫描法,C 语言采用线反转法。

程序控制流程是:首先初始化设置默认运行参数;然后读取按键,识别键码,并根据键码的不同执行运行参数调整;最后根据当前的运行参数执行发光二极管 D1～D8 的轮流旋转。

按键键码可以根据图 3.12 中的连接情况,总结出其键值表,即正向按钮为 0x22,反向按钮为 0x12,加速按钮为 0x21,减速按钮为 0x11,因此可以定义按键键码表(C 语言方式)为:

uchar code KEY_TABLE[]={0x22,0x12,0x21,0x11}; //按键键码表

速度的控制通过控制调用延时程序的次数来决定,假设延时程序的延时长度为 5ms。延时程序可以按如下方式实现(假设晶振频率为 12MHz):

```
void delays()
{
uchar t,ms;
ms=5;   //延时 5ms
while(ms——) for(t=0;t<120;t++);
}
```

　或者采用内嵌汇编语言来实现:

```
void delays()
{
# pragma asm
    MOV R2,#50;5ms 延时程序
DL1:MOV R1,#48
DL2:DJNZ R1,DL2;内循环 100μs
    NOP
    DJNZ R2,DL1;中循环 10ms
# pragma endasm
}
```

采用内嵌汇编语言时需要注意的是:

①在工程文件中加入"C51S.lib"库文件(该文件位于"C:\keil\c51\lib"目录下)。

②修改 C 语言选项文件,使其包含 Generate Assembler SRC File(生成汇编语言 SRC 文件)和 Assemble SRC File(汇编 SRC 文件)两个选项。这两个选项通过如下方式加入:

a. 右击 C 语言源程序文件，并单击"Options for File'×××. c'"（见图 3.13）。

图 3.13　单击"Options for File'×××. c'"选项

b. 在弹出对话框的"Properties"页中将"Generate Assembler SRC File"（生成汇编语言 SRC 文件）和"Assemble SRC File"（汇编 SRC 文件）两个选项按图 3.14 所示方式选上即可。

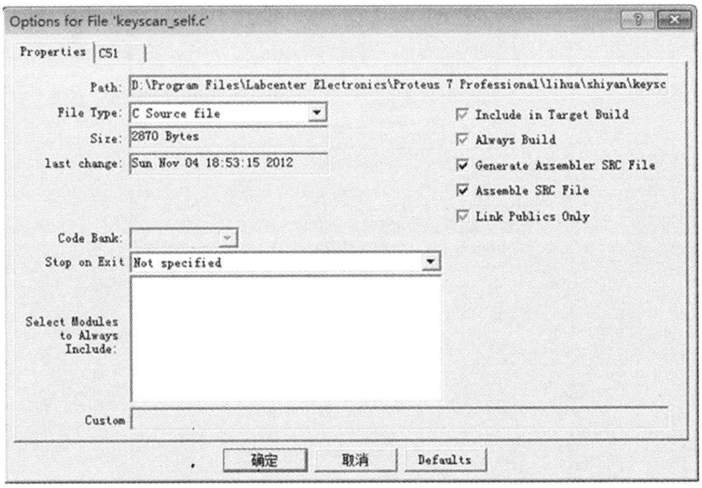

图 3.14　选中"Generate Assembler SRC File"和"Assemble SRC File"两个选项

调用延时程序次数为 200 次时，周期为 1s；次数为 160 次时，则周期为 0.8s；次数为 140 次时，则周期为 0.7s；次数为 120 次时，则周期为 0.6s；次数为 100 次时，则周期为 0.5s；次数为 80 次时，则周期为 0.4s；次数为 40 次时，则周期为 0.2s。这样，周期值表（C 语言方式）为：

uchar code T_TABLE[]＝{200,160,120,80,40}；//周期值表

旋转彩灯线反转法 C 语言程序中的主程序流程图如图 3.15 所示。

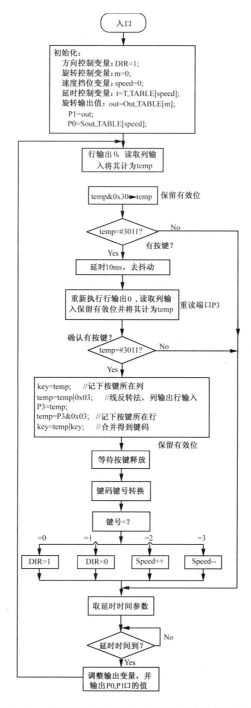

图 3.15　旋转彩灯线反转法 C 语言程序控制流程图

旋转彩灯行扫描法汇编语言程序控制的流程图如图 3.16 所示。

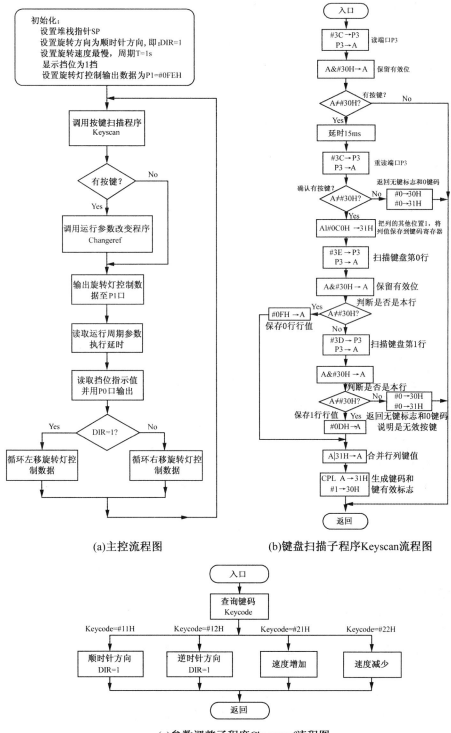

(a)主控流程图　　　　　(b)键盘扫描子程序Keyscan流程图

(c)参数调整子程度Changeref流程图

图 3.16　旋转彩灯行扫描法汇编语言控制流程图

　　挡位输出也可以按查表形式给出,1 挡时应给出的挡位输出值为 0x0F;2 挡时应给出的挡位输出值为 0x17;3 挡时应给出的挡位输出值为 0x1B;4 挡时应给出的挡位输出值为 0x1D;5 挡时应给出的挡位输出值为 0x1E。因此挡位输出值表为:

　　uchar code Sout_TABLE[]={0x0F,0x17,0x1B,0x1D,0x1E}; //挡位输出值表

　　(4)实验步骤

　　①根据上述实验内容,参考 1.2.2 节,在 Proteus 环境下建立图 3.12 所示原理图,并将其保存为"keyscan_self. DSN"文件。

　　②根据(2)和(3)编写控制源程序,将其保存为"keyscan_self. asm"或"keyscan_self. c"。

　　③将源程序添加到 U1 中,并构造该程序。

　　④执行仿真过程,观察程序功能是否正确。

　　(5)实验作业

　　①编写源程序并进行注释。

　　②记录实验过程。

　　③记录程序运行结果。

3.5　定时/计数器实验

3.5.1　示例实验

(1)实验内容

在 Proteus 环境下搭建如图 3.8 所示的电路图。

(2)功能要求

按键控制功能和实验 3.3.1 一样,但这里的计时功能要用定时器 T0 实现,编程语言采用 C 语言实现。

(3)示例程序

```
//将如下 C 语言源程序保存为"timer. c"
#include<reg51. h>
#define uchar unsigned char
#define uint unsigned int
uchar code LED_Table[]={0xC0,0xF9,0xA4,0xB0,0x99,0x92,
                        0x82,0xF8,0x80,0x90};//七段 LED 共阳极显示码
uchar xdata D10ms _at_ 0xfe00;   //0.01s 显示锁存地址
uchar xdata D100ms _at_ 0xfd00;   //0.1s 显示锁存地址
uchar xdata D1s _at_ 0xfb00;   //1s 显示锁存地址
uchar xdata D10s _at_ 0xf700;   //10s 显示锁存地址
bit start_stop;//启停标志
sbit P10=P1^0;
```

```
sbit P11＝P1^1；
sbit P12＝P1^2；
uchar timerH＝0xd8,timerL＝0xf0；   //12MHz 晶振频率下 10ms 定时,方式 1 下
                                    //置初值
uchar DV10ms；   //0.01s 计数值
uchar DV100ms；//0.1s 计数值
uchar DV1s；   //1s 计数值
uchar DV10s；//10s 计数值
void clrdisp()
{
DV10ms＝0；
DV100ms＝0；
DV1s＝0；
DV10s＝0；
D10ms＝LED_Table[DV10ms]；
D100ms＝LED_Table[DV100ms]；
D1s＝LED_Table[DV1s]；
D10s＝LED_Table[DV10s]；
//P12＝1；
TH0＝timerH；
TL0＝timerL；
}
void s_timer0() interrupt 1   //定时器 0 中断服务程序
{
DV10ms＝DV10ms＋1；
if(DV10ms＝＝10)
{
  DV10ms＝0；
  DV100ms＝DV100ms＋1；
  if (DV100ms＝＝10)
  {
    DV100ms＝0；
    DV1s＝DV1s＋1；
    if (DV1s＝＝10)
    {
      DV1s＝0；
      DV10s＝DV10s＋1；
      if(DV10s＝＝10)
```

```
        {
          DV10s=0;
        }
      }
    }
  }
D10ms=LED_Table[DV10ms];
D100ms=LED_Table[DV100ms];
D1s=LED_Table[DV1s];
D10s=LED_Table[DV10s];
TH0=timerH;
TL0=timerL;
}


//主程序
void main()
{
SP=0x60;   //设定堆栈指针位置
TMOD=0x01;//定时/计数器 0 工作于方式 1
TH0=timerH;
TL0=timerL;
start_stop=0;
P12=1;
clrdisp();
while(1)
{
  P11=1;
  if(! P11)
  {
    while(! P11)
    {
      P11=1;
    }
    clrdisp();
  }

  P10=1;
  if(! P10)
```

```
  {
    while(！P10)
    {
      P10＝1；
    }
    start_stop＝～start_stop；
  }
  if(start_stop)
  {
    P12＝0；
    TR0＝1；
    EA＝1；
    ET0＝1；
  }
  else
  {
    P12＝1；
    TR0＝0；
    EA＝0；
    ET0＝0；
  }
}
}
```

(4)实验步骤

①将 3.3.1 节"staticLED. DSN"文件另保存为"Timer. DSN"。

②运行 Keil μVision2,按照 1.1.3 节介绍的方法建立工程"timer_c. uV2",CPU 为 AT89C51,包含启动文件"STARTUP. A51"。

③按照 1.2.2 节第(6)部分介绍的方法将前面示例的 C 语言的源程序"timer. c"加入工程"timer_c. uV2",并设置工程"timer_c. uV2"的属性,将其晶振频率设置为 12MHz,选择输出可执行文件,仿真方式为"选择硬仿真",并选择其中的"PROTEUS VSM MONI-TOR 51 DRIVER"仿真器。

④构造(Build)工程"timer_c. uV2"。如果输入有误,则进行修改,直至构造正确,生成可执行程序"timer_c. hex"为止。

⑤为 AT89C51 设置可执行程序"timer_c. hex"。

⑥运行程序,单击图 3.8 中各按键,观察数码管的显示与按键的关系是否符合程序要求。

(5)实验作业

①分析源程序并为源程序添加注释。

②记录示例程序运行结果。

③分析定时器的控制方法。

④总结 C51 单片机 C 语言程序设计中的中断服务程序的实现方法。

3.5.2　自我完成实验

(1)实验内容

在 Proteus 环境下搭建如图 3.17 所示的频率计电路图。

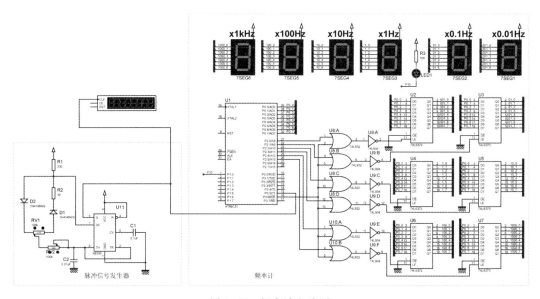

图 3.17　频率计电路图

图 3.17 中,左边是用 NE555 构成的脉冲信号发生器,右边是用定时/计数器 0 和定时/计数器 1 构成的频率计。

为了检验频率计是否准确,用 Proteus 的虚拟频率计测量脉冲信号频率进行比对。

图中所用元器件如表 3.13 所示。

表 3.13　　　　　　　　　　频率计电路中所用元器件

元件编号	元件名称	参数	所在元件库类名	子类名	生产厂家
U1	AT89C51		Microprocessor ICs 微处理器	8051 Family 8051 家族	Atmel
U2～U7	74LS373		TTL 74LS series TTL 74LS 系列	Flip-Flops & Latches 触发与锁存	

续表

元件编号	元件名称	参数	所在元件库类名	子类名	生产厂家
U8,U10	74LS32		TTL 74LS series TTL 74LS 系列	Gates&. Inverters 门与反相器	
U9	74LS04		TTL 74LS series TTL 74LS 系列	Gates&. Inverters 门与反相器	
U11	NE555		Analog ICs 模拟集成电路	Timers 定时器	
7SEG1～7SEG6	7SEG-COM-AN-GRN		Optoelectronics 光电器件	7-Segment Displays 七段显示	
LED1	LED-GREEN		Optoelectronics 光电器件	LEDs 发光二极管	
RV1,RV2	POT	100kΩ	Resistors 电阻	Variable 可变的	
D1,D2	1N4148		Diodes 二极管	Switches 开关	
R1	RES	330Ω	Resistors 电阻	Generic 通用	
R2	RES	10Ω	Resistors 电阻	Generic 通用	
R3	RES	10kΩ	Resistors 电阻	Generic 通用	
C1	CAP	0.1μF	Capacitors 电容	Generic 通用	
C2	CAP	0.01μF	Capacitors 电容	Generic 通用	

（2）控制要求

7SEG1～7SEG6 用于频率计百分位、十分位、个位、十位、百位、千位的显示,单位为 Hz。要求单片机上电运行后,频率计将一直运行,改变脉冲发生器所产生的脉冲频率,则频率计的显示将随着变化。

（3）编程思路

定时/计数器 0 工作在定时器模式方式 1(16 位),定时/计数器 1 工作在计数器模式方式 2(8 位自动重装初值)。

　　定时/计数器 1 计数 200 个脉冲后(每计数 200 个脉冲产生一次中断),统计这 200 个脉冲总的时间长度,计算出平均每个周期的时间长度。

　　200 个脉冲所用时间长度的测量是靠定时/计数器 0 来实现的,定时/计数器 0 的初值为 0。当定时/计数器 1 产生中断时,读出定时/计数器 0 当前计数器值,再加上在定时/计数器 0 中断中累积的值即可得到。

　　为了便于大家编程,这里给出两个定时/计数器的中断函数及有关变量的定义。

```
＃define uchar unsigned char
＃define uint unsigned int
uchar code LED_Table[]={0xC0,0xF9,0xA4,0xB0,0x99,0x92,0x82,
                        0xF8,0x80,0x90} ;//七段 LED 共阳极显示码
uchar xdata DA001 _at_ 0xfe00;   //0.01Hz 显示锁存地址
uchar xdata DA01 _at_ 0xfd00;    //0.1Hz 显示锁存地址
uchar xdata DA1 _at_ 0xfb00;    //1Hz 显示锁存地址
uchar xdata DA10 _at_ 0xf700;    //10Hz 显示锁存地址
uchar xdata DA100 _at_ 0xef00;    //100Hz 显示锁存地址
uchar xdata DA1k _at_ 0xdf00;    //1000Hz 显示锁存地址
uchar DV001,DV01,DV1,DV10,DV100,DV1k;// DV001 表示百分位、DV01 表示
                                     //十分位、DV1 表示个位、DV10 表
                                     //示十位、DV100 表示百位、DV1k
                                     //表示千位
long sumtime=0;   //总时间
float frequency,ptime;   // frequency 为频率,ptime 为单周期时间
void s_timer0() interrupt 1
{
EA=0;
sumtime=sumtime+65536;
TH0=timer0H;
TL0=timer0L;
EA=1;
}
void s_timer1() interrupt 3
{
EA=0;
sumtime=sumtime+TH0 * 256+TL0;
TH0=timer0H;
TL0=timer0L;
ptime=(float)sumtime/200;   //计算每个周期的时间长度
sumtime=0;
```

```
frequency＝(float)1000000/ptime；//计算频率
DV1k＝(uchar)(frequency/1000)；//计算频率千位值
frequency＝frequency－DV1k＊1000；
DV100＝(uchar)(frequency/100)；//计算频率百位值
frequency＝frequency－DV100＊100；
DV10＝(uchar)(frequency/10)；　//计算频率十位值
frequency＝frequency－DV10＊10；
DV1＝(uchar)frequency；　//计算频率个位值
frequency＝frequency－DV1；
frequency＝frequency＊10；
DV01＝(uchar)frequency；//计算频率十分位值
frequency＝frequency－DV01；
frequency＝frequency＊10；
DV001＝(uchar)frequency；//计算频率百分位值
DA001＝LED_Table[DV001]；
DA01＝LED_Table[DV01]；
DA1＝LED_Table[DV1]；
DA10＝LED_Table[DV10]；
DA100＝LED_Table[DV100]；
DA1k＝LED_Table[DV1k]；
EA＝1；
}
```

主程序的编写由读者自己完成。

(4)实验步骤

①根据上述实验内容,参考 1.2.2 节,在 Proteus 环境下建立图 3.17 所示原理图,并将其保存为"frequencycounter.DSN"文件。

②根据(2)和(3)编写控制源程序,将其保存为"frequencycounter.c"。

③运行 Keil μVision2,按照 1.1.3 节介绍的方法建立工程"frequencycounter.uV2",CPU 为 AT89C51,包含启动文件"STARTUP.A51"。

④按照 1.2.2 节第(6)部分介绍的方法将 C 语言源程序"frequencycounter.c"加入工程"frequencycounter.uV2",并设置工程"frequencycounter.uV2"的属性,将其晶振频率设置为 12MHz,选择输出可执行文件,仿真方式为"选择硬仿真",并选择其中的"PRO-TEUS VSM MONITOR 51 DRIVER"仿真器。

⑤构造(Build)工程"frequencycounter.uV2"。如果输入有误,则进行修改,直至构造正确,生成可执行程序"frequencycounter.hex"为止。

⑥为 AT89C51 设置可执行程序"frequencycounter.hex"。

⑦运行程序,观察数码管的显示与虚拟频率计是否一致。

⑧改变 RV2 的值,继续观察频率测量结果,观察数码管的显示与虚拟频率计是否

一致。

（5）实验作业

①编写源程序并进行注释。

②记录实验过程。

③记录程序运行结果。

3.6 串口通信实验

3.6.1 示例实验

（1）实验内容

在 Proteus 环境下搭建如图 3.18 所示的电路图。

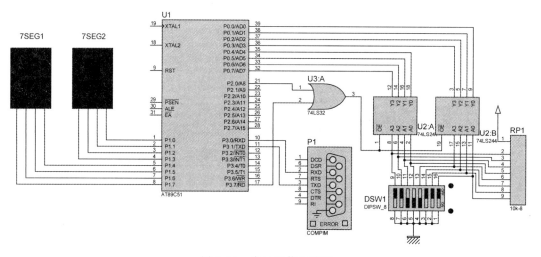

图 3.18 串口通信电路图

图中所用元器件如表 3.14 所示。

表 3.14 串口通信电路中所用元器件

元件编号	元件名称	参数	所在元件库类名	子类名	生产厂家
U1	AT89C51		Microprocessor ICs 微处理器	8051 Family 8051 家族	Atmel
U2	74LS244		TTL 74LS series TTL 74LS 系列	Buffers&Dribers 缓冲与驱动器	
U3	74LS32		TTL 74LS series TTL 74LS 系列	Gates&Inverters 门与反相器	

续表

元件编号	元件名称	参数	所在元件库类名	子类名	生产厂家
P1	COMPIM		Miscellaneous 杂类		
7SEG1、 7SEG2	7SEG-BCD		Optoelectronics 光电器件	7-Segment Displays 七段显示	
DSW1	DIPSW_8		Switches&Relays 开关与继电器	Switches 开关	
RP1	RESPACK-8	$10k\Omega \times 8$	Resistors 电阻	Resistor Packs 排阻	

其中,74LS244 用于扩展并行输入口;COMPIM 是 COM Port Physical Interface Model(串口物理端口模型),用于和计算机虚拟串口进行通信。

(2)功能要求

利用计算机虚拟串口驱动软件和串口调试工具软件实现计算机串口调试软件与单片机串行口的通信,要求当计算机发出数字"1"时,单片机能够采集 74LS244 扩展口的数据,并将该数据显示在两个七段数码管上(7SEG1 显示高四位,7SEG2 显示低四位),并用 0.2s 的周期闪烁 10 次。当计算机发出数字"0"时,单片机能够采集 74LS244 扩展口的数据,并将该数据发送回计算机串口调试软件。编程语言采用 C 语言实现。串口工作在方式 1,波特率为 9600bit/s。

(3)示例程序

```
//将如下 C 语言源程序保存为"uart.c"
#include <reg51.h>
#define uchar unsigned char
#define uint unsigned int
uchar xdata D244 _at_ 0xfe00;   //244 地址
uchar rdata,i,j,temp;
uint x;
void delay()
{
for (i=200;i>0;i——);
}
void longdelay()
{
for(x=500;x>0;x——)
    for (i=200;i>0;i——);
}
/******************主程序******************/
```

```
main()
{
TMOD=0x20；  //定时器 1 设置为方式 2
SM0=0；
SM1=1；
REN=1；  //串口工作于方式 1,允许接收控制位 REN=1
PCON=0；  //波特率不加倍
TH1=0xFD；
TL1=0xFD；//波特率设定为 9600bit/s,晶振频率为 11.0592MHz
TR1=1；  //开启定时/计数器
rdata=D244；
delay();
P1=rdata；
while(1)
{
  while(! RI);temp=SBUF；RI=0；  //接收数据
  rdata=D244；
delay();
switch(temp)
{
  case 1：
      for(j=10;j>0;j——)
  {
      P1=0x88；
      longdelay();
P1=rdata；
      longdelay();
  }
  break；
  case 2：
      P1=rdata；
      SBUF=rdata；
      while(! TI);
  TI=0；  //发送数据
  break；
    }
}
}
```

（4）实验步骤

①根据上述实验内容，参考 1.2.2 节，在 Proteus 环境下建立图 3.18 所示原理图，并将其保存为"uart.DSN"文件。

②将上面（3）中控制源程序保存为"uart.c"。

③运行 Keil μVision2，按照 1.1.3 节介绍的方法建立工程"uart.uV2"，CPU 为 AT89C51，包含启动文件"STARTUP.A51"。

④按照 1.2.2 节第（6）部分介绍的方法将 C 语言源程序"uart.c"加入工程"uart.uV2"，并设置工程"uart.uV2"的属性，将其晶振频率设置为 11.0592MHz，选择输出可执行文件，仿真方式为"选择硬仿真"，并选择其中的"PROTEUS VSM MONITOR 51 DRIVER"仿真器。

⑤构造（Build）工程"uart.uV2"。如果输入有误，则进行修改，直至构造正确，生成可执行程序"uart.hex"为止。

⑥为 AT89C51 设置可执行程序"uart.hex"。

⑦从网上下载并安装虚拟串口驱动软件（VSPD 虚拟串口破解版 6.9 汉化版）。运行该软件，将出现如图 3.19 所示界面。

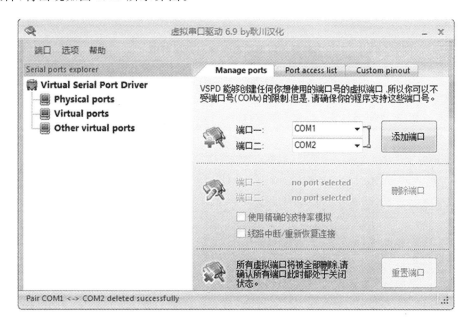

图 3.19　虚拟串口驱动 VSPD 界面

单击其中的"添加端口"按钮将 COM1 和 COM2 添加为虚拟串口,添加后界面如图 3.20所示。

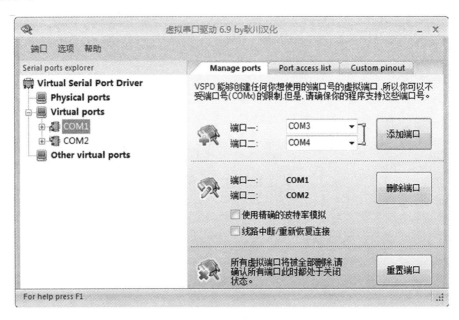

图 3.20　VSPD 添加 COM1 和 COM2 后的界面

⑧从网上下载串口调试助手软件并运行该软件,将出现如图 3.21 所示界面。

图 3.21　串口调试助手界面

选择串口 com1,波特率为 9600,校验位为 NONE,数据位为 8,停止位为 1。这些设置和前面单片机程序中设置的串口参数要一致。

⑨设置 Proteus 工程"uart.DSN"界面中的 COMPIM 参数,设置方法是右击 P1,选择弹出菜单中的"Edit Properties"选项,如图 3.22 所示。

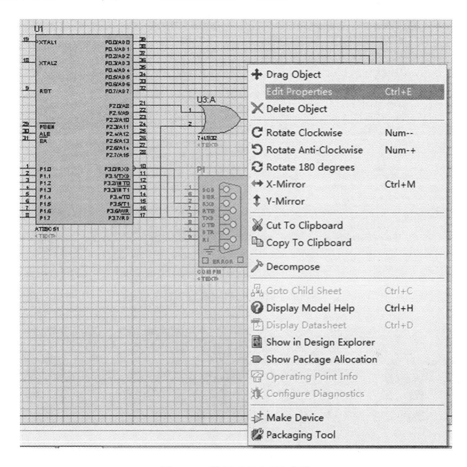

图 3.22　设置 COMPIM 参数

在弹出窗口"Edit Component"中,选择"Physical port"为 COM2(注意:前面串口调试助手如果选择的是 COM1,这里就应该选 COM2;串口调试助手如果选择的是 COM2,这里就应该选 COM1),其他参数设置如图 3.23 所示。

⑩单击 Proteus 仿真界面下方的"仿真控制"按钮 ▶ 开始仿真,并且设置图 3.21 中的数据显示及数据发送格式为十六进制格式,在发送窗口发送数字"2",观察显示窗口中接收的数据与 Proteus 中 7SEG1 和 7SEG2 中显示的是否一致。再发送数字"1",观察程序运行结果是否正确。串口通信结果显示窗口如图 3.24 所示。

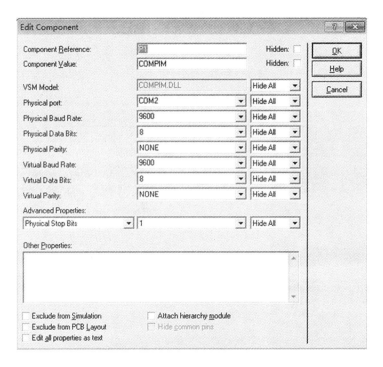

图 3.23　COMPIM 参数设置窗口

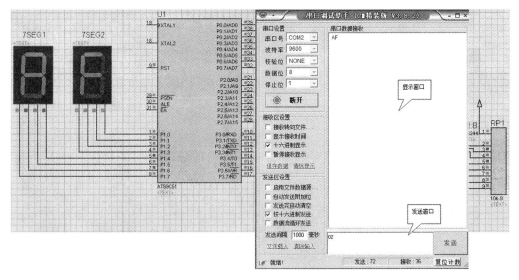

图 3.24　串口通信结果显示窗口

（5）实验作业

①仔细分析源程序，了解串口通信编程方法，并为源程序添加注释。

②改变 DIP 开关的设置值，并通过串口通信调试窗口发送数字命令，读取结果，记录程序运行结果。

③总结 C51 单片机串口通信虚拟串口调试的方法。

3.6.2　自我完成实验

（1）实验内容

在 Proteus 环境下搭建如图 3.25 所示 74LS164/165 串口扩展并口的电路图。

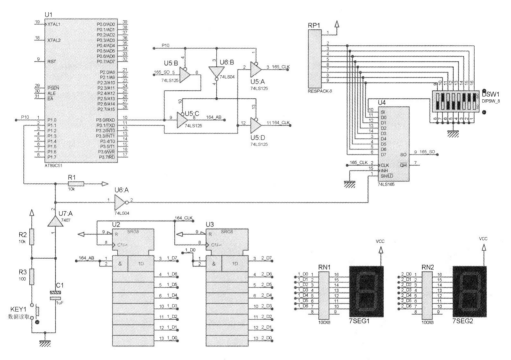

图 3.25　74LS164/165 串口扩展并口的电路图

图中所用元器件如表 3.15 所示。

表 3.15　74LS164/165 串口扩展并口电路中所用元器件

元件编号	元件名称	参数	所在元件库类名	子类名	生产厂家
U1	AT89C51		Microprocessor ICs 微处理器	8051 Family 8051 家族	Atmel
U2,U3	74LS164		TTL 74LS series TTL 74LS 系列	Registers 寄存器	

续表

元件编号	元件名称	参数	所在元件库类名	子类名	生产厂家
U4	74LS165		TTL 74LS series TTL 74LS 系列	Registers 寄存器	
U5	74LS125		TTL 74LS series TTL 74LS 系列	Buffers&Drivers 缓冲器与驱动器	
U6	74LS04		TTL 74LS series TTL 74LS 系列	Gates&Inverters 门与反相器	
U7	7407		TTL 74LS series TTL 74LS 系列	Buffers&Drivers 缓冲器与驱动器	
RN1,RN2	RX8		Resistors 电阻	Resistor Packs 排阻	
RP1	RESPACK-8	$10k\Omega \times 8$	Resistors 电阻	Resistor Packs 排阻	
DSW1	DIPSW_8		Switches&Relays 开关与继电器	Switches 开关	
7SEG1, 7SEG2	7SEG-COM- AN-GRN		Optoelectronics 光电器件	7-Segment Displays 七段显示	
R1,R2	RES	$10k\Omega$	Resistors 电阻	Generic 通用	
R3	RES	100Ω	Resistors 电阻	Generic 通用	
C1	CAP-ELEC	$1\mu F$	Capacitors 电容	Generic 通用	
KEY1	BUTTON		Switches & Relays 开关与继电器	Switches 开关	

(2)控制要求

本实验利用74LS165实现串口转并行输入端口,用来采集 DSW1 的开关数据。采集来的数据通过74LS164实现的串口转并行输出端口送给两个七段 LED 数码管 7SEG1 和 7SEG2。RN1 和 RN2 是两个排阻,用于限流。图 3.25 中的 R2、R3、C1 和 KEY1 用于产生低电平脉冲,其中的 R2、R3 和 C1 用于去除按键抖动。该电平脉冲一方面连接至 P1.1 用于 CPU 探测该脉冲的产生时间,另一方面经过 U6A 的 74LS04 之后连接至 74LS165 的 1 号引脚(SH/LD)。该信号在按键 KEY1 未被按下时为低电平,74LS165 的输入一直被加载至器件内部的锁存器;当 KEY1 被按下时该信号为高电平,74LS165 加载的数据将在 2 号引脚 CLK 的同步下被串行移出并进入单片机的 RXD 端口。

由于 74LS165 的 9 号引脚需要连接到单片机的 RXD 端口，而 RXD 又需要连接至 74LS164 的 1、2 号管脚；同时，单片机的 TXD 引脚不论是在读 74LS165 的数据还是在向 74LS164 输出数据，都提供时钟。为了防止 74LS165 的 9 号引脚的输出影响 RXD 至 74LS164 的 1、2 号引脚的输出，以及 74LS165 的输出被相同的时钟直接移位进入 74LS164（走近路），单片机的 TXD 和 RXD 需要分时接入 74LS165 和 74LS164。分时控制的方法就是利用 U5（74LS125）这一三态选通缓冲器来实现。TXD 接入 U5A 和 U5D 的输入端，RXD 接入 U5C 的输入端和 U5B 的输出端。U5A 的输出端接 74LS165 的 CLK，U5B 的输入端接 74LS165 的 9 号引脚，当 P1.0＝0 时这两个三态缓冲器是接通的，即 RXD 接至 74LS165 的 9 号引脚，TXD 接至 74LS165 的 CLK，可以实现单片机对 74LS165 的串行读取；反之，当 P1.0＝1 时，经过反相器使得 U5C 和 U5D 接通，使得 TXD 接至 74LS164 的 CLK，RXD 接至 74LS164 的 1、2 号引脚，可以实现单片机对 74LS164 的串行输出。

最终要求实现的功能是：当按键按下时，DSW1 的开关数据能够被单片机通过 74LS165 串行读取，并通过 74LS164 串行输出至两个七段数码管 7SEG1 和 7SEG2 显示，要求显示的数据和 DSW1 的开关数据一致，没有错误数据被读入或显示。

（3）编程思路

串行口工作在定时器模式方式 0（即 SM1＝0，SM0＝0）。串行口的数据收发利用查询模式实现。只有当查询到 P1.1 有低电平出现时，才启动数据收发过程。启动的方法就是先使 P1.0＝0 打开接收通道，再使接收控制（REN＝1）使能，这时 TXD 就会自动输出时钟。由于这时 74LS165 正处于移位模式（SH/LD 引脚为高电平），数据会自动串行移入单片机的 RXD 端口。查询接收完成标志 RI，当 RI＝1 时 1 个字节接收完成，清掉 RI（即使 RI＝0）。然后，使 P1.0＝1，打开输出 74LS164 通道，把刚才接收的那个数据分低半字节和高半字节，分别查询出它们的共阳极七段数码管的显示码，再将显示码（16位）移位送出至 74LS164。两个 74LS164 是按级联方式连接的，先送出的会到达 U3 输出端，后送出的会到达 U2 输出端。发送时，通过 TI 标志位查询发送 1 个字节是否完成。

（4）实验步骤

①根据上述实验内容，参考 1.2.2，在 Proteus 环境下建立图 3.25 所示原理图，并将其保存为"uart_self.DSN"文件。

②根据（2）和（3）画出流程图，并编写源程序，将其保存为"uart_self.c"。

③运行 Keil μVision2，按照 1.1.3 节介绍的方法建立工程"uart_self.uV2"，CPU 为 AT89C51，包含启动文件"STARTUP.A51"。

④按照 1.2.2 节第（6）部分介绍的方法将 C 语言源程序"uart_self.c"加入工程"uart_self.uV2"，并设置工程"uart_self.uV2"的属性，将其晶振频率设置为 12MHz，选择输出可执行文件，仿真方式为"选择硬仿真"，并选择其中的"PROTEUS VSM MONITOR 51 DRIVER"仿真器。

⑤构造（Build）工程"uart_self.uV2"。如果输入有误，则进行修改，直至构造正确，生成可执行程序"uart_self.hex"为止。

⑥为 AT89C51 设置可执行程序"uart_self.hex"。

⑦运行程序,单击 KEY1,观察数码管的显示是否与 DSW1 的设置一致。

⑧改变 DSW1 的设置,再次单击 KEY1,观察数码管的显示是否与 DSW1 的设置一致。重复本步骤多次,观察程序运行效果。

(5)实验作业

①画出流程图,编写源程序并进行注释。

②记录实验过程。

③记录程序运行结果。

④仔细分析并总结原理图中 74LS164 和 74LS165 的连接方法,以及控制两种器件分时接入 C51 单片机串行通信口的实现方法。

3.7　LCD 1602 显示实验

3.7.1　字符型 LCD 1602 简介

字符型液晶显示(LCD)模块是一种专门用于显示字母、数字、符号等内容的点阵式 LCD,目前常用的有 16×1、16×2、20×2 和 40×2 等不同类型。其中,1602 字符型液晶显示器的性能指标为:

显示容量:16×2 个字符;

芯片工作电压:4.5～5.5V;

工作电流:2.0mA(5.0V);

模块最佳工作电压:5.0V;

字符尺寸:2.95mm×4.35mm(W×H)。

(1)LCD 1602 的外形及引脚分布

LCD 1602 的外形如图 3.26 所示,Proteus 中的 LCD 1602 仿真模型如图 3.27 所示。

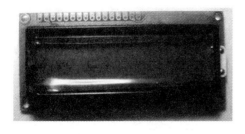

图 3.26　LCD 1602 实物图

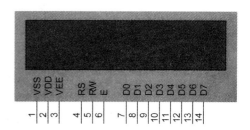

图 3.27　Proteus 中的 LCD 1602 仿真模型

LCD 1602 分为带背光和不带背光两种,其控制器大部分为 HD44780,带背光的比不带背光的厚,同时多两个引脚(分别是:15 号引脚——背光源正极 BLA 和 16 号引脚——

背光源负极 BLK)。Proteus 中的 1602 模型不带背光源。

LCD 1602 采用标准的 14 脚(无背光)或 16 脚(带背光)接口,各引脚接口说明如表 3.16 所示。

表 3.16　　　　　　　　　　　　　LCD 1602 引脚接口说明表

编号	符号	引脚说明	编号	符号	引脚说明
1	VSS	电源地	9	D2	数据
2	VDD	电源正极,接+5V	10	D3	数据
3	VL	液晶显示偏压	11	D4	数据
4	RS	数据/命令选择	12	D5	数据
5	R/W	读/写选择	13	D6	数据
6	E	使能信号	14	D7	数据
7	D0	数据	15	BLA	背光源正极
8	D1	数据	16	BLK	背光源负极

其中:

①第 3 脚:VL 为液晶显示器对比度调整端,接正电源时对比度最弱,接地时对比度最高,对比度过高时会产生"重影",使用时可以通过一个 $10k\Omega$ 的电位器调整对比度。

②第 4 脚:RS 为寄存器选择,高电平时选择数据寄存器,低电平时选择指令寄存器。

③第 5 脚:R/W 为读写信号线,高电平时进行读操作,低电平时进行写操作。当 RS 和 R/W 共同为低电平时,可以写入指令或者显示地址;当 RS 为低电平、R/W 为高电平时,可以读忙信号;当 RS 为高电平、R/W 为低电平时,可以写入数据。

④第 6 脚:E 端为使能端,当 E 端由高电平跳变成低电平时,液晶模块执行命令。

⑤第 7~14 脚:D0~D7 为 8 位双向数据线。

(2)LCD 1602 的存储器地址映射及标准字库表

LCD 1602 是一种字符型点阵 LCD,要显示的字符应该提前保存在相应的存储器里面。LCD 1602 模块里面的存储器有三种:CGROM、CGRAM、DDRAM。其中,CGROM 保存了厂家生产时固化在 LCM(LCD 控制模块)中的点阵型显示数据,CGRAM 是留给用户自己定义点阵型显示数据的,而 DDRAM 内的内容正是要立即显示的内容。

1602 液晶模块内部的字符发生存储器(CGROM)已经存储了 160 个不同的点阵字符图形,每一个字符都有一个固定的代码,这就是字符代码。这些字符代码和字符图形的对应关系如表 3.17 所示。

表 3.17 　　　　　　　CGROM 和 CGRAM 中字符代码与字符图形对应关系表

低位＼高位	0000	0001	0010	0011	0100	0101	0110	0111	1000	1001	1010	1011	1100	1101	1110	1111
0000	CGRAM (1)			0	@	P	`	p				一	夕	ミ	α	p
0001	(2)		!	1	A	Q	a	q			□	ア	チ	ム	ヨ	q
0010	(3)		"	2	B	R	b	r			「	イ	ツ	メ	β	θ
0011	(4)		♯	3	C	S	c	s			」	ウ	テ	モ	ε	∞
0100	(5)		$	4	D	T	d	t			\	エ	ト	ヤ	μ	Ω
0101	(6)		%	5	E	U	e	u			·	オ	ナ	ユ	σ	ü
0110	(7)		&	6	F	V	f	v			ヲ	カ	ニ	ヨ	ρ	Σ
0111	(8)		'	7	G	W	g	w			フ	キ	ヌ	ラ	g	π
1000	(1)		(	8	H	X	h	x			ィ	ク	ネ	リ	√	$\overline{x}$
1001	(2)		)	9	I	Y	i	y			ゥ	ケ	ノ	ル	−1	y
1010	(3)		*	:	J	Z	j	z			ェ	コ	ハ	レ	j	千
1011	(4)		+	;	K	〔	k	{			ォ	サ	ヒ	ロ	x	万
1100	(5)		,	<	L	¥	l	|			ャ	シ	フ	ワ	¢	円
1101	(6)		—	=	M	]	m	}			ュ	ス	ヘ	ン	£	÷
1110	(7)		.	>	N	^	n	→			ョ	セ	ホ	゛	$\overline{n}$	
1111	(8)		/	?	O	_	o	←			ッ	リ	マ	°	Ö	■

从表中可以看出，"A"字对应的高位代码为 0100，对应的低位代码为 0001，合起来就是 01000001，也就是 41H。可见，它的代码与我们 PC 中的字符代码是基本一致的。因此，我们在向 DDRAM 写 C51 字符代码程序时，甚至可以直接用"P1＝A"这样的方法。PC 在编译时就把"A"先转化为 41H 代码。

字符代码 0x00～0x0F 为用户自定义的字符图形 RAM（对于 5×8 点阵的字符，可以存放 8 组；对于 5×10 点阵的字符，可以存放 4 组），就是 CGRAM 了。

0x20～0x7F 为标准的 ASCII 码，0xA0～0xFF 为日文字符和希腊文字符，其余字符码（0x10～0x1F 及 0x80～0x9F）没有定义。

为显示字符，要先把需要显示的字符放到 DDRAM 中相应的位置。LCD 1602 的 DDRAM 有 80 字节，而显示屏上只有 2 行×16 列，共 32 个字符，所以两者不完全一一对应。默认情况下，显示屏上第 1 行的内容对应 DDRAM 中 00H～0FH 的内容，第 2 行的内容对应 DDRAM 中 40H～4FH 的内容，如图 3.28 所示。

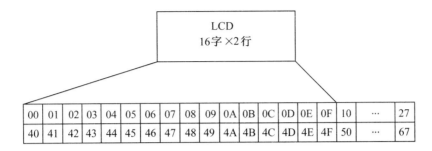

| 00 | 01 | 02 | 03 | 04 | 05 | 06 | 07 | 08 | 09 | 0A | 0B | 0C | 0D | 0E | 0F | 10 | … | 27 |
| 40 | 41 | 42 | 43 | 44 | 45 | 46 | 47 | 48 | 49 | 4A | 4B | 4C | 4D | 4E | 4F | 50 | … | 67 |

图 3.28　LCD 1602 内部显示地址

DDRAM 中 10H～27H、50H～67H 的内容是不显示在显示屏上的,但是在滚动屏幕的情况下,这些内容就可能被滚动显示出来了。

要显示字符时,要先输入显示字符地址,也就是告诉模块在哪里显示什么样的字符;另外,还要告诉控制器如何移动光标,如何移动字符,如何查询控制器是否忙等信息。这些都要靠对控制器发送不同的命令来实现。

(3)LCD 1602 的控制指令

1602 液晶模块的读写操作、屏幕和光标的操作都是通过指令编程来实现的。由于液晶显示模块是一个慢显示器件,所以这些指令都有一定的执行时间要求。因此,在执行每条指令之前,一定要确认模块的忙标志为 0,表示不忙。若不满足该条件,则指令失效,指令执行之后要延迟一定的时间。

1602 液晶模块内部的控制器共有 11 条控制指令,它们是:

①清屏指令:

指令功能	指令编码										执行时间/ms
	RS	R/W	DB7	DB6	DB5	DB4	DB3	DB2	DB1	DB0	
清屏	0	0	0	0	0	0	0	0	0	1	1.64

功能:a.清除液晶显示器,即将 DDRAM 的内容全部填入"空白"的 ASCII 码 20H。

b.光标归位,即将光标撤回液晶显示屏的左上方。

c.将地址计数器(AC)的值设为 0。

②光标归位指令:

指令功能	指令编码										执行时间/ms
	RS	R/W	DB7	DB6	DB5	DB4	DB3	DB2	DB1	DB0	
光标归位	0	0	0	0	0	0	0	0	1	×	1.64

功能:a.DDRAM 所有单元的内容不变,光标移至左上角。

b.把地址计数器(AC)的值设置为 0。

③进入模式设置指令：

指令功能	指令编码										执行时间/μs
	RS	R/W	DB7	DB6	DB5	DB4	DB3	DB2	DB1	DB0	
进入模式设置	0	0	0	0	0	0	0	1	I/D	S	40

功能：设定每次写入 1 位数据后光标的移位方向，并且设定每次写入的 1 个字符是否移动。参数设定的情况如表 3.18 所示。

表 3.18　　　　　　　　　　进入模式参数设定

位名	设置
I/D	0＝写入新数据后地址寄存器 AC 的内容加 1,1＝写入新数据后地址寄存器 AC 的内容减 1
S	0＝写入新数据后显示屏不移动,1＝写入新数据后显示屏整体右移 1 个字符

④显示开关控制指令：

指令功能	指令编码										执行时间/μs
	RS	R/W	DB7	DB6	DB5	DB4	DB3	DB2	DB1	DB0	
显示开关控制	0	0	0	0	0	0	1	D	C	B	40

功能：控制显示器开/关、光标显示/关闭以及光标是否闪烁。参数设定的情况如表 3.19 所示。

表 3.19　　　　　　　　　　显示开关控制参数设定

位名	设置
D	0＝显示功能关,1＝显示功能开
C	0＝无光标,1＝有光标
B	0＝光标闪烁,1＝光标不闪烁

⑤设定显示屏或光标移动方向指令：

指令功能	指令编码										执行时间/μs
	RS	R/W	DB7	DB6	DB5	DB4	DB3	DB2	DB1	DB0	
设定显示屏或光标移动方向	0	0	0	0	0	1	S/C	R/L	×	×	40

功能：使光标移位或使整个显示屏幕移位。参数设定的情况如表 3.20 所示。

表 3.20　　　　　　　　　　显示屏或光标移动方向参数设定

S/C	R/L	设定情况
0	0	光标左移 1 格,且 AC 值减 1
0	1	光标右移 1 格,且 AC 值加 1
1	0	显示器上字符全部左移 1 格,但光标不动
1	1	显示器上字符全部右移 1 格,但光标不动

⑥功能设定指令:

指令功能	指令编码										执行时间/μs
	RS	R/W	DB7	DB6	DB5	DB4	DB3	DB2	DB1	DB0	
功能设定	0	0	0	0	1	DL	N	F	×	×	40

功能:设定数据总线位数、显示的行数及字形。参数设定的情况如表 3.21 所示。

表 3.21　　　　　　　　　　功能参数设定

位名	设置
DL	0＝数据总线为 4 位,1＝数据总线为 8 位
N	0＝显示 1 行,1＝显示 2 行
F	0＝5×7 点阵/每字符,1＝5×10 点阵/每字符

⑦设定 CGRAM 地址指令:

指令功能	指令编码										执行时间/μs
	RS	R/W	DB7	DB6	DB5	DB4	DB3	DB2	DB1	DB0	
设定 CGRAM 地址	0	0	0	1	CGRAM 的地址(6 位)						40

功能:设定下一个要存入数据的 CGRAM 的地址。

⑧设定 DDRAM 地址指令:

指令功能	指令编码										执行时间/μs
	RS	R/W	DB7	DB6	DB5	DB4	DB3	DB2	DB1	DB0	
设定 DDRAM 地址	0	0	1	CGRAM 的地址(7 位)							40

功能:设定下一个要存入数据的 DDRAM 的地址,注意其最高位为 1。如果第 2 行第 1 个字符的地址是 40H,那么是否直接写入 40H 就可以将光标定位在第 2 行第 1 个字符

的位置呢？这样不行,因为写入显示地址时要求最高位 DB7 恒定为高电平 1,所以实际写入的数据应该是 01000000B(40H)＋10000000B(80H)＝11000000B(C0H)。

⑨读取忙信号或 AC 地址指令：

指令功能	指令编码										执行时间/μs
	RS	R/W	DB7	DB6	DB5	DB4	DB3	DB2	DB1	DB0	
读取忙信号或 AC 地址	0	1	BF	AC 内容(7 位)							40

功能：a. 读取忙信号 BF 的内容,BF＝1 表示液晶显示器忙,暂时无法接收单片机送来的数据或指令；当 BF＝0 时,液晶显示器可以接收单片机送来的数据或指令。

b. 读取地址计数器(AC)的内容。

⑩数据写入 DDRAM 或 CGRAM 指令一览：

指令功能	指令编码										执行时间/μs
	RS	R/W	DB7	DB6	DB5	DB4	DB3	DB2	DB1	DB0	
数据写入到 DDRAM 或 CGRAM	1	0	要写入的数据 D7～D0								40

功能：a. 将字符码写入 DDRAM,以使液晶显示屏显示出相对应的字符。

b. 将使用者自己设计的图形存入 CGRAM。

⑪从 CGRAM 或 DDRAM 读出数据指令一览：

指令功能	指令编码										执行时间/μs
	RS	R/W	DB7	DB6	DB5	DB4	DB3	DB2	DB1	DB0	
从 CGRAM 或 DDRAM 读出数据	1	1	要读出的数据 D7～D0								40

功能：读取 DDRAM 或 CGRAM 中的内容。

（4）LCD 1602 的控制时序

LCD 1602 的读操作时序如图 3.29 所示。

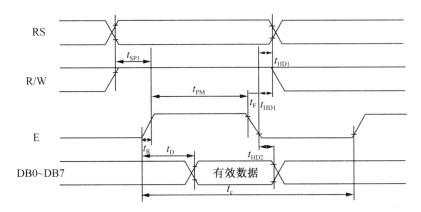

图 3.29　LCD 1602 的读操作时序

a. 读状态。输入：RS＝L,R/W＝H,E＝H；输出：DB0～DB7＝状态字。

b. 读数据。输入：RS＝H,R/W＝H,E＝H；输出：DB0～DB7＝数据。

LCD 1602 的写操作时序如图 3.30 所示。

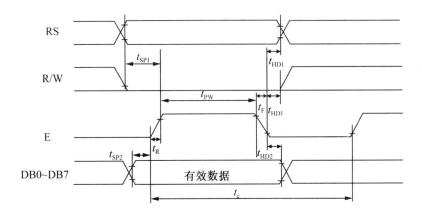

图 3.30　LCD 1602 的写操作时序

a. 写指令。输入：RS＝L,R/W＝L,E＝下降沿脉冲,DB0～DB7＝指令码；输出：无。

b. 写数据。输入：RS＝H,R/W＝L,E＝下降沿脉冲,DB0～DB7＝数据；输出：无。

3.7.2　LCD 1602 示例实验

（1）实验内容

在 Proteus 环境下搭建如图 3.31 所示的电路图。

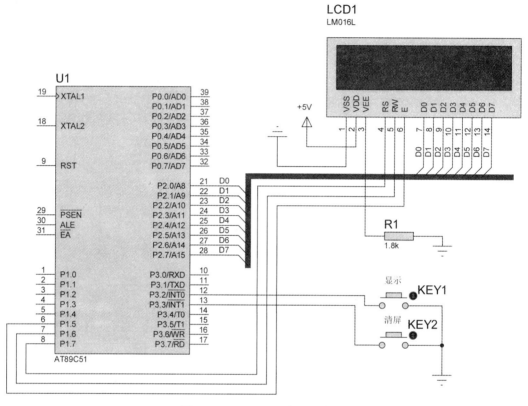

图 3.31　LCD 1602 应用电路图

图中所用元器件如表 3.22 所示。

表 3.22　　　　　　　　　　　　LCD 1602 应用电路中所用元器件

元件编号	元件名称	参数	所在元件库类名	子类名	生产厂家
U1	AT89C51		Microprocessor ICs 微处理器	8051 Family 8051 家族	Atmel
LCD1	LM016L		Optoelectronic 光电器件	Alpha Numeric LCDs 字符数字 LCD	
R1	RES	1.8kΩ	Resistors 电阻	Generic 通用	
KEY1,KEY2	BUTTON		Switches & Relays 开关与继电器	Switches 开关	

（2）功能要求

单击按键 KEY1 可以在 LCD 1602（LM016L）第 1 行上显示"Hello Everyone"，在第 2 行上显示"Welcome to SDU!"，并闪烁 3 次。单击按键 KEY2 可以将 LCD 1602 清屏。

（3）示例程序

```
//将如下 C 语言源程序保存为"LCD 1602.c"
/* * * * * * * * * * * * * * 必要的变量定义 * * * * * * * * * * * * * */
#include <reg51.h>
#include <intrins.h> //包含_nop_()函数
#define uint unsigned int
#define uchar unsigned char
uchar code line1_data[] ="Hello Everyone"; //要显示的第 1 行字符
uchar code line2_data[]="Welcome to SDU!"; //要显示的第 2 行字符
sbit LCD_RS=P1^7;    //定义控制引脚
sbit LCD_RW=P1^6;
sbit LCD_EN=P1^5;
uchar flag=0;
/* * * * * * * * * * * * * * 延时子程序 * * * * * * * * * * * * * */
void delay_ms(uint xms)
{
uint i,j;
for(i=xms;i>0;i——)
    for(j=110;j>0;j——);
}
/* * * * * * * * * * * * *LCD 忙检查子程序 * * * * * * * * * * * */
bit lcd_busy()
{
bit result;
LCD_RS=0;
LCD_RW=1;
LCD_EN=1;
_nop_();
_nop_();
_nop_();
_nop_();
result=(bit)(P2&0x80);    //返回数据最高位 BF 代表是否忙
LCD_EN =0;
return result;
}
```

```
/ * * * * * * * * * * * * 写命令子程序 * * * * * * * * * * * * * * * /
void lcd_wcmd(uchar cmd)
{
while(lcd_busy());
LCD_RS=0;
LCD_RW=0;
LCD_EN=0;
_nop_();
_nop_();
P2=cmd;
_nop_();
_nop_();
_nop_();
_nop_();
LCD_EN=1;
_nop_();
_nop_();
_nop_();
_nop_();
LCD_EN=0;
}
/ * * * * * * * * * * * * * LCD 清屏子程序 * * * * * * * * * * * * /
void lcd_clr()
{
lcd_wcmd(0x01);　//清屏指令 DB7～DB0 部分为 01H
delay_ms(2);　//清屏指令需要 1.64ms 以上
}
/ * * * * * * * * * * * * * * 写数据子程序 * * * * * * * * * * * * * * /
void lcd_wdat(uchar dat)
{
while(lcd_busy());
LCD_RS=1;
LCD_RW=0;
LCD_EN=0;
_nop_();
_nop_();
P2=dat;
_nop_();
```

```
_nop_();
_nop_();
_nop_();
LCD_EN=1;
_nop_();
_nop_();
_nop_();
_nop_();
LCD_EN=0;
}
/ * * * * * * * * * * * * * *初始化子程序* * * * * * * * * * * * * /
void lcd_init()
{
delay_ms(15);      //等待 LCD 电源稳定
lcd_wcmd(0x38);    //功能设定指令中 DL=1,N=1,F=0,8 位数据宽度,16×2
                   //显示,5×7 点阵字符
delay_ms(5);
lcd_wcmd(0x0c);    //显示开关控制指令中 D=1,C=0,B=0,显示开,关光标,不
                   //闪烁
delay_ms(5);
lcd_wcmd(0x06);    //进入模式设置指令中 I/D=1,S=0,地址自动增加
delay_ms(5);
lcd_wcmd(0x01);    //清除 LCD 显示内容,清屏指令 DB7~DB0 部分为 01H
delay_ms(5);
}
/ * * * * * * * * * * * * * *闪烁子程序* * * * * * * * * * * * * * /
void flash()
{
delay_ms(1000);
lcd_wcmd(0x08); //显示开关控制指令中 D=0,C=0,B=0,显示关,关光标,不
               //闪烁
delay_ms(500);
lcd_wcmd(0x0c);// 显示开,关光标,不闪烁
delay_ms(500);
lcd_wcmd(0x08);
delay_ms(500);
lcd_wcmd(0x0c);
delay_ms(500);
```

```
lcd_wcmd(0x08);
delay_ms(500);
lcd_wcmd(0x0c);
delay_ms(500);
}
/* * * * * * * * * * * * * * 主程序 * * * * * * * * * * * * * * * * * * */
void main()
{
uchar i;
EA=1;        //打开中断总开关
EX0=1;        //打开外部中断0
IT0=1;        //设置中断触发方式为下降沿触发方式
EX1=1;
IT1=1;
delay_ms(10);
lcd_init(); //初始化
lcd_clr();   //清屏
delay_ms(5);
while(1)
{
  if(flag==1)
  {
    lcd_wcmd(0x00|0x80);   //DDRAM 地址设置指令,显示位置为第1行第0列
    i=0;
    while(line1_data[i]! ='\0')
     {
       lcd_wdat(line1_data[i]);//加载第1行字符
       delay_ms(100);
      i++;
     }
    lcd_wcmd(0x40|0x80);   //设置显示位置为第2行第0列
    i=0;
    while(line2_data[i]! ='\0')
    {
      lcd_wdat(line2_data[i]);//加载第2行字符
      delay_ms(100);
      i++;
    }
```

```
        flash();
        flag=0;
    }
if(flag==2)
{
        lcd_clr();　//清屏
        delay_ms(5);
        flag=0;
}
}
}
/ * * * * * * * * * * * * * 外部中断 0 子程序 * * * * * * * * * * * * * /
void INT_0() interrupt 0
{
flag=1;
}
/ * * * * * * * * * * * * * 外部中断 1 子程序 * * * * * * * * * * * * * /
void INT_1() interrupt 2
{
flag=2;
}
```

(4)实验步骤

①根据上述实验内容,参考 1.2.2 节,在 Proteus 环境下建立图 3.31 所示原理图,并将其保存为"lcd1602. DSN"文件。

②将上面(3)中控制源程序保存为"lcd1602. c"。

③运行 Keil μVision2,按照 1.1.3 节介绍的方法建立工程"lcd1602. uV2",CPU 为 AT89C51,包含启动文件"STARTUP. A51"。

④按照 1.2.2 节第(6)部分介绍的方法将 C 语言源程序"lcd1602. c"加入工程 "lcd1602. uV2",并设置工程"lcd1602. uV2"的属性,将其晶振频率设置为 11.0592MHz, 选择输出可执行文件,仿真方式为"选择硬仿真",并选择其中的"PROTEUS VSM MO-NITOR 51 DRIVER"仿真器。

⑤构造(Build)工程"lcd1602. uV2"。如果输入有误,则进行修改,直至构造正确,生成可执行程序"lcd1602. hex"为止。

⑥为 AT89C51 设置可执行程序"lcd1602. hex"。

⑦运行程序,单击图 3.31 中各按键,观察 1602 的显示是否符合程序要求。

(5)实验作业

①分析源程序并为源程序添加注释。

②记录示例程序运行结果。

③总结 C51 控制 LCD 1602 的实现方法,理解有关控制指令。

3.7.3　LCD 1602 自我完成实验

（1）实验内容

在 Proteus 环境下搭建如图 3.32 所示的电路图。

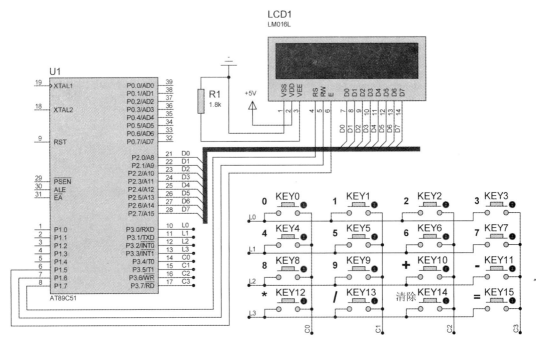

图 3.32　LCD 1602 实现十进制计算器实验电路

图中所用元器件如表 3.23 所示。

表 3.23　　　　　　　　LCD 1602 实现十进制计算器实验电路中所用元器件

元件编号	元件名称	参数	所在元件库类名	子类名	生产厂家
U1	AT89C51		Microprocessor ICs 微处理器	8051 Family 8051 家族	Atmel
LCD1	LM016L		Optoelectronic 光电器件	Alpha Numeric LCDs 字符数字 LCD	
R1	RES	1.8kΩ	Resistors 电阻	Generic 通用	
KEY0~KEY15	BUTTON		Switches & Relays 开关与继电器	Switches 开关	

（2）控制要求

本实验利用 LCD 1602 和 16 个按键实现简单的十进制数的加减乘除四则混合运算。其中按键 KEY0～KEY9 分别代表数字 0～9；按键 KEY10～KEY13 分别代表运算符"＋""－""＊""/"；按键 KEY15 代表"＝"；按键 KEY14 代表清除命令，以便进行下一次的输入和计算。不管什么时候按下"清除"按键，计算过程均将停止，两个输入变量都将清 0，屏幕将清屏。

LCD 1602 的第 1 行用于显示所输入的两个计算数以及计算符，第 2 行用于显示计算结果。结果允许为负数，但输入的两个输入数都必须是双字节正整数范围内的数，即 0～32767。除数必须保证不为 0，否则将报错。在有余数除法中，必须能同时显示商与余数。输入与计算结果的显示如图 3.33 所示。

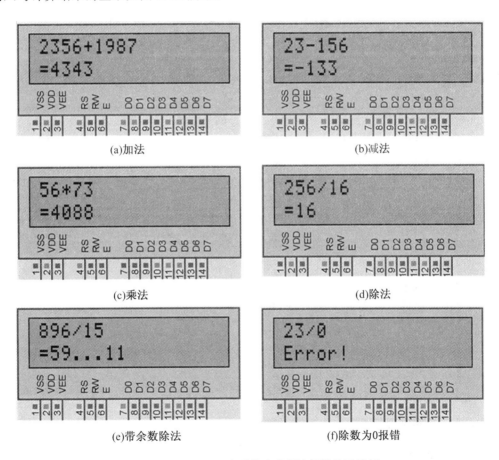

(a)加法　　　　　　　　　　　　　　(b)减法

(c)乘法　　　　　　　　　　　　　　(d)除法

(e)带余数除法　　　　　　　　　　　(f)除数为0报错

图 3.33　LCD 1602 实现的十进制计算器显示示例

（3）编程思路

按键的扫描与识别可以参考"3.4.1　示例实验"中的方法。LCD 1602 的显示控制可以参考"3.7.2　LCD 1602 示例实验"。

编程时要有一个状态变量，该变量用于记录当前输入的是哪个变量。输入第 1 个变量，遇到输入运算符时结束第 1 个变量的输入。输入第 2 个变量，遇到"＝"时结束第 2 个变量的输入,并且开始计算结果。

由于计算结果是十六进制的,故要将其转换成十进制,并将该十进制的数转换成字符串后逐位显示出来。减法时要注意结果是否为负,除法时要注意除数是否为 0,结果是否带有余数。

另外,按键要注意去抖动处理。

(4)实验步骤

①根据上述实验内容,参考 1.2.2 节,在 Proteus 环境下建立图 3.32 所示原理图,并将其保存为"LCD1602_self.DSN"文件。

②根据(2)和(3)画出流程图,并编写源程序,将其保存为"LCD1602_self.c"。

③运行 Keil μVision2,按照 1.1.3 节介绍的方法建立工程"LCD1602_self.uV2",CPU 为 AT89C51,包含启动文件"STARTUP.A51"。

④按照 1.2.2 节第(6)部分介绍的方法将 C 语言源程序"LCD1602_self.c"加入工程"LCD1602_self.uV2",并设置工程"LCD1602_self.uV2"的属性,将其晶振频率设置为12MHz,选择输出可执行文件,仿真方式为"选择硬仿真",并选择其中的"PROTEUS VSM MONITOR 51 DRIVER"仿真器。

⑤构造(Build)工程"LCD1602_self.uV2"。如果输入有误,则进行修改,直至构造正确,生成可执行程序"LCD 1602_self.hex"为止。

⑥为 AT89C51 设置可执行程序"LCD1602_self.hex"。

⑦运行程序,单击按键输入数据与运算符,计算,观察计算结果,并验证其是否正确。

⑧输入过程中,按"清除"按键观察结果,重新输入数据计算并验证。

(5)实验作业

①画出流程图,编写源程序并进行注释。

②记录实验过程。

③记录程序运行结果。

④分析该实验还有什么可以进一步优化的地方,并尝试去实现。

3.8 ADC0808/9 信号采集实验

3.8.1 示例实验

(1)实验内容

在 Proteus 环境下搭建如图 3.34 所示的电路图。

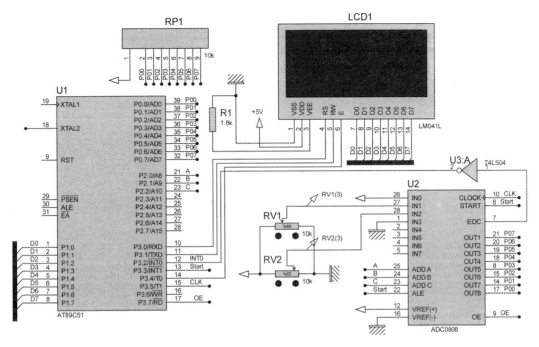

图 3.34　ADC0808/9 数据采集电路图

图中所用元器件如表 3.24 所示。

表 3.24　ADC0808/9 数据采集电路中所用元器件

元件编号	元件名称	参数	所在元件库类名	子类名	生产厂家
U1	AT89C51		Microprocessor ICs 微处理器	8051 Family 8051 家族	Atmel
LCD1	LM041L		Optoelectronic 光电器件	Alpha Numeric LCDs 字符数字 LCD	
U2	ADC0808		Data Converters 数据转换器	A/D Converters A/D 转换器	
U3	74LS04		TTL 74LS series TTL 74LS 系列	Gates&Inverters 门与反相器	
RP1	RESPACK-8	10kΩ×8	Resistors 电阻	Resistor Packs 排阻	
RV1,RV2	POT-HG	10kΩ	Resistors 电阻	Variable 可变的	
R1	RES	1.8kΩ	Resistors 电阻	Generic 通用	

原理图说明：

①Proteus 中没有 ADC0809 的仿真模型，但是有 ADC0808 的仿真模型，二者在功能、结构和连接线上都完全一致，区别只是转换精度稍有不同，前者为 ±1LSB，后者为 ±LSB/2。

②LCD 1604(LM041L)为 4×16 字符的 LCD 显示器，和 LCD 1602 的区别是多了两行，各行字符地址如表 3.25 所示。

表 3.25　　　　　　　　　　　　　LCD 1604 各行字符地址

行号 ＼ 列号	1	2	3	4	5	6	7	8	9	10	11	12	13	14	15	16
1	80	81	82	83	84	85	86	87	88	89	8A	8B	8C	8D	8E	8F
2	C0	C1	C2	C3	C4	C5	C6	C7	C8	C9	CA	CB	CC	CD	CE	CF
3	90	91	92	93	94	95	96	97	98	99	9A	9B	9C	9D	9E	9F
4	D0	D1	D2	D3	D4	D5	D6	D7	D8	D9	DA	DB	DC	DD	DE	DF

LCD 1604 和 LCD 1602 的控制命令一样，时序要求也一样，编程时可以参考 LCD 1602 的控制方法。

③定时器 T1 产生 10kHz 的 CLK 方波信号。

（2）功能要求

程序运行后自动轮询采集 ADC0808 四路输入 IN0、IN1、IN2、IN3 的电压，并在 LCD 1604 上显示出来。

（3）示例程序

```
//将如下 C 语言源程序保存为"ADC0808. c"
/ * * * * * * * * * * * * 必要的变量定义 * * * * * * * * * * * * * * * * */
#include <reg51. h>
#include <intrins. h> //包含_nop_()函数
#define uint unsigned int
#define uchar unsigned char
uchar data line_data[16]; //要显示的一行字符
uchar code numchar[]={'0','1','2','3','4','5','6','7','8','9'};
sbit LCD_RS=P3^0;
sbit LCD_RW=P3^1;
sbit LCD_EN=P3^4;
sbit AD_CLK=P3^5;
```

```
sbit Start=P3^3;
sbit OE=P3^7;
uint var,tmpint;
long tmplong;
uchar channel,samp_data,tmpchar,n;
bit end_samp;
/ * * * * * * * * * * * * * * *延时子程序* * * * * * * * * * * * * * * * * /
void delay_ms(uint xms)
{
uint i,j;
for(i=xms;i>0;i——)
    for(j=110;j>0;j——);
}
/ * * * * * * * * * * * * * * *LCD忙检查子程序* * * * * * * * * * * * * * /
bit lcd_busy()
{
bit flag;
LCD_RS=0;
LCD_RW=1;
LCD_EN=1;
_nop_();
_nop_();
_nop_();
_nop_();
flag=(bit)(P1&0x80);
LCD_EN =0;
return flag;
}
/ * * * * * * * * * * * * * * *写命令子程序* * * * * * * * * * * * * * * * /
void lcd_wcmd(uchar cmd)
{
while(lcd_busy());
LCD_RS=0;
LCD_RW=0;
LCD_EN=0;
_nop_();
```

```
_nop_();
P1=cmd;
_nop_();
_nop_();
_nop_();
_nop_();
LCD_EN=1;
_nop_();
_nop_();
_nop_();
_nop_();
LCD_EN=0;
}
/* * * * * * * * * * * * * * * LCD 清屏子程序 * * * * * * * * * * * * * */
void lcd_clr()
{
lcd_wcmd(0x01);
delay_ms(2);
}
/* * * * * * * * * * * * * * 写数据子程序 * * * * * * * * * * * * * * * * */
void lcd_wdat(uchar dat)
{
while(lcd_busy());
LCD_RS=1;
LCD_RW=0;
LCD_EN=0;
_nop_();
_nop_();
P1=dat;
_nop_();
_nop_();
_nop_();
_nop_();
LCD_EN=1;
_nop_();
_nop_();
```

```
_nop_();
_nop_();
LCD_EN=0;
}
/* * * * * * * * * * * * * *初始化子程序 * * * * * * * * * * * * * */
void lcd_init()
{
delay_ms(5);
lcd_wcmd(0x01);  //清除 LCD 显示内容
delay_ms(5);
lcd_wcmd(0x06);  //移动光标
delay_ms(5);
lcd_wcmd(0x0c);  //显示开,关光标
delay_ms(5);
lcd_wcmd(0x38);  //16×4 显示,5×7 点阵
delay_ms(15);    //等待 LCD 电源稳定
}
/* * * * * * * * * * * * *字符显示子程序 * * * * * * * * * * * * * */
void showstring(uchar m)
{
  uchar i;
  switch(m)
{
  case 0:
      lcd_wcmd(0x80);  //设置显示位置为第 1 行第 0 列
break;
  case 1:
    lcd_wcmd(0xC0);   //设置显示位置为第 2 行第 0 列
break;
  case 2:
    lcd_wcmd(0x90);   //设置显示位置为第 3 行第 0 列
break;
  case 3:
    lcd_wcmd(0xD0);   //设置显示位置为第 4 行第 0 列
}
  i=0;
```

```
   while(line_data[i]！＝'\0')
    {
      lcd_wdat(line_data[i]);//加载显示字符
       delay_ms(5);
      i++;
    }
}
```

/ * * * * * * * * * * * *外部中断 0 服务子程序 * * * * * * * * * * * */

```
void s_int0() interrupt 0   //ADC0808 采集完毕
{
P0＝0xff;
delay_ms(1);
OE＝1;//打开 ADC0808 的输出使能
samp_data＝P0;
OE＝0;//关闭 ADC0808 的输出使能
end_samp＝1;
EX0＝0;       //关闭外部中断 0
}
```

/ * * * * * * * * * * * * *外部中断 0 服务子程序 * * * * * * * * * * * */

```
void s_timer1() interrupt 3   //ADC0808 采集完毕
{
AD_CLK＝～AD_CLK ;
}
```

/ * * * * * * * * * ADC0808 数据采集触发子程序 * * * * * * * * * * */

```
void sample(uchar ch)
{
while(! end_samp);//等待转换完成
tmplong＝(long)samp_data＊5＊1000;
var＝(uint)(tmplong/255);
if(var＝＝0)
{
n＝0;
line_data[n++]＝'C';
line_data[n++]＝'h';
line_data[n++]＝'0'+ch;
line_data[n++]＝':';
```

```
line_data[n++]='0';
line_data[n++]='V';
}
else
{
    n=0;
line_data[n++]='C';
line_data[n++]='h';
line_data[n++]='0'+ch;
line_data[n++]=':';
tmpint=var;
tmpchar=(uchar)(tmpint/1000);
tmpint=tmpint-(uint)tmpchar*1000;
line_data[n++]=numchar[tmpchar];
    line_data[n++]='.';
tmpchar=(uchar)(tmpint/100);
tmpint=tmpint-(uint)tmpchar*100;
line_data[n++]=numchar[tmpchar];
    tmpchar=(uchar)(tmpint/10);
tmpint=tmpint-(uint)tmpchar*10;
line_data[n++]=numchar[tmpchar];
    tmpchar=(uchar)(tmpint);
line_data[n++]=numchar[tmpchar];
    line_data[n++]='V';
}
line_data[n]='\0';
}
/ * * * * * * * * * * * * * * 主程序 * * * * * * * * * * * * * * * * * * * /
void main()
{
delay_ms(10);
lcd_init(); //初始化
lcd_clr();  //清屏
delay_ms(2);
channel=0;//计算状态为状态 0
var=0;
```

```
        line_data[n]='\0';
        AD_CLK=0;
        OE=0;
        TMOD=0x20; //T1 工作在方式 2
        TH1=0xE7; //10kHz
        TL1=0xE7;
        EA=1;          //打开中断总开关
        EX0=1;         //打开外部中断 0
        IT0=1;         //设置中断触发方式为下降沿触发
        ET1=1;
        TR1=1;
        while(1)
        {
            end_samp=0;
            EX0=1;     //打开外部中断允许位
            P2=channel;
            Start=1;   //启动 AD
            delay_ms(2);
            Start=0;   //启动信号结束
            sample(channel); //采集
            showstring(channel); //输出
            channel++;   //通道变更
            if(channel==4)
                channel=0;
        }
    }
```

（4）实验步骤

①根据上述实验内容，参考 1.2.2 节，在 Proteus 环境下建立图 3.34 所示原理图，并将其保存为"ADC0808.DSN"文件。

②将上面（3）中控制源程序保存为"ADC0808.c"。

③运行 Keil μVision2，按照 1.1.3 节介绍的方法建立工程"ADC0808.uV2"，CPU 为 AT89C51，包含启动文件"STARTUP.A51"。

④按照 1.2.2 节第（6）部分介绍的方法将 C 语言源程序"ADC0808.c"加入工程"ADC0808.uV2"，并设置工程"ADC0808.uV2"的属性，将其晶振频率设置为 12MHz，选择输出可执行文件，仿真方式为"选择硬仿真"，并选择其中的"PROTEUS VSM MONITOR 51 DRIVER"仿真器。

⑤构造(Build)工程"ADC0808.uV2"。如果输入有误,则进行修改,直至构造正确,生成可执行程序"ADC0808.hex"为止。

⑥为 AT89C51 设置可执行程序"ADC0808.hex"。

⑦运行程序,单击图 3.34 中的可变电位器 RV1 和 RV2 的各按键,观察 LCD 1604 的显示变化情况。

⑧在图 3.34 中的可变电位器 RV1 和 RV2 中间抽头(即 ADC0808 的 IN2 和 IN3 输入口处)添加电压探针,比较电压探针探测结果与 LCD 1604 的显示结果是否近似一致。

(5)实验作业

①分析源程序并为源程序添加注释。

②记录示例程序运行结果。

③总结 C51 控制 ADC0808 的实现方法,理解有关控制时序。

3.8.2　自我完成实验

(1)实验内容

在 Proteus 环境下搭建如图 3.35 所示的电路图。

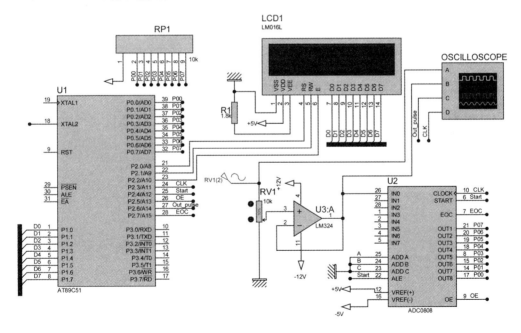

图 3.35　交流信号频率与过零点检测电路图

图中所用元器件如表 3.26 所示。

表 3.26　　　　　　　　　　交流信号频率与过零点检测电路中所用元器件

元件编号	元件名称	参数	所在元件库类名	子类名	生产厂家
U1	AT89C51		Microprocessor ICs 微处理器	8051 Family 8051 家族	Atmel
LCD1	LM016L		Optoelectronic 光电器件	Alpha Numeric LCDs 字符数字 LCD	
U2	ADC0808		Data Converters 数据转换器	A/D Converters A/D 转换器	
U3	LM324		Operational Amplifiers 运算放大器	Quad 四	
RP1	RESPACK-8	10kΩ×8	Resistors 电阻	Resistor Packs 排阻	
RV1	POT-HG	10kΩ	Resistors 电阻	Variable 可变的	
R1	RES	1.8kΩ	Resistors 电阻	Generic 通用	

(2)控制要求

本实验利用 LCD 1602 和 AD0808 实现简单的交流信号过零检测与频率分析。要求信号幅度变化时(满量程的 5%～95%),不影响检测的结果。频率检测的结果通过 LCD 1602 的第 1 行显示出来,信号过零时,能够通过 P2.6 输出一个脉冲宽度为 $5\mu s$ 的脉冲信号。检测结果如图 3.36 所示。

图 3.35 中的电位器 RV1 用于改变交流信号的幅值。图中的交流信号通过单击窗口左侧绘图工具窗口中的"虚拟信号发生器"按钮 ,然后在器件选择窗口中选择正弦信号(SINE)实现,如图 3.37 所示。

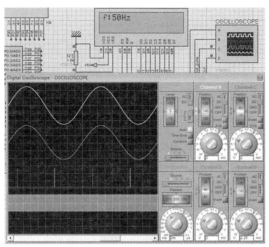

(a)信号幅值为满量程的90%

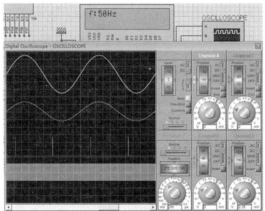

(b) 信号幅值为满量程的50%

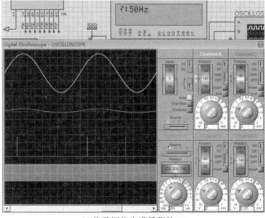

(c)信号幅值为满量程的10%

图 3.36　交流信号频率检测结果

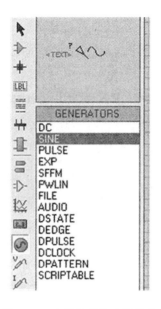

图 3.37　交流信号发生器选择

将信号发生器连入图 3.35 中的电位器 RV1 的上端，RV1 的中间抽头连入 ADC0808 的 0 通道输入 IN0。

交流信号发生器加入之后就要设置它的属性，方法是双击所加入的信号发生器 ，进入其属性设置页面，如图 3.38 所示。

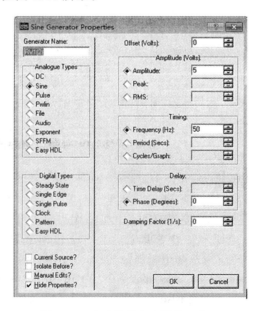

图 3.38　交流信号发生器设置窗口

其中信号的幅值和频率按图 3.38 所示设置。

图 3.35 中的虚拟示波器的加入是为了测量各种信号的波形。

（3）编程思路

LCD 1602 的控制方法按 3.7 节所介绍方法进行，ADC0808 的控制按 3.8.1 节所介绍方法进行。这里主要介绍过零点的检测方法如何实现。不能采用判断所采集到的数据是否为零的方法来实现，因为你的采集时刻不一定能够严格对准过零时刻。但是，在零点的两边信号的极性是发生变化的，我们可以利用这一特点来实现过零检测。正弦波每个周期有两个过零点，因此，1s 内过零次数除以 2 就是信号的频率。

因此，在程序中可以这样实现：当每次采集到一个新的数据之后，都要看一下这个数据是正数还是负数。当这个数大于 128 时是正数，当它小于 128 时是负数。判断当前数据的正负极性和上一个数据的正负极性是否一致，如果不一致，则说明经过了一次过零点，将其记录入次数计数器。

ADC0808 的 CLK 仍然用定时器 T1 来实现，可以将其设置为 50kHz（硬件实现时可以更高，软件仿真再高将难以实现）。利用定时器 T0 实现 50ms 定时，并配合软件实现 1s 定时。采用 12MHz 的晶振频率时，T0 采用方式 1，则初值应为 TH0＝0x3C，TL0＝0xB0。

但是，由于中断处理函数需要一定的响应时间，因此这个参数只是理论计算结果，要根据实测情况稍作调整。

同样，T1 的理论计算值和实际输出值可能也会有一定的差距，也要进行调整。

（4）实验步骤

①根据上述实验内容，参考 1.2.2 节，在 Proteus 环境下建立图 3.35 所示原理图，并将其保存为"ADC0808_self.DSN"文件。

②根据（2）和（3）画出流程图，并编写源程序，将其保存为"ADC0808_self.c"。

③运行 Keil μVision2，按照 1.1.3 节介绍的方法建立工程"ADC0808_self.uV2"，CPU 为 AT89C51，包含启动文件"STARTUP.A51"。

④按照 1.2.2 节第（6）部分介绍的方法将 C 语言源程序"ADC0808_self.c"加入工程"ADC0808_self.uV2"，并设置工程"ADC0808_self.uV2"的属性，将其晶振频率设置为 12MHz，选择输出可执行文件，仿真方式为"选择硬仿真"，并选择其中的"PROTEUS VSM MONITOR 51 DRIVER"仿真器。

⑤构造（Build）工程"ADC0808_self.uV2"。如果输入有误，则进行修改，直至构造正确，生成可执行程序"ADC0808_self.hex"为止。

⑥为 AT89C51 设置可执行程序"ADC0808_self.hex"。

⑦运行程序，观察计算结果，并验证其是否正确。

⑧改变 RV1 的抽头位置，从而改变输入信号的幅值，观察计算结果是否正确。

⑨更改信号发射器的频率，再次验证其功能是否正确（注意：因为是软件仿真，所以信号采集的速度受到限制，因此所输入的交流信号频率也不能太高，可以在 200Hz 以内尝试）。

（5）实验作业

①画出流程图，编写源程序并进行注释。

②记录实验过程。

③记录程序运行结果。

3.9 DAC0832 应用实验

3.9.1 示例实验

（1）实验内容

在 Proteus 环境下搭建如图 3.39 所示的电路图。

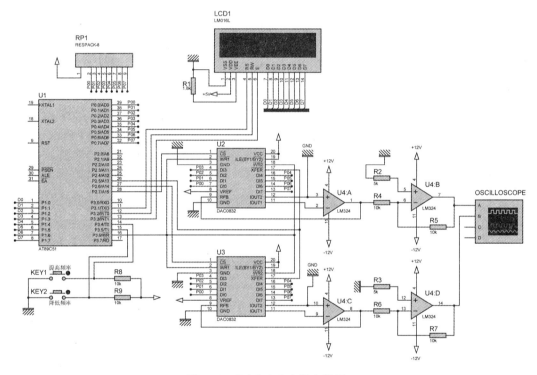

图 3.39　DAC0832 应用电路图

图中所用元器件如表 3.27 所示。

表 3.27　　　　　　　　　　DAC0832 应用电路中所用元器件

元件编号	元件名称	参数	所在元件库类名	子类名	生产厂家
U1	AT89C51		Microprocessor ICs 微处理器	8051 Family 8051 家族	Atmel
LCD1	LM016L		Optoelectronic 光电器件	Alpha Numeric LCDs 字符数字 LCD	

续表

元件编号	元件名称	参数	所在元件库类名	子类名	生产厂家
U2,U3	DAC0832		Data Converters 数据转换器	D/A Converters D/A 转换器	
U4	LM324		Operational Amplifier 运算放大器	Quad 四	
KEY1, KEY2	BUTTON		Switches & Relays 开关与继电器	Switches 开关	
RP1	RESPACK-8	10kΩ×8	Resistors 电阻	Resistor Packs 排阻	
R1	RES	1.8kΩ	Resistors 电阻	Variable 可变的	
R2,R3	RES	5kΩ	Resistors 电阻	Generic 通用	
R4～R9	RES	10kΩ	Resistors 电阻	Generic 通用	

（2）功能要求

程序运行后,在 U4B 的输出端即 7 号引脚输出正弦波,U4D 的输出端即 14 号引脚输出锯齿波。两路输出周期相同,并且信号同步。信号的频率有 6 种：10Hz、50Hz、100Hz、200Hz、500Hz、1kHz。程序运行后的初始频率为 10Hz,每按一次 KEY1 按键,频率增加为下一较高频率即 50Hz,再按一次 KEY1,频率将增加为 100Hz。以此类推,直到增加到 1kHz 为止。反之,每按一次 KEY2 按键,则频率降低 1 级,直到降低到 10Hz 为止。

（3）示例程序

```
/**********************必要的变量定义*********************/
#include <reg51.h>
#include <intrins.h> //包含_nop_()函数
#include <math.h>
#define uint unsigned int
#define uchar unsigned char
uchar data line_data1[16]; //要显示的第 1 行字符
uchar data result_char[16];
uchar code numchar[]={'0','1','2','3','4','5','6','7','8','9'};
uint code fN[]={10,50,100,200,500,1000};//信号频率为 10Hz,50Hz,100Hz,
                                          //200Hz,500Hz,1kHz
```

```
uint code SN[]={500,200,100,100,50,50};//每周期采样点数为500,200,100,
                                       //100,50,50
uchar code ST[]={56,156,156,206,216,236};//定时器初值,对应的采样点间隔
                                          //时间为:200μs,100μs,100μs,
                                          //50μs,40μs,20μs
float code sincoef[]={0.0126,0.0314,0.0628,0.0628,0.1257,0.1257};
                                   //x=sin(2*pi*f/t)=sin(2*pi*n/NT),
                                   //coef=2*pi/NT,n=0,1,...,NT-1
sbit LCD_RS=P3^1;
sbit LCD_RW=P3^2;
sbit LCD_EN=P3^3;
sbit AD_CLK=P2^3;
sbit UpKey=P3^4;
sbit DownKey=P3^5;
uchar xdata SinAdd _at_ 0x7f00;
uchar xdata SawAdd _at_ 0xbf00;
uchar xdata StartTranAdd _at_ 0xdf00;
uint tmpint,NT,n,frequency,x_saw;
float x_sin,y_sin;
uchar sinDA_data,sawDA_data,tmpchar,speed;
bit newdata;
/************************延时子程序*************************/
void delay_ms(uint xms)
{
uint i,j;
for(i=xms;i>0;i--)
    for(j=110;j>0;j--);
}
/******************LCD忙检查子程序*********************/
bit lcd_busy()
{
bit flag;
LCD_RS=0;
LCD_RW=1;
LCD_EN=1;
_nop_();
_nop_();
_nop_();
```

```
_nop_();
flag=(bit)(P1&0x80);
LCD_EN =0;
return flag;
}
/******************写命令子程序********************/
void lcd_wcmd(uchar cmd)
{
while(lcd_busy());
LCD_RS=0;
LCD_RW=0;
LCD_EN=0;
_nop_();
_nop_();
P1=cmd;
_nop_();
_nop_();
_nop_();
_nop_();
LCD_EN=1;
_nop_();
_nop_();
_nop_();
_nop_();
LCD_EN=0;
}
/******************LCD 清屏子程序 ******************/
void lcd_clr()
{
lcd_wcmd(0x01);
_nop_();
_nop_();
_nop_();
_nop_();
}
/******************写数据子程序 ******************/
void lcd_wdat(uchar dat)
{
```

```
while(lcd_busy());
LCD_RS=1;
LCD_RW=0;
LCD_EN=0;
_nop_();
_nop_();
P1=dat;
_nop_();
_nop_();
_nop_();
_nop_();
LCD_EN=1;
_nop_();
_nop_();
_nop_();
_nop_();
LCD_EN=0;
}
/*********************初始化子程序 ********************/
void lcd_init()
{
delay_ms(5);
lcd_wcmd(0x01);   //清除 LCD 显示内容
delay_ms(5);
lcd_wcmd(0x06);   //移动光标
delay_ms(5);
lcd_wcmd(0x0c);   //显示开,关光标
delay_ms(5);
lcd_wcmd(0x38);   //16×2 显示,5×7 点阵
delay_ms(15);        //等待 LCD 电源稳定
}
/*******************字符显示子程序 ********************/
void showstring()
{
    uchar i;
    lcd_wcmd(0x80);   //设置显示位置为第 1 行第 16 列
    i=0;
    while(line_data1[i]! ='\0')
```

```
    {
        lcd_wdat(line_data1[i]);//加载第 1 行字符
            i++;
    }
}
/ ******************* DAC0832 数据转换子程序 *****************/
void DA()
{
    x_sin=sincoef[speed] * n;
    y_sin=sin(x_sin)/2+0.5;
    sinDA_data=(uchar)(y_sin * 255);
    SinAdd=sinDA_data;
    x_saw=n * 255/NT;
    sawDA_data=(uchar)(x_saw);
    SawAdd=sawDA_data;
    _nop_();
    StartTranAdd=0x0;
    _nop_();
}
/ ****************** 定时器 1 服务子程序 ********************/
void s_timer1()interrupt 3      //DAC0832 输出控制定时器
{
ET1=0;
newdata=1;
ET1=1;

}
/ ***************** 频率字符串转换子程序 ********************/
void Change_f_to_str()
{
uchar i,j;
uint result;
if(frequency==0)
{
    n=0;
    line_data1[n++]='f';
    line_data1[n++]=':';
    line_data1[n++]='0';
```

```
            line_data1[n++]='H';
            line_data1[n++]='z';
    }
    else
    {
        n=0;
        line_data1[n++]='f';
        line_data1[n++]=':';
        result=frequency;
        i=0;
        while(result!=0)    //完成结果转换成字符串,但从低位到高位逆序排列
          {
          tmpchar=(uchar)(result%10);
            result=result/10;
          result_char[i++]=numchar[tmpchar];
          }
          i--;
          for(j=0;j<=i;j++)    //将结果按正序添加到第1行显示字符串中
          {
            line_data1[n++]=result_char[i-j];
          }
          line_data1[n++]='H';
          line_data1[n++]='z';
    }
    line_data1[n]='\0';
}
/***************************主程序 ****************************/
void main()
{
delay_ms(10);
lcd_init(); //初始化
lcd_clr();  //清屏
delay_ms(2);
speed=0;
newdata=0;
n=0;
NT=SN[speed];
frequency=fN[speed];
```

```
line_data1[n]='\0';
Change_f_to_str();
showstring();
TMOD=0x20;  //T1 工作在方式 2
TH1=ST[speed];
TL1=ST[speed];
ET1=1;
TR1=1;
EA=1;          //打开中断总开关
while(1)
{
  while(! newdata);
  if(n==NT)
   {
   n=0;
   }
   DA();
   n++;
   newdata=0;
UpKey=1;
if(! UpKey)    //如果有加速按键按下,则调整相应参数
{
  delay_ms(10);
  if(! UpKey)
  {
    if(speed<5)
      speed++;
    NT=SN[speed];
    frequency=fN[speed];
    Change_f_to_str();
     showstring();
    TH1=ST[speed];
    TL1=ST[speed];
    while(! UpKey)   //等待加速按键释放
    {
      UpKey=1;
    }
  }
```

```
        }
    DownKey=1;
    if(! DownKey)   //如果有减速按键按下,则调整相应参数
    {
    delay_ms(10);
    if(! DownKey)
    {
        if(speed>0)
          speed--;
        NT=SN[speed];
        frequency=fN[speed];
        Change_f_to_str();
          showstring();
        TH1=ST[speed];
         TL1=ST[speed];
        while(! DownKey)   //等待减速按键释放
          {
            DownKey=1;
          }
    }
  }
  }
  }
}
```

(4)实验步骤

①根据上述实验内容,参考1.2.2节,在Proteus环境下建立图3.39所示原理图,并将其保存为"DAC0832.DSN"文件。

②将上面(3)中控制源程序保存为"DAC0832.c"。

③运行Keil μVision2,按照1.1.3节介绍的方法建立工程"DAC0832.uV2",CPU为AT89C51,包含启动文件"STARTUP.A51"。

④按照1.2.2节第(6)部分介绍的方法将C语言源程序"DAC0832.c"加入工程"DAC0832.uV2",并设置工程"DAC0832.uV2"的属性,将其晶振频率设置为12MHz,选择输出可执行文件,仿真方式为"选择硬仿真",并选择其中的"PROTEUS VSM MONITOR 51 DRIVER"仿真器。

⑤构造(Build)工程"DAC0832.uV2"。如果输入有误,则进行修改,直至构造正确,生成可执行程序"DAC0832.hex"为止。

⑥为AT89C51设置可执行程序"DAC0832.hex"。

⑦运行程序,单击图3.39中各按键,观察显示器的显示是否符合程序要求,并观察示波器OSCILLOSCOPE中的A通道和B通道的波形是否符合功能要求。

（5）实验作业

①分析源程序并为源程序添加注释。

②记录示例程序运行结果。

③总结 C51 控制 DAC0832 的实现方法。

④自己尝试将 U4 14 脚输出变为与 U4 7 脚输出同步的三角波。

3.9.2 自我完成实验

（1）实验内容

在 Proteus 环境下搭建如图 3.40 所示的电路图。

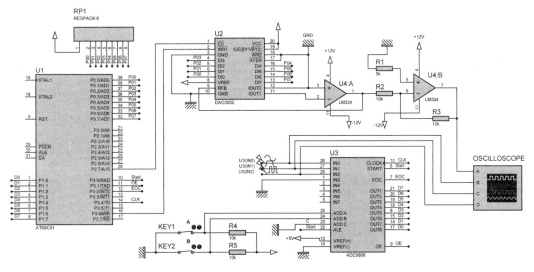

图 3.40 信号采集与输出电路图

图中所用元器件如表 3.28 所示。

表 3.28　　　　　　　　　信号采集与输出电路中所用元器件

元件编号	元件名称	参数	所在元件库类名	子类名	生产厂家
U1	AT89C51		Microprocessor ICs 微处理器	8051 Family 8051 家族	Atmel
U2	DAC0832		Data Converters 数据转换器	D/A Converters D/A 转换器	
U3	ADC0808		Data Converters 数据转换器	A/D Converters A/D 转换器	
U4	LM324		Operational Amplifiers 运算放大器	Quad 四	

续表

元件编号	元件名称	参数	所在元件库类名	子类名	生产厂家
RP1	RESPACK-8	10kΩ×8	Resistors 电阻	Resistor Packs 排阻	
R1	RES	5kΩ	Resistors 电阻	Generic 通用	
R2～R5	RES	10kΩ	Resistors 电阻	Generic 通用	

（2）控制要求

本实验利用 ADC0808 和 DAC0832 实现简单的信号采集与输出。ADC0808 的 4 路输入分别为正弦波 IN0、三角波 IN1、方波 IN2、接地 IN3。其中，正弦波的设置如图 3.41～图 3.43 所示。

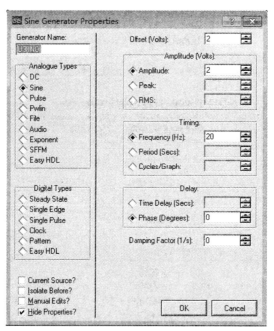

图 3.41　ADC0808 IN0 通道正弦波（Sine）属性设置

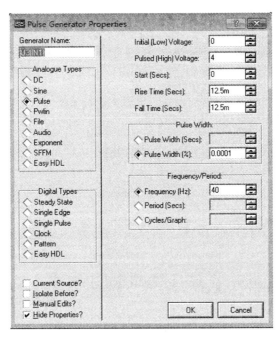

图 3.42 ADC0808 IN1 通道三角波(Pulse)属性设置

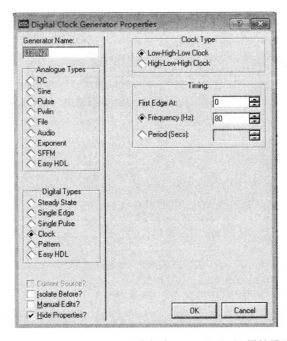

图 3.43 ADC0808 IN2 通道方波(Digital Clock)属性设置

KEY1、KEY2 用于切换通道,当开关打开时其所连接的位为 1,闭合时所连接的位为 0。当 KEY2 KEY1 的组合为 00 时选择 IN0 通道,为 01 时选择 IN1 通道,为 10 时选择 IN2 通道,为 11 时选择 IN3 通道。

ADC0808 的采样值通过 DAC0832 送出，采样输出结果如图 3.44～图 3.47 所示。

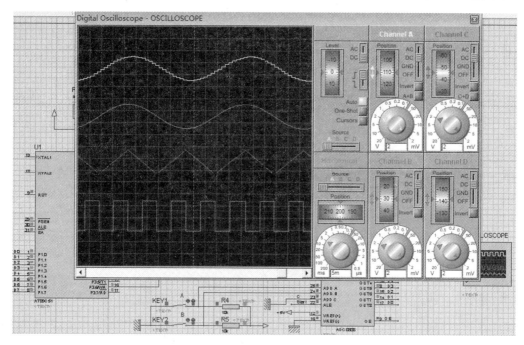

图 3.44　IN0 通道采样输出

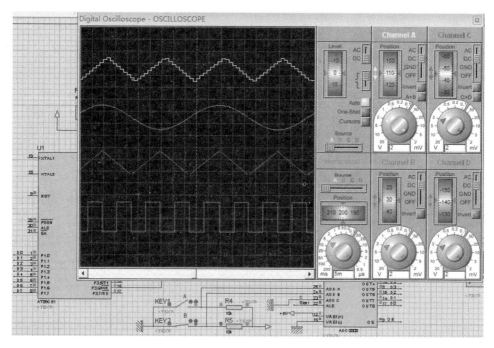

图 3.45　IN1 通道采样输出

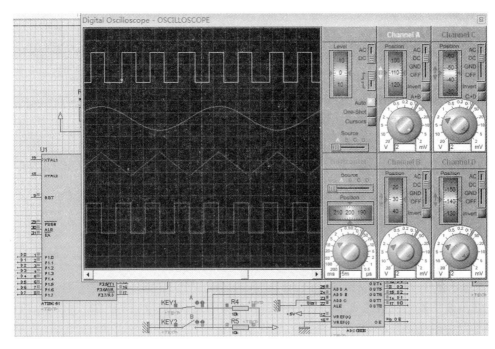

图 3.46　IN2 通道采样输出

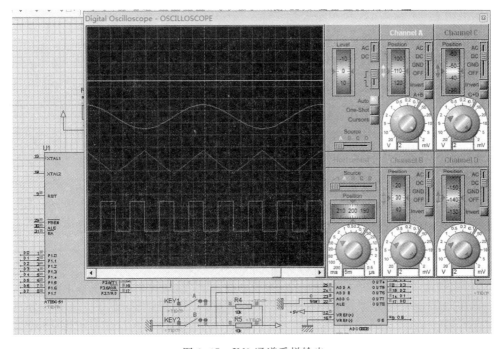

图 3.47　IN3 通道采样输出

（3）编程思路

结合实验 3.8 和实验 3.9.1 来实现。

(4)实验步骤

①根据上述实验内容,参考 1.2.2 节,在 Proteus 环境下建立图 3.40 所示原理图,并将其保存为"DAC0832_self.DSN"文件。

②根据(2)和(3)画出流程图,并编写源程序,将其保存为"DAC0832_self.c"。

③运行 Keil μVision2,按照 1.1.3 节介绍的方法建立工程"DAC0832_self.uV2",CPU 为 AT89C51,包含启动文件"STARTUP.A51"。

④按照 1.2.2 节第(6)部分介绍的方法将 C 语言源程序"DAC0832_self.c"加入工程"DAC0832_self.uV2",并设置工程"DAC0832_self.uV2"的属性,将其晶振频率设置为12MHz,选择输出可执行文件,仿真方式为"选择硬仿真",并选择其中的"PROTEUS VSM MONITOR 51 DRIVER"仿真器。

⑤构造(Build)工程"DAC0832_self.uV2"。如果输入有误,则进行修改,直至构造正确,生成可执行程序"DAC0832_self.hex"为止。

⑥为 AT89C51 设置可执行程序"DAC0832_self.hex"。

⑦运行程序,观察运行结果,并验证其是否正确。

⑧更改信号发射器的频率,再次验证其功能是否正确(注意:因为是软件仿真,所以信号采集的速度受到限制,因此所输入的交流信号频率也不能太高,可以在 200Hz 以内尝试)。

(5)实验作业

①画出流程图,编写源程序并进行注释。

②记录实验过程。

③记录程序运行结果。

3.10 I²C 扩展实验

3.10.1 I²C 总线简介

常用的串行扩展总线有 I²C(Inter Integrated Circuit)总线、单总线(1-WIRE BUS)、SPI(Serial Peripheral Interface)总线及 Microwire/PLUS 等。本节仅研究 I²C 串行总线及其应用扩展。

(1)I²C 总线结构

I²C 总线是 Philips 公司推出的一种串行总线。I²C 总线可以具备多个主机与多个从机,是一种高性能的同步串行总线。I²C 总线有两根双向信号线,分别是数据线 SDA 和时钟信号线 SCL。其通信系统结构如图 3.48 所示。在 MCS-51 单片机应用系统 I²C 总线扩展中,经常以单片机为主机,其他接口器件为从机。

每个接到 I²C 总线上的器件都有自己的地址。主机与这些器件之间进行数据通信时,将先发送需要与之通信的器件地址,所有器件收到地址帧之后进行判断,只有地址相符的器件才会作出响应。

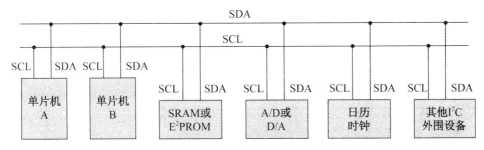

图 3.48　I²C 总线通信结构

（2）I²C 总线时序

①数据有效性规定。I²C 总线进行数据传送时，在时钟信号为高电平期间，数据线上的数据必须保持稳定。只有在时钟线上的信号为低电平期间，数据线上的电平状态才允许变化，这就是 I²C 总线的数据有效性规定，如图 3.49 所示。

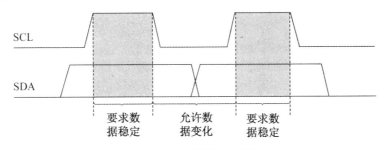

图 3.49　I²C 总线数据有效性规定

②起始和终止信号规定。SCL 线为高电平期间，SDA 线由高电平向低电平的变化表示起始信号；SCL 线为高电平期间，SDA 线由低电平向高电平的变化表示终止信号，如图 3.50 所示。

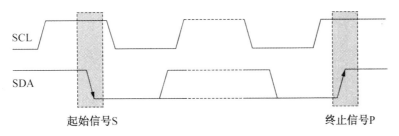

图 3.50　I²C 总线起始与终止信号规定

起始和终止信号只能由主机发出。在起始信号产生之后，总线处于被占用状态；在终止信号产生后，总线处于空闲状态。

具有 I²C 总线硬件接口的器件很容易检测到起始和终止信号。不具备 I²C 总线硬件接口的器件（如单片机）仿真实现 I²C 总线时，为了检测起始和终止信号，必须在每个 SCL 时钟周期内对数据线 SDA 采样两次。

接收器件收到一个完整的数据字节后，有可能需要完成一些其他工作（如保存所接收的数据并做出适当处理等),无法立刻接收下一个字节,这时接收器件可以将 SCL 线拉成低电平,从而使主机处于等待状态。直到接收器件准备好接收下一个字节时,再释放 SCL 线使之为高电平,从而使数据传送可以继续进行。

③数据传送格式。

a.字节传送与应答。每一个字节必须保证是 8 位长度。数据传送时,先传送最高位(MSB),每一个被传送的字节后面都必须跟随一位应答位(即一帧共有 9 位)。I^2C 总线的字节传送与应答如图 3.51 所示。

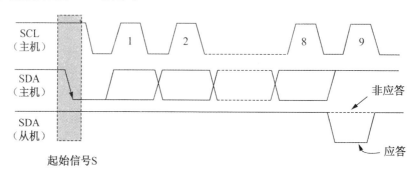

图 3.51　I^2C 总线的字节传送与应答

由于某种原因从机不对主机寻址信号应答时(如从机正在进行实时处理工作而无法接收总线上的数据),从机必须将数据线置于高电平,从而使主机产生一个终止信号以结束总线数据传送。

如果从机对主机进行了应答,但在数据传送一段时间后无法继续接收更多的数据时,从机可以通过对无法接收的第一个数据字节的"非应答"通知主机,主机则应发出终止信号以结束数据的继续传送。

当主机接收数据时,它收到最后一个数据字节后,必须向从机发出一个结束传送的信号。这个信号是由对从机的"非应答"来实现的。然后,从机释放 SDA 线,以允许主机产生终止信号。

b.数据帧格式。I^2C 总线规定,在起始信号后必须传送一个从机的地址(7 位),第 8 位是数据的传送方向位(R/W),用"0"表示主机发送数据(W),"1"表示主机接收数据(R)。每次数据传送总是由主机产生的终止信号结束。但是,若主机希望继续占用总线进行新的数据传送,则可以不产生终止信号,马上再次发出起始信号对另一从机进行寻址。

在总线的一次数据传送过程中,可以有以下几种组合方式:

• 主机向从机发送数据(主机→从机):

S	从机地址	0	A	数据	A	数据	A/$\overline{A}$	P

注:有阴影部分表示数据由主机向从机传送,无阴影部分则表示数据由从机向主机传送。A 表示应答,$\overline{A}$ 表示非应答(高电平),S 表示起始信号,P 表示终止信号。

• 主机在第一个字节后,立即由从机发送数据,主机接收数据(从机→主机):

S	从机地址	1	A	数据	A	数据	$\overline{A}$	P

- 在传送过程中,当需要改变传送方向时(先主机→从机,再从机→主机):

S	从机地址	0	A	数据	A/$\overline{A}$	S	从机地址	1	A	数据	$\overline{A}$	P

c.总线的寻址。I^2C 总线明确规定:采用 7 位的寻址字节(寻址字节是起始信号后的第一个字节)。

- 寻址字节的位定义:

位	D7	D6	D5	D4	D3	D2	D1	D0
	从机地址							R/$\overline{W}$

D7～D1 位组成从机的地址。D0 位是数据传送方向位,为"0"时表示主机向从机写数据,为"1"时表示主机由从机读数据。

主机发送地址时,总线上的每个从机都将这 7 位地址码与自己的地址进行比较,如果相同,则认为自己正被主机寻址,根据 R/$\overline{W}$ 位将自己确定为发送器或接收器。

从机的地址由 4 位固定部分和 3 位可编程部分组成(见表 3.29)。固定地址由硬件生产厂家出厂时直接固定,可编程部分决定了可接入总线的该类器件的最大数目。3 位是可编程位,决定了可以有 8 个同样的器件接入到同一 I^2C 总线系统中。

- 特殊地址。固定地址编号 0000 和 1111 已被保留作为特殊用途。

表 3.29　　　　　　　　　　从机的地址位及其意义

地址位							R/$\overline{W}$	意义
0	0	0	0	0	0	0	0	通用呼叫地址
0	0	0	0	0	0	0	1	起始字节
0	0	0	0	0	0	1	×	CBUS 地址
0	0	0	0	0	1	0	×	为不同总线的保留地址
0	0	0	0	0	1	1	×	保留
0	0	0	0	1	×	×	×	保留
1	1	1	1	1	×	×	×	
1	1	1	1	0	×	×	×	十位从机地址

起始信号后的第一字节的 8 位为"0000 0000"时,称为通用呼叫地址。通用呼叫地址的用意在第二字节中加以说明,格式为:

第一字节（通用呼叫地址）									第二字节							LSB	
0	0	0	0	0	0	0	0	A	×	×	×	×	×	×	×	B	A

第二字节为 06H 时,所有能响应通用呼叫地址的从机器件复位,并由硬件装入从机地址的可编程部分。

第二字节为 04H 时,所有能响应通用呼叫地址并通过硬件来定义其可编程地址的从机器件将锁定地址中的可编程位,但不进行复位。

主机可以利用通用呼叫地址中的第二字节高 7 位说明自己的地址。这样,当其他设备作主机时可以与其通信,如下所示:

S	0000 0000	A	主机地址	1	A	数据	A	数据	A	P

(3)MCS-51 单片机的 I^2C 总线仿真

不带 I^2C 总线接口的单片机,如 MCS-51 单片机,可以利用软件结合 PIO 口仿真实现 I^2C 总线。

为了保证数据传送的可靠性,标准的 I^2C 总线的数据传送有严格的时序要求。I^2C 总线的起始信号、终止信号、发送"0"及发送"1"的模拟时序如图 3.52 所示。

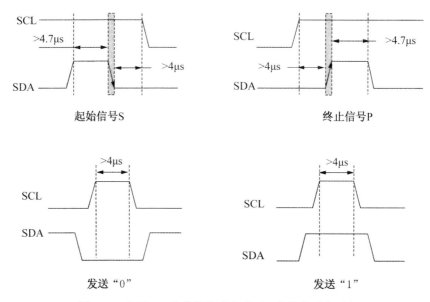

图 3.52　MCS-51 单片机仿真实现 I^2C 总线的时序要求

3.10.2　I^2C 总线接口器件 PCF8574 说明

PCF8574 是 Philips 公司推出的一款带 I^2C 总线,可使 MCU 实现远程 I/O 口扩展的串并转换器件。该器件包含一个 8 位准双向口和一个 I^2C 总线接口。PCF8574 电流消耗很低且口输出锁存具有大电流驱动能力(可直接驱动 LED)。它还带有一条中断接线 INT 可与 MCU 的中断逻辑相连,当并口数据发生变化时引起 MCS-51 单片机中断。在对 PCF8574 进行一次读写操作后,INT 端撤销中断请求,复位为高电平。

PCF8574 有 PCF8574 和 PCF8574A 两种型号,它们的唯一区别在于器件地址不相同,其中 PCF8574 的固定地址部分为 0100,而 PCF8574A 的固定地址部分为 0111,如图 3.53 所示。使用时必须注意这一区别。

PCF8574 采用 DIP16、S016 或 SSOP20 形式封装,其外部引脚排列如图 3.54 所示。

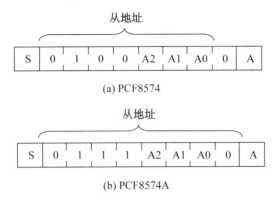

(a) PCF8574

(b) PCF8574A

图 3.53　PCF8574 器件地址

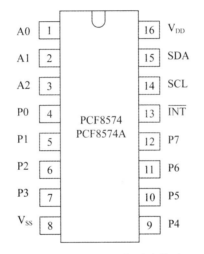

图 3.54　PCF8574 的引脚排列

引脚功能如表 3.30 所示。

表 3.30　　　　　　　　　　　　　　PCF8574 的引脚功能

标号	管脚	描述
	S016	
A0	1	地址输入 0
A1	2	地址输入 1
A2	3	地址输入 2
P0	4	准双向 I/O 口 0
P1	5	准双向 I/O 口 1
P2	6	准双向 I/O 口 2
P3	7	准双向 I/O 口 3

续表

标号	管脚	描述
	S016	
V_{SS}	8	地
P4	9	准双向 I/O 口 4
P5	10	准双向 I/O 口 5
P6	11	准双向 I/O 口 6
P7	12	准双向 I/O 口 7
INT	13	中断输入(低电平有效)
SCL	14	串行时钟线
SDA	15	串行数据线
V_{DD}	16	电源

3.10.3 I^2C 总线串行 E^2PROM AT24C02 说明

AT24C02 是由 Atmel 公司提供的, I^2C 总线串行 E^2PROM, 其容量为 1KB, 工作电压为 1.8~5.5V, 生产工艺是 CMOS 工艺。其引脚排列如图 3.55 所示。

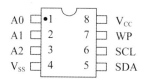

图 3.55   AT24C02 的引脚排列

AT24C02 的引脚功能如表 3.31 所示。

表 3.31   AT24C02 的引脚功能

管脚名称	功能
A0、A1、A2	器件地址选择
SDA	串行数据/地址
SCL	串行时钟
WP	写保护
V_{CC}	1.8~5.5V 的电源电压
V_{SS}	地

AT24C02 的器件地址高 4 位固定为 1010,如下所示:

24WC01/02	1	0	1	0	A2	A1	A0	R/$\overline{W}$

其中,A2、A1、A0 与器件响应引脚上的电平相对应,通过这三个引脚接不同的高低电平编码,可以使得同一条 I²C 总线上最多可以扩展 8 个这样的器件。

(1)数据写入过程

AT24C 系列 E²PROM 芯片地址的固定部分为 1010,A2、A1、A0 引脚接高、低电平后得到确定的 3 位编码。形成的 7 位编码即为该器件的地址码。

单片机进行写操作时,首先发送该器件的 7 位地址码和写方向位"0"(共 8 位,即一个字节),发送完后释放 SDA 线并在 SCL 线上产生第 9 个时钟信号。被选中的存储器器件在确认是自己的地址后,在 SDA 线上产生一个应答信号作为响应,单片机收到应答后就可以传送数据了。

传送数据时,单片机首先发送一个字节的被写入器件的存储区的首地址,收到存储器器件的应答后,单片机就逐个发送各数据字节,但每发送一个字节后都要等待应答。

AT24C 系列器件片内地址在接收到每一个数据字节地址后自动加 1,在芯片的"一次装载字节数"(不同芯片字节数不同)限度内,只需输入首地址。装载字节数超过芯片的"一次装载字节数"时,数据地址将"上卷",前面的数据将被覆盖。

当要写入的数据传送完后,单片机应发出终止信号以结束写入操作。写入 n 个字节的数据格式为:

S	器件地址+0	A	写入首地址	A	Data 1	A	......	Data n	A	P

(2)数据读出过程

单片机先发送该器件的 7 位地址码和写方向位"0"("伪写"),发送完后释放 SDA 线并在 SCL 线上产生第 9 个时钟信号。被选中的存储器器件在确认是自己的地址后,在 SDA 线上产生一个应答信号作为响应。

然后,再发一个字节的要读出器件的存储区的首地址,收到应答后,单片机要重复一次起始信号并发出器件地址和读方向位("1"),收到器件应答后就可以读出数据字节,每读出一个字节,单片机都要回复应答信号。当最后一个字节数据读完后,单片机应返回"非应答"(高电平),并发出终止信号以结束读出操作。读出 n 个字节的数据格式为:

S	器件地址+0	A	读出首地址	A	器件地址+1	A	Data 1	A	......	Data n	$\overline{A}$	P

3.10.4　示例实验

(1)实验内容

在 Proteus 环境下搭建如图 3.56 所示的电路图。

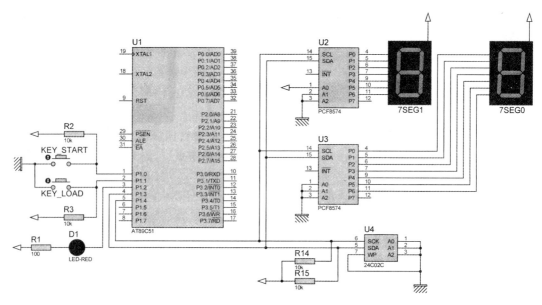

图 3.56 I^2C 总线扩展电路(1)

图中所用元器件如表 3.32 所示。

表 3.32 I^2C 总线扩展电路(1)中所用元器件

元件编号	元件名称	参数	所在元件库类名	子类名	生产厂家
U1	AT89C51		Microprocessor ICs 微处理器	8051 Family 8051 家族	Atmel
U2,U3	PCF8574		Microprocessor ICs 微处理器	Peripherals 外设	Philips
U4	24C02C		Memory ICs 存储器芯片	I^2C Memories I^2C 存储器	Microchip
7SEG1, 7SEG0	7SEG-COM- AN-GRN		Optoelectronics 光电器件	7-Segment Displays 七段显示	
D1	LED-RED		Optoelectronics 光电器件	LEDs 发光二极管	
R1	RES	100Ω	Resistors 电阻	Generic 通用	
R2,R3	RES	10kΩ	Resistors 电阻	Generic 通用	
KEY_START, KEY_LOAD	BUTTON		Switches & Relays 开关与继电器	Switches 开关	

（2）功能要求

本实验与"3.3.2 自我完成实验"要求的功能类似，实现一个倒计时器。每过 1s 倒计时器减 1，当前时间用两个数码管显示。该倒计时器可以通过按键控制其启停与初值重载。

本实验与"3.3.2 自我完成实验"的不同之处是数码管的驱动方式不同。本实验利用具有 I²C 接口的 PCF8574 来驱动数码管，而"3.3.2 自我完成实验"中利用 74LS373 锁存器驱动。另外，本实验增加了一个具有 I²C 接口的 E²PROM 24C02 来记录当前的运行状态，包括当前时间和当前的启停状态。这样，当重新运行程序时，系统会自动恢复上次程序运行停止前的状态，并在此状态基础上继续运行。

（3）示例程序

```c
/***********************必要的变量定义 ********************/
#include <reg51.h>
#include <intrins.h> //包含_nop_()函数
#define uint unsigned int
#define uchar unsigned char
#define FiveNOP(); _nop_();_nop_();_nop_();_nop_();_nop_(); //定义空指令
sbit SCL = P1^4; //模拟 I²C 时钟控制位
sbit SDA = P1^3; //模拟 I²C 数据传输位
sbit Light=P1^2; //指示灯
sbit Load=P1^1;   //装载初值键
sbit Start_Stop=P1^0; //启停键
bit bdata I2C_Ack; //应答标志位
bit bdata rsuccess;
bit run;
uchar rdata,wdata,time;
uchar code LED_code[]={0xC0,0xF9,0xA4,0xB0,0x99,0x92,0x82,0xF8,0x80,
                0x90};//共阴极 LED 数码管显示码表
uchar begintime=99;
uchar data w2402buffer[3];
uchar data r2402buffer[3];

uchar SA8574_0=0x40;
uchar SA8574_1=0x42;
uchar SA2402=0xA0;
/****************短延时子程序,作键盘去抖动功能 ***************/
void delays10ms()
{
uchar k,ms;
```

```
ms＝10；
while(ms－－)for(k＝0；k＜120；k＋＋)；
}
```

/ ＊＊＊＊＊＊＊＊＊＊＊＊＊＊＊＊＊＊＊ I2C_Start ＊＊＊＊＊＊＊＊＊＊＊＊＊＊＊＊＊＊＊＊＊＊＊＊/

功能描述：启动 I^{2}C 总线，即发送 I^{2}C 初始条件

解释：在 I^{2}C 总线协议中规定的起始位格式是：在 SCL 高电平期间，SDA 发生从高到低的电平跳变

　＊＊/

```
void I2C_Start()
{
SDA = 1；//发送起始条件的数据信号
_nop_()；
SCL = 1；
FiveNOP()；//起始条件建立时间大于 4.7μs,延时
SDA = 0；//发送起始信号
FiveNOP()；//起始条件建立时间大于 4μs,延时
SCL = 0；//钳住 I2C 总线,准备发送或接收数据
_nop_()；
_nop_()；
}
```

/ ＊＊＊＊＊＊＊＊＊＊＊＊＊＊＊＊＊＊＊I2C_Stop ＊＊＊＊＊＊＊＊＊＊＊＊＊＊＊＊＊＊＊＊＊＊＊＊＊

功能描述：结束 I^{2}C 总线，即发送 I^{2}C 结束条件

解释：结束条件的格式是在 SCL 高电平期间，SDA 由低电平向高电平跳变

　＊＊/

```
void I2C_Stop()
{
SDA = 0；//发送结束条件的数据信号
_nop_()；
SCL = 1；//发送结束条件的时钟信号
FiveNOP()；//结束条件建立时间大于 4μs,延时
SDA = 1；//发送 I2C 总线结束信号
FiveNOP()；
}
```

/ ＊＊＊＊＊＊＊＊＊＊＊＊＊＊＊＊＊＊＊I2C_CheckAck ＊＊＊＊＊＊＊＊＊＊＊＊＊＊＊＊＊＊＊＊

出口：0(无应答)，1(有应答)

功能描述：检验 I^{2}C 总线应答信号，有应答则返回 1，否则返回 0，超时值取 255

解释：I^{2}C 总线协议中规定传输的每个字节之后必须跟一个应答位，所以从器件在接收到每个字节之后必须反馈一个应答信号给主控制器，而主控制器就需要检测从器

件回传的应答信号,根据其信息做出相应的处理。另外,主从之别是相对的,接收数据的即为从,发送数据的即为主

应答信号的格式:在由发送器产生的时钟响应周期里,发送器先释放 SDA(置高),然后由接受器将 SDA 拉低,并在这个时钟脉冲周期的高电平期间保持稳定的低电平,即表示从器件作出了应答

调用函数:void I2C_Stop()

```
**********************************************************/
bit I2C_CheckAck(void)
{
uchar errtime = 255; // 因故障接收方无 Ack,超时值为 255
SDA = 1; //发送器先释放 SDA
FiveNOP();
SCL = 1;
FiveNOP(); //时钟电平周期大于 4μs
while(SDA)//判断 SDA 是否被拉低
{
errtime－－;
if(errtime==0)
{
    I2C_Stop();
    return(0);
}
SDA=1;
}
SCL = 0;
_nop_();
return(1);
}
/ ********************* I2C_SendB **************************
```

入口:uchar 型数据

功能描述:字节数据传送函数,将数据 c 发送出去,可以是地址,也可以是数据,发完后等待应答,并对此状态位进行操作

注意:在传送数据时,数据(SDA)的改变只能发生在 SCL 的低电平期间,在 SCL 的高电平期间保持不变

调用函数:bit I2C_CheckAck()

全局变量:I2C_Ack

```
**********************************************************/
void I2C_SendB(uchar c)
```

```
{
uchar BitCnt；
for(BitCnt＝0；BitCnt＜8；BitCnt＋＋)//要传送的数据长度为8位
{
if((c≪BitCnt)&0x80)//判断发送位(从高位起发送)
{
  SDA = 1；
}
else
{
   SDA = 0；
}
_nop_()；
_nop_()；
SCL = 1；//置时钟线为高,通知被控器开始接收数据位
FiveNOP()；//保证时钟高电平周期大于 4μs
SCL = 0；
}
_nop_()；
_nop_()；
I2C_Ack＝I2C_CheckAck()；//检验应答信号,作为发送方,所以要检测接收器反馈
                        //的应答信号
_nop_()；
_nop_()；
}
/ *********************** I2C_RcvB ***************************
出口:uchar 型数据
功能描述:接收从器件传来的数据,并判断总线错误(不发应答信号),收完后需要调
用应答函数
 *********************************************************/
uchar I2C_RcvB()
{
uchar retc；
uchar BitCnt； //位
retc = 0；
SDA = 1；//置数据总线为输入方式,作为接收方要释放 SDA
for(BitCnt=0;BitCnt＜8;BitCnt＋＋)
{
```

```
    _nop_();
    SCL = 0;  //置时钟线为低,准备接收数据位
    FiveNOP();  //时钟低电平周期大于 4.7μs
    SCL = 1;  //置时钟线为高,使数据有效
    _nop_();
    _nop_();
    retc = retc≪1;
    if(SDA==1)
    {
        retc = retc + 1;  //读数据位,接收的数据放入 retc 中
    }
    _nop_();
    _nop_();
}
SCL = 0;
_nop_();
_nop_();
return(retc);
}
/****************************I2C_Ackn****************************
入口:0 或 1
功能描述:主控制器应答信号(可以是应答或非应答信号)
说明:作为接收方的时候,必须根据当前自己的状态向发送器反馈应答信号
****************************************************************/
void I2C_Ackn(bit a)
{
if(a==0)//在此发送应答或非应答信号
{
    SDA = 0;
}
else
{
    SDA = 1;
}
FiveNOP();
SCL = 1;
FiveNOP();  //时钟电平周期大于 4μs
SCL = 0;  //清时钟线,钳住 I²C 总线以便继续接收
```

```
_nop_();
_nop_();
}
```

/ ********************** W1Bto8574 **************************

入口:从器件地址 sla,发送字节 c

出口:0(操作有误),1(操作成功)

功能描述:往 PCF8574 写 1 个字节的数据,从启动总线到发送地址、数据,结束总线
的全过程,如果返回 1,表示操作成功,否则操作有误

调用函数:I2C_Start(),I2C_SendB(uchar c),I2C_Stop()

全局变量:I2C_Ack

***/

```
bit W1Bto8574(uchar sla, uchar c)
{
I2C_Start(); //启动总线
I2C_SendB(sla); //发送器件地址
if(! I2C_Ack)
{
return(0);
}
I2C_SendB(c); //发送数据
if(! I2C_Ack)
{
   return(0);
}
I2C_Stop(); //结束总线
return(1);
}
```

/ ********************** W1Bto2402 *************************

入口:从器件地址 sla,子地址 suba(要存放数据的单元地址),发送单元 c

出口:0(操作有误),1(操作成功)

功能描述:向 AT24C02 写 1 个字节,从启动总线到发送地址、数据,结束总线的全过
程,如果返回 1,表示操作成功,否则操作有误

调用函数:I2C_Start(),I2C_SendB(uchar c),I2C_Stop()

全局变量:I2C_Ack

***/

```
bit W1Bto2402(uchar sla, uchar suba, uchar c)
{
I2C_Start(); //启动总线
```

```
I2C_SendB(sla); //发送器件地址
if(! I2C_Ack)
{
return(0);
}
I2C_SendB(suba); //发送器件子地址
if(! I2C_Ack)
{
   return(0);
}
I2C_SendB(c); //发送数据
  if(! I2C_Ack)
  {
     return(0);
  }
I2C_Stop(); //结束总线
return(1);
}
```

/ ************************ R1Bfrom2402 **************************

入口:从器件地址 sla，子地址 suba(即单元起始地址)，收到的数据存入单元 c

出口:1(操作成功)，0(操作有误)

功能描述:从 AT24C02 读 1 个字节，从启动总线到发送地址，读数据，结束总线的全过程

调用函数:I2CS_tart()，I2C_SendB(uchar c)，I2C_RcvB()，I2C_Ackn(bit a)，I2C_Stop()

全局变量:I2C_Ack

   **/

```
bit R1Bfrom2402(uchar sla, uchar suba, uchar * c)
{
I2C_Start(); //启动总线
I2C_SendB(sla);
if(! I2C_Ack)
{
  return(0);
}
I2C_SendB(suba); //发送器件子地址
if(! I2C_Ack)
{
```

```
return(0);
}
I2C_Start(); //重复起始条件
I2C_SendB(sla+1); //发送读操作的地址
if(! I2C_Ack)
{
    return(0);
}
*c = I2C_RcvB(); //读取数据
I2C_Ackn(1); //发送非应答位
I2C_Stop(); //结束总线
return(1);
}
void ds_time()
{
uchar temp,i,out;
temp=time%10;
out=LED_code[temp];
W1Bto8574(SA8574_0,out);
temp=time/10;
out=LED_code[temp];
W1Bto8574(SA8574_1,out);
w2402buffer[0]=1;
w2402buffer[1]=time;
for(i=0;i<2;i++)
  {
    rsuccess=0;
    wdata=w2402buffer[i];
    while(! rsuccess)
      {
        rsuccess=W1Bto2402(SA2402,i,wdata); //周期到达时保存当前状态
      }
  }
}
/ *********************** 主程序 ***************************/
void main()
{
uchar temp,i,t,out;
```

```
bit bdata oldstate；
uchar rdata，wdata；
SP＝0x60；
t＝ 100；　//100×10ms＝1s
oldstate＝0；
for(i＝0；i＜3；i＋＋)
{
    rsuccess＝0；
    while(！rsuccess)
    {
        rsuccess＝R1Bfrom2402(SA2402，i，&rdata)；//读保存状态
    }
    r2402buffer[i]＝rdata；
}
oldstate＝r2402buffer[0]＝＝0x1；　//如果不是初次运行,则 r2402buffer[0]
                                //＝＝0x1
if(oldstate)
{
    time＝r2402buffer[1]；
    run＝ r2402buffer[2]；
}
else
{
    time＝begintime；
    run＝0；
}
Light＝～run；
temp＝time％10；
out＝LED_code[temp]；
I2C_W1Bto8574(SA8574_0,out)；
temp＝time/10；
out＝LED_code[temp]；
I2C_W1Bto8574(SA8574_1,out)；
while(1)
{
    Start_Stop＝1；
    if(！Start_Stop)
    {
```

```
        delays10ms();       //延时 10ms 去抖动
    Start_Stop=1;
        if(! Start_Stop)
{

        run=～run;
  Light=～run;
  w2402buffer[2]=run;
  rsuccess=0;
        wdata=(uchar)run;
        while(! rsuccess)
         {
           rsuccess=W1Bto2402(SA2402，2,wdata);
                        //启停按键按下,则保存启停状态
         }
}

    Start_Stop=1;
while(! Start_Stop)//等待按键释放
  Start_Stop=1;
     }
  Load=1;
  if(! Load)
   {
        delays10ms();       //延时 10ms 去抖动
    Load=1;
        if(! Load)
{

        time=begintime;
  ds_time();//显示并保存当前时间
}
        Load=1;
while(! Load)//等待按键释放
  Load=1;
     }
    if(run)
  {
    if(t--)
     {
        delays10ms();
```

```
        }
    else
    {
        t= 100;    //周期到达时重新赋值延时控制变量
        if(time)
    {
    time－－;
    ds_time();//显示并保存当前时间
        }
      }
    }
  }
}
```

(4)实验步骤

①根据上述实验内容,参考 1.2.2 节,在 Proteus 环境下建立图 3.56 所示原理图,并将其保存为"I2C. DSN"文件。

②将上面(3)中控制源程序保存为"I2C. c"。

③运行 Keil μVision2,按照 1.1.3 节介绍的方法建立工程"I2C. uV2",CPU 为 AT89C51,包含启动文件"STARTUP. A51"。

④按照 1.2.2 节第(6)部分介绍的方法将 C 语言源程序"I2C. c"加入工程"I2C. uV2",并设置工程"I2C. uV2"的属性,将其晶振频率设置为 12MHz,选择输出可执行文件,仿真方式为"选择硬仿真",并选择其中的"PROTEUS VSM MONITOR 51 DRIVER"仿真器。

⑤构造(Build)工程"I2C. uV2"。如果输入有误,则进行修改,直至构造正确,生成可执行程序"I2C. hex"为止。

⑥为 AT89C51 设置可执行程序"I2C. hex"。

⑦运行程序,单击图 3.56 中的各按键,观察程序运行情况。

⑧单击主窗口左下方的 ▇ 按钮,停止仿真过程。再单击 ▶ 按钮,重新运行程序,观察程序是否能够继续上一次运行时的状态运行。

(5)实验作业

①分析源程序并仔细理解源程序每个函数的功能。

②记录示例程序运行结果。

③总结 C51 单片机仿真 I^2C 的方法,以及 PCF8574 与 24C02 的 I^2C 控制方法,理解有关控制时序。

3.10.5　自我完成实验

（1）实验内容

在 Proteus 环境下搭建如图 3.57 所示的电路图。

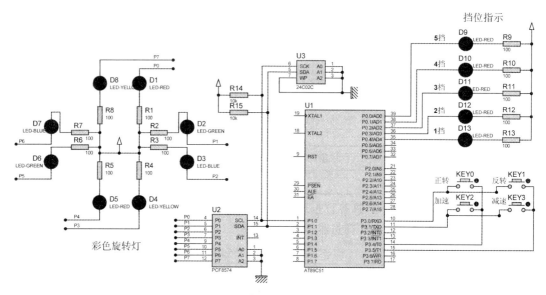

图 3.57　I²C 总线扩展电路（2）

图中所用元器件如表 3.33 所示。

表 3.33　　　　　　　　　　　　I²C 总线扩展电路（2）中所用元器件

元件编号	元件名称	参数	所在元件库类名	子类名	生产厂家
U1	AT89C51		Microprocessor ICs 微处理器	8051 Family 8051 家族	Atmel
U2	PCF8574		Microprocessor ICs 微处理器	Peripherals 外设	Philips
U3	24C02C		Memory ICs 存储器	I²C Memories I²C 存储器	Microchip
D1,D5,D9～D13	LED-RED		Optoelectronics 光电器件	LEDs 发光二极管	
D2,D6	LED- GREEN		Optoelectronics 光电器件	LEDs 发光二极管	
D3,D7	LED- BLUE		Optoelectronics 光电器件	LEDs 发光二极管	

续表

元件编号	元件名称	参数	所在元件库类名	子类名	生产厂家
D4,D8	LED-YELLOW		Optoelectronics 光电器件	LEDs 发光二极管	
R1～R13	RES	100Ω	Resistors 电阻	Generic 通用	
R14,R15	RES	10kΩ	Resistors 电阻	Generic 通用	
KEY0～KEY3	BUTTON		Switches & Relays 开关与继电器	Switches 开关	

（2）控制要求

本实验的控制要求与"3.4.2 自我完成实验"一致，D1～D8 八个发光二极管构成彩色旋转灯，D9～D13 为挡位指示灯。按键 KEY0～KEY1 用于设定旋转方向为顺时针旋转或者逆时针旋转，按键 KEY2～KEY3 用于加快或者减慢旋转速度。这里增加了 PCF8574 作为发光二极管的驱动器，同时增加了 24C02C 存储当前工作状态，包括正转/反转，旋转速度，当前正点亮的 LED 位置。要求程序停止并重新运行后系统能够按照上次停止时的状态继续运行。

（3）编程思路

参考"3.4.2 自我完成实验"中的控制思路，以及 3.10.4 节的 PCF8574 与 24C02C 的数据读写方法实现。

（4）实验步骤

①根据上述实验内容，参考 1.2.2，在 Proteus 环境下建立图 3.57 所示原理图，并将其保存为"I2C_self.DSN"文件。

②根据（2）和（3）画出流程图，并编写源程序，将其保存为"I2C_self.c"。

③运行 Keil μVision2，按照 1.1.3 节介绍的方法建立工程"I2C_self.uV2"，CPU 为 AT89C51，包含启动文件"STARTUP.A51"。

④按照 1.2.2 节第（6）部分介绍的方法将 C 语言源程序"I2C_self.c"加入工程"I2C_self.uV2"，并设置工程"I2C_self.uV2"的属性，将其晶振频率设置为 12MHz，选择输出可执行文件，仿真方式为"选择硬仿真"，并选择其中的"PROTEUS VSM MONITOR 51 DRIVER"仿真器。

⑤构造（Build）工程"I2C_self.uV2"。如果输入有误，则进行修改，直至构造正确，生成可执行程序"I2C_self.hex"为止。

⑥为 AT89C51 设置可执行程序"I2C_self.hex"。

⑦运行程序，观察运行结果，并验证其是否正确。

（5）实验作业

①编写源程序并进行注释。

②记录实验过程。

③记录程序运行结果。

3.11　SPI 扩展实验

3.11.1　SPI 总线简介

SPI 总线是 Motorola 公司提出的一个同步串行外设接口。利用 SPI 总线,CPU 可以与各种支持该接口的外设(包括 A/D 转换器、D/A 转换器、RTC 等)以串行方式进行通信。SPI 总线具有以下特点:

(1)连线较少,简化电路设计,仅需 4 根信号线即可完成扩展功能。

(2)器件统一编址,并与系统地址无关,操作 SPI 独立性好。

(3)器件操作遵循统一的规范,使系统软硬件具有良好的通用性。

SPI 总线采用主从(Master Slaver)模式。一个 SPI 通信系统中,一般包含一个主设备和多个从设备。主设备选择与之通信的从设备,并管理控制整个通信过程。

SPI 一般包括 4 条信号线:串行时钟线(SCK)、主输入/从输出线(MISO)或简称为输入信号线(SDI)、主输出/从输入线(MOSI)或简称为输出信号线(SDO)、低电平有效的片选信号线(CS)。当同一条 SPI 总线上有多个从器件时,主器件需要通过片选信号 CS 使能与之通信的从器件。如果只有一个从器件,则可以不使用片选信号线,这时从器件的片选信号线直接接地,这时的 SPI 为三线总线。如果通信方式是确定的单向输出,即只有主到从方向的通信,没有从到主的数据传递(如 D/A 转换),这时串行时钟线(SCK)和主输出/从输入线(MOSI)两根信号线也可以完成通信,这时候的 SPI 为双线总线。MISO 与 MOSI 是在 SCK 的同步下一位一位地进行串行数据传送。SPI 的通信速度可达几兆比特/秒。

一主多从结构的 SPI 总线连接如图 3.58 所示。

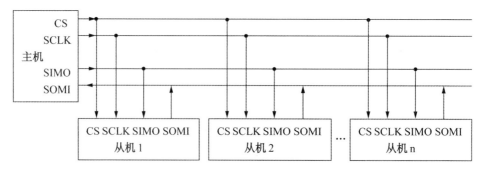

图 3.58　一主多从结构的 SPI 总线连接图

主设备配置 SPI 时钟时,一定要弄清楚从设备的时钟要求,因为主设备的时钟极性和相位都是以从设备为基准的。在时钟极性的配置上,一定要搞清楚从设备是在时钟的上

升沿还是下降沿接收数据,以及是在时钟的下降沿还是上升沿输出数据。由于主设备的
SDO 连接从设备的 SDI,从设备的 SDO 连接主设备的 SDI,从设备的 SDI 接收的数据是
主设备的 SDO 发送过来的,主设备的 SDI 接收的数据是从设备的 SDO 发送过来的,所以
主设备这边 SPI 时钟极性的配置(即 SDO 的配置),跟从设备的 SDO 发送数据的极性是
相同的,跟从设备的 SDI 接收数据的极性是相反的。

如采用 SPI 总线接口的 RTC DS1302,其控制字总是从最低位开始输出,在控制字指
令输入后的下一个 SCLK 时钟的上升沿时,数据被写入 DS1302,数据输入从最低位(0
位)开始。同样,在紧跟 8 位的控制字指令后的下一个 SCLK 脉冲的下降沿,读出 DS1302
的数据,读出的数据也是从最低位到最高位。即一个时钟完成两个操作,如图 3.59 所示。

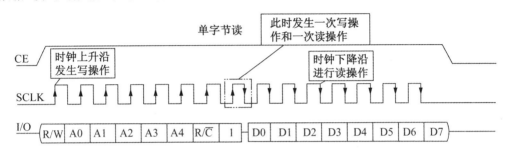

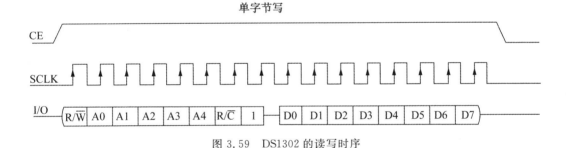

图 3.59　DS1302 的读写时序

3.11.2　DS1302 简介

(1)功能与引脚

DS1302 是美国 Dallas 公司推出的一种高性能、低功耗的实时时钟芯片,附加 31 字
节静态 RAM,采用 SPI 三线接口与 CPU 进行同步通信,并可采用突发方式一次传送多
个字节的时钟信号和 RAM 数据。实时时钟可提供秒、分、时、日、星期、月和年,一个月小
于 31 天时可以自动调整,且具有闰年补偿功能。工作电压
宽达 2.5~5.5V。采用双电源供电(主电源和备用电源),可
设置备用电源充电方式,提供了对后备电源进行涓细电流充
电的能力。DS1302 的外部引脚分配如图 3.60 所示,内部结
构如图 3.61 所示。DS1302 用于数据记录,特别是对某些具
有特殊意义的数据点的记录,能实现数据与出现该数据的时

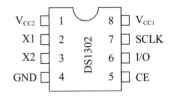

图 3.60　DS1302 引脚分布图

间同时记录,因此被广泛应用于测量系统中。

图中:

X1、X2:32.768kHz 晶振管脚。

V_{CC1}:主电源;V_{CC2}:备用电源。当 $V_{CC2} > V_{CC1} + 0.2V$ 时,由 V_{CC2} 向 DS1302 供电;当 $V_{CC2} < V_{CC1}$ 时,由 V_{CC1} 向 DS1302 供电。

SCLK:串行时钟,输入,控制数据的输入与输出。

I/O:三线接口时的双向数据线。

CE:输入信号,在读、写数据期间,必须为高。

(2)寄存器和 RAM

①内部寄存器。对 DS1302 的操作就是对其内部寄存器的操作,DS1302 内部共有 12 个寄存器,其中有 7 个寄存器与日历、时钟相关,存放的数据位为 BCD 码形式。此外, DS1302 还有年份寄存器、控制寄存器、充电寄存器、时钟突发寄存器及与 RAM 相关的寄存器等。时钟突发寄存器可一次性顺序读写除充电寄存器以外的寄存器。DS1302 内部寄存器的分配如表 3.34 所示。

表 3.34　　　　　　　　　　　　　DS1302 内部寄存器的分配

读寄存器	写寄存器	BIT 7	BIT 6	BIT 5	BIT 4	BIT 3	BIT 2	BIT 1	BIT 0	范围
81h	80h	CH	10 秒			秒				00～59
83h	82h		10 分			分				00～59
85h	84h	12/$\overline{24}$	0	10 $\overline{AM/PM}$	时	时				1～12/ 0～23
87h	86h	0	0	10 日		日				1～31
89h	88h	0	0	0	10月	月				1～12
8Bh	8Ah	0	0	0	0	0	星期			1～7
8Dh	8Ch	10 年				年				00～99
8Fh	8Eh	WP	0	0	0	0	0	0	0	—
91h	90h	TCS	TCS	TCS	TCS	DS	DS	RS	RS	—

小时寄存器(85h、84h)的 BIT 7 用于定义 DS1302 是运行于 12 小时模式还是 24 小时模式。当该位为 1 时,选择 12 小时模式;当该位为 0 时,选择 24 小时模式。在 12 小时模式时,BIT 5 为 0 时,选择 AM;为 1 时,选择 PM。在 24 小时模式时,BIT 5 是第二个 10 小时位。

秒寄存器(81h、80h)的 BIT 7 定义为时钟暂停标志(CH),当 CH 为 1 时,时钟振荡器停止工作,DS1302 进入低功耗模式,电源消耗小于 $100\ \mu A$;当 CH 为 0 时,时钟振荡器启动,DS1302 正常工作。BIT 6～BIT 4 为 10 秒位,BIT 3～BIT 0 为秒位。

写保护寄存器(8Fh、8Eh)的 BIT 7 是写保护位(WP)。在任何的对时钟和 RAM 的写操作之前,WP 位必须为 0。当 WP 位为 1 时,写保护位防止对任一寄存器的写操作。

②内部 RAM。DS1302 中附加 31 字节静态 RAM,其地址分布如表 3.35 所示。

表 3.35　　　　　　　　　　　DS1302 中静态 RAM 的地址分布

读地址	写地址		数据范围
C1h	C0h		00～FFh
C3h	C2h		00～FFh
C5h	C4h		00～FFh
⋮	⋮		⋮
FDh	FCh		00～FFh

（3）控制字

DS1302 不仅要向寄存器写入控制字,还需要读取相应寄存器的数据。要想与 DS1302 通信,首先要先了解 DS1302 的控制字。DS1302 的控制字如下所示：

7	6	5	4	3	2	1	0
1	RAM / $\overline{CK}$	A4	A3	A2	A1	A0	RD / $\overline{WR}$

控制字的最高有效位（BIT 7）必须是逻辑 1,如果它为 0,则不能把数据写入到 DS1302 中。

BIT 6 为日历时钟和 RAM 数据选择位：如果为 0,则表示存取日历时钟数据；为 1 表示存取 RAM 数据。

BIT 5～BIT 1（A4～A0）：指示操作单元的地址。

BIT 0（最低有效位）：如为 0,表示要进行写操作；为 1 表示进行读操作。

（4）突发模式

所谓"突发模式"是指一次传送多个字节的时钟信号和 RAM 数据。可以指定任何的时钟/日历或者 RAM 寄存器为突发模式,和以前一样,第 6 位指定时钟或 RAM 而 0 位指定读或写。

DS1302 的工作模式寄存器如表 3.36 所示。

表 3.36　　　　　　　　　　　DS1302 的工作模式寄存器

工作模式寄存器		读寄存器	写寄存器
时钟突发模式寄存器	CLOCK BURST	BFh	BEh
RAM 突发模式寄存器	RAM BURST	FFh	FEh

在时钟/日历寄存器中的地址 9～31 和在 RAM 寄存器中的地址 31 不能存储数据。突发模式的读取或写入从地址的位 0 开始。

3.11.3　基于 SPI 器件 DS1302 的万年历实验

（1）实验内容

在 Proteus 环境下搭建如图 3.61 所示的电路图。

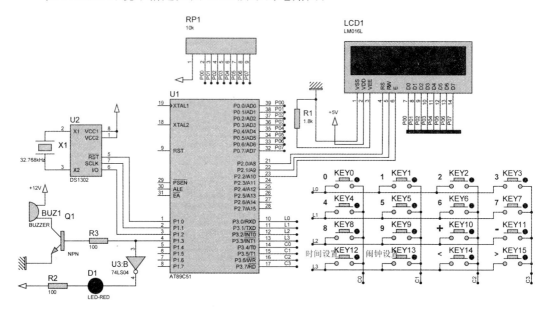

图 3.61　万年历电路图

图中所用元器件如表 3.37 所示。

表 3.37　　　　　　　　　　万年历电路中所用元器件

元件编号	元件名称	参数	所在元件库类名	子类名	生产厂家
U1	AT89C51		Microprocessor ICs 微处理器	8051 Family 8051 家族	ATMEL
U2	DS1302		Microprocessor ICs 微处理器	Peripherals 外设	Maxim
U3	74LS04		TTL 74LS series TTL 74LS 系列	Gates & Inverters 门与反相器	
LCD1	LM016L		Optoelectronic 光电器件	Alpha Numeric LCDs 字符数字 LCD	
D1	LED-RED		Optoelectronics 光电器件	LEDs 发光二极管	
X1	CRYSTAL		Miscellaneous 杂类		

续表

元件编号	元件名称	参数	所在元件库类名	子类名	生产厂家
BUZ1	BUZZER		Speakers&Sounders 扬声器		
Q1	NPN		Transistors 三极管	Generic 通用	
R1	RES	1.8kΩ	Resistors 电阻	Generic 通用	
R2,R3	RES	100Ω	Resistors 电阻	Generic 通用	
KEY0~ KEY15	BUTTON		Switches & Relays 开关与继电器	Switches 开关	

(2)控制要求

本实验要求利用 DS1302 实现万年历功能,SPI 接口由 AT89C51 单片机的P1.0、P1.1 和 P1.2 三条并行 I/O 口仿真实现。该万年历具有时间设定(即校准)功能,设定的方法是单击 KEY12("时间设置"按钮)进入时间设置模式,如图 3.62 所示。

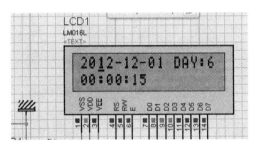

图 3.62　时间设置模式

光标处于年的下方,这时可以通过 KEY15("右移"按钮)移动光标,使其处于月、日、星期、小时、分钟和秒的下方,再输入相应的数字或者通过 KEY10("＋"按钮)、KEY11("－"按钮)使其数值增加或者减少。设定成自己想要设定的时间,然后再次单击 KEY12("时间设置"按钮)退出时间设置模式,万年历进入正常运行模式,并每过 1s 更新一次显示,如图 3.63 所示。

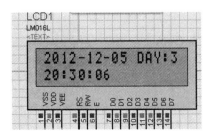

图 3.63　正常运行模式

DS1302 本身没有闹钟设置功能，可以利用软件来实现。本实验利用单击 KEY13（"闹钟设置"按钮），使其进入闹钟设置模式，如图 3.64 所示。

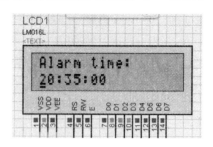

图 3.64　闹钟设置模式

通过采用和时钟设置相同的方式设定闹钟时间。当闹钟时间到时，P1.3 会输出高电平，蜂鸣器会发出声响，D1 会点亮，如图 3.65 所示。P1.3 的电平每过 1s 反转一次，该过程持续 1 min 结束。

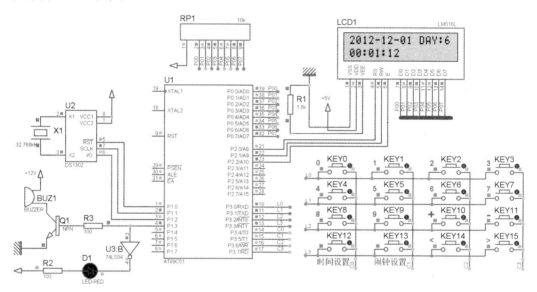

图 3.65　闹钟声光报警输出

（3）控制思想及关键代码

LCD 1602 的控制方法在前面的实验中已描述，这里不再重复。按键识别仍然可以采用线反转法来实现。DS1302 的读写方法在 3.11.2 节已作描述，下面给出其关键读写代码：

```
/******************************************************************
函 数 名:Write1ByteToRT()
功    能:实时时钟写入 1 字节
说    明:往 DS1302 写入 1 字节数据（内部函数）
入口参数:d 为写入的数据
```

```
******************************************************/
void Write1ByteToRT(uchar d)
{
    uchar i;
    ACC = d;
    for(i=8; i>0; i--)
    {
        T_IO = ACC0;                //相当于汇编语言中的 RRC
        T_CLK = 1;
        T_CLK = 0;
        ACC = ACC>>1;
    }
}
/ *****************************************************
```

函　数　名:Read1ByteFromRT()

功　　　能:实时时钟读取 1 字节

说　　　明:从 DS1302 读取 1 字节数据(内部函数)

入口参数:无

返 回 值:ACC

```
******************************************************/
uchar Read1ByteFromRT(void)
{
    uchar i;
    for(i=8; i>0; i--)
    {
        ACC = ACC>>1;               //相当于汇编语言中的 RRC
        ACC7 = T_IO;
        T_CLK = 1;
        T_CLK = 0;
    }
    return(ACC);
}
/ *****************************************************
```

函　数　名:W1302()

功　　　能:往 DS1302 写入数据

说　　　明:先写地址,后写命令/数据(内部函数)

调　　　用:Write1ByteToRT(),Read1ByteFromRT()

入口参数:ucAddr:DS1302 地址,ucData:要写的数据

```
*********************************************************/
void W1302(uchar ucAddr, uchar ucDa)
{
   T_RST = 0;
   T_CLK = 0;
   T_RST = 1;
   Write1ByteToRT(ucAddr);            //地址,命令
   Write1ByteToRT(ucDa);          //写 1 字节数据
   T_CLK = 1;
   T_RST = 0;
}
/ *******************************************************
```

函 数 名:R1302()

功　　能:读取 DS1302 某地址的数据

说　　明:先写地址,后读命令/数据(内部函数)

调　　用:Write1ByteToRT(), Read1ByteFromRT()

入口参数:ucAddr:DS1302 地址

返 回 值:ucData:读取的数据

```
*********************************************************/
uchar R1302(uchar ucAddr)
{
   uchar ucData;
   T_RST = 0;
   T_CLK = 0;
   T_RST = 1;
   Write1ByteToRT(ucAddr);               // 地址,命令
   ucData = Read1ByteFromRT();        // 读 1 字节数据
   T_CLK = 1;
   T_RST = 0;
   return(ucData);
}
/ *****************************************************
```

函 数 名:Set1302()

功　　能:设置初始时间

说　　明:先写地址,后读命令/数据(寄存器多字节方式)

调　　用:W1302()

入口参数:pClock:设置时钟数据地址,格式为:秒 分 时 日 月 星期 年

　　　　　　　　　　7Byte(BCD 码)1B 1B 1B 1B 1B 1B 1B

```
 ***********************************************************/
void Set1302(uchar  * pClock)
{
    uchar i;
    uchar ucAddr = 0x80;
    W1302(0x8e,0x00);                 // 控制命令,WP=0,写操作
    for(i =7; i>0; i——)
    {
        W1302(ucAddr, * pClock);   // 秒 分 时 日 月 星期 年
        pClock++;
        ucAddr +=2;
    }
    W1302(0x8e,0x80);                 // 控制命令,WP=1,写保护
}
/ ***********************************************************
函 数 名:Get1302()
功      能:读取 DS1302 当前时间
说      明:
调      用:R1302()
入口参数:ucCurtime:保存当前时间地址
         当前时间格式为:秒 分 时 日 月 星期 年
         7Byte(BCD 码)   1B 1B 1B 1B 1B 1B 1B
返 回 值:无
 ***********************************************************/
void Get1302(uchar ucCurtime[])
{
    uchar i;
    uchar ucAddr = 0x81;
    for(i=0; i<7; i++)
    {
        ucCurtime[i] = R1302(ucAddr);//格式为:秒 分 时 日 月 星期 年
        ucAddr += 2;
    }
}
```

（4）实验步骤

①根据上述实验内容，参考 1.2.2 节，在 Proteus 环境下建立图 3.61 所示原理图，并将其保存为"SPI. DSN"文件。

②根据（2）和（3）画出流程图，并编写源程序，将其保存为"SPI. c"。

③运行 Keil μVision2，按照 1.1.3 节介绍的方法建立工程"SPI. uV2"，CPU 为 AT89C51，包含启动文件"STARTUP. A51"。

④按照 1.2.2 节第（6）部分介绍的方法将 C 语言源程序"SPI. c"加入工程"SPI. uV2"，并设置工程"SPI. uV2"的属性，将其晶振频率设置为 12MHz，选择输出可执行文件，仿真方式为"选择硬仿真"，并选择其中的"PROTEUS VSM MONITOR 51 DRIVER"仿真器。

⑤构造（Build）工程"SPI. uV2"。如果输入有误，则进行修改，直至构造正确，生成可执行程序"SPI. hex"为止。

⑥为 AT89C51 设置可执行程序"SPI. hex"。

⑦运行程序，观察运行结果，并验证其是否正确。

（5）实验作业

①编写源程序并进行注释。

②记录实验过程。

③记录程序运行结果。

3.12　LCD 12864 显示实验

3.12.1　点阵型 LCD 12864 简介

（1）模块简介

LCD 12864 是图形点阵液晶显示模块，既可显示 ASCII 字符，又可显示汉字及图形。LCD 12864 内置 8192 个 16×16 点汉字和 128 个 16×8 点 ASCII 字符集。利用该模块灵活的接口方式和简单、方便的操作指令，可构成全中文人机交互图形界面，也可完成图形显示。该器件的外观如图 3.66 所示。

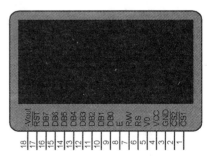

图 3.66　LCD 12864 外观

该器件的引脚功能描述如表 3.38 所示。

表 3.38　　　　　　　　　　　　　　**LCD 12864 的引脚功能描述**

实物模块管脚号	仿真模型管脚号	管脚名称	电平	管脚功能描述
1	3	VSS(GND)	0V	电源地
2	4	VCC	+5V	正电源
3	5	V0	—	亮度调整
4	6	RS(D/I)	H/L	RS="H",表示 DB7～DB0 为显示数据 RS="L",表示 DB7～DB0 为显示指令数据
5	7	R/W	H/L	R/W="H",E="H",数据被读到 DB7～DB0 R/W="L",E="H→L",DB7～DB0 的数据被写到 IR 或 DR
6	8	E	H/L	使能信号
7	9	DB0	H/L	三态数据线
8	10	DB1	H/L	三态数据线
9	11	DB2	H/L	三态数据线
10	12	DB3	H/L	三态数据线
11	13	DB4	H/L	三态数据线
12	14	DB5	H/L	三态数据线
13	15	DB6	H/L	三态数据线
14	16	DB7	H/L	三态数据线
15	—	PSB	H/L	H:8 位或 4 位并口方式,L:串口方式(仅实物模块有)
16		NC	—	空脚(仅实物模块有)
17	17	/RST	H/L	复位端,低电平有效
18	18	VOUT	—	LCD 驱动电压输出端
19	—	A	VDD	背光源正端(+5V)(仅实物模块有)
20		K	VSS	背光源负端(仅实物模块有)
—	1	/CS1	—	片选 1(仅仿真模型有)
—	2	/CS2	—	片选 2(仅仿真模型有)

(2)模块的内部结构

LCD 12864 模块的内部结构如图 3.67 所示。

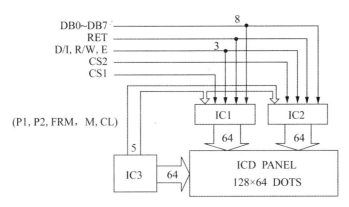

图 3.67　LCD 12864 的内部结构图

　　IC1、IC2 为列驱动器,IC1 控制模块的右半屏,IC2 控制模块的左半屏。IC3 为行驱动器。IC1、IC2、IC3 含有如下主要功能器件:

　　①指令寄存器(IR)。IR 是用来寄存指令码的,与数据寄存器寄存数据相对应。当 D/I＝1 时,在 E 信号下降沿的作用下,指令码写入 IR。

　　②数据寄存器(DR)。DR 是用来寄存数据的,与指令寄存器寄存指令相对应。当 D/I＝1 时,在 E 信号的下降沿作用下,图形显示数据写入 DR,或在 E 信号高电平作用下由 DR 读到 DB7～DB0 数据总线。DR 和 DDRAM 之间的数据传输是模块内部自动执行的。

　　③忙标志(BF)。BF 标志提供内部工作情况。BF＝1 表示模块在进行内部操作,此时模块不接受外部指令和数据;BF＝0 时,模块为准备状态,随时可接受外部指令和数据。

　　利用 STATUS READ 指令,可以将 BF 读到 DB7 总线,从而检验模块的工作状态。

　　④显示控制触发器(DFF)。此触发器用于模块屏幕显示开和关的控制。DFF＝1 为开显示(DISPLAY ON),DDRAM 的内容就显示在屏幕上;DDF＝0 为关显示(DISPLAY OFF)。

　　DDF 的状态是指令 DISPLAY ON/OFF 和 RST 信号控制的。

　　⑤XY 地址计数器。XY 地址计数器是一个 9 位计数器,高 3 位是 X 地址计数器,低 6 位是 Y 地址计数器。XY 地址计数器实际上是作为 DDRAM 的地址指针,X 地址计数器为 DDRAM 的页指针,Y 地址计数器为 DDRAM 的 Y 地址指针。

　　X 地址计数器是没有计数功能的,只能用指令设置。Y 地址计数器具有循环计数功能,各显示数据写入后,Y 地址自动加 1,Y 地址指针从 0 到 63。

　　⑥显示数据 RAM(DDRAM)。DDRAM 是存储图形显示数据的。数据为 1 表示显示选择,数据为 0 表示显示非选择。DDRAM 与地址和显示位置的关系如表 3.39 中的 DDRAM 地址表所示。

表 3.39　　　　　　　　　　　　　　　DDRAM 地址表

Y=	\multicolumn{5}{c}{CS1＝1}					\multicolumn{5}{c}{CS2＝1}					行号
	0	1	...	62	63	0	1	...	62	63	
X＝0	DB0 ↓ DB7	DB0 ↓ DB7	DB0 ↓ DB7	DB0 ↓ DB7	DB0 ↓ DB7	DB0 ↓ DB7	DB0 ↓ DB7	DB0 ↓ DB7	DB0 ↓ DB7	DB0 ↓ DB7	0 ↓ 7
↓	DB0 ↓ DB7	DB0 ↓ DB7	DB0 ↓ DB7	DB0 ↓ DB7	DB0 ↓ DB7	DB0 ↓ DB7	DB0 ↓ DB7	DB0 ↓ DB7	DB0 ↓ DB7	DB0 ↓ DB7	8 ↓ 55
X＝7	DB0 ↓ DB7	DB0 ↓ DB7	DB0 ↓ DB7	DB0 ↓ DB7	DB0 ↓ DB7	DB0 ↓ DB7	DB0 ↓ DB7	DB0 ↓ DB7	DB0 ↓ DB7	DB0 ↓ DB7	56 ↓ 63

　　⑦Z 地址计数器。Z 地址计数器是一个 6 位计数器,此计数器具备循环计数功能,它用于显示行扫描同步。当一行扫描完成时,此地址计数器自动加 1,指向下一行扫描数据,RST 复位后 Z 地址计数器为 0。

　　Z 地址计数器可以用指令 DISPLAY START LINE 预置。因此,显示屏幕的起始行就由此指令控制,即 DDRAM 的数据从哪一行开始显示在屏幕的第一行。此模块的 DDRAM 共 64 行,屏幕可以循环滚动显示 64 行。

　　(3)模块原理说明

　　①RS、R/W 的配合选择决定控制界面的 4 种模式,如表 3.40 所示。

表 3.40　　　　　　　　　　　　　　控制界面的 4 种模式

RS	R/W	功能说明
L	L	MPU 写指令到指令暂存器(IR)
L	H	读出忙标志(BF)及地址计数器(AC)的状态
H	L	MPU 写入数据到数据暂存器(DR)
H	H	MPU 从数据暂存器(DR)中读出数据

　　②E 信号(见表 3.41)

表 3.41　　　　　　　　　　　　　　　　E 信号

E 状态	执行动作	结果
高→低	I/O 缓冲→DR	配合/W 进行写数据或指令
高	DR→I/O 缓冲	配合 R 进行读数据或指令
低/低→高	无动作	—

③显示数据 RAM(DDRAM)。模块内部显示数据 RAM 提供 64×2 个位元组的空间,最多可控制 4 行 16 字(64 个字)的中文字型显示。当写入显示数据 RAM 时,可分别显示 CGROM(字型产生 ROM 提供 8192 个字模)与 CGRAM(自定义字型存储区)的字型。此模块可显示三种字型,分别是半角英文数字型(16×8)、CGRAM 字型及 CGROM 的中文字型,三种字型由在 DDRAM 中写入的编码选择。在 0000H～0006H 的编码中(其代码分别是 0000、0002、0004、0006,共 4 个),将选择 CGRAM 的自定义字型;在 02H～7FH 的编码中,将选择半角英文数字的字型;至于 A1 以上的编码,将自动地结合下一个位元组,组成两个位元组的编码形成中文字型的编码 BIG5(A140～D75F)、GB(A1A0～F7FFH)。

(4)具体指令

①显示开关控制(DISPLAY ON/OFF):

代码	R/W	D/I	DB7	DB6	DB5	DB4	DB3	DB2	DB1	DB0
形式	0	0	0	0	1	1	1	1	1	D

D=1:开显示(DISPLAY ON),即显示器可以进行各种显示操作 。

D=0:关显示(DISPLAY OFF),即不能对显示器进行各种显示操作。

②设置显示起始行(DISPLAY START LINE):

代码	R/W	D/I	DB7	DB6	DB5	DB4	DB3	DB2	DB1	DB0
形式	0	0	1	1	A5	A4	A3	A2	A1	A0

由前面已介绍的 Z 地址计数器的知识,显示起始行是由 Z 地址计数器控制的。A5～A0 的 6 位地址自动送入 Z 地址计数器,起始行的地址可以是 0～63 的任意一行。

例如,选择 A5～A0 是 62,则起始行与 DDRAM 行的对应关系如下:

DDRAM 行:　62　63　0　1　2　3　••••••••••••••••••　28　29

屏幕显示行:　　1　2　3　4　5　6　••••••••••••••••••　31　32

③设置页地址(SET PAGE "X ADDRESS"):

代码	R/W	D/I	DB7	DB6	DB5	DB4	DB3	DB2	DB1	DB0
形式	0	0	1	0	1	1	1	A2	A1	A0

所谓"页地址",就是 DDRAM 的行地址,8 行为 1 页,模块共 64 行即 8 页(见表3.38),A2～A0 表示 0～7 页。读写数据对地址没有影响,页地址由本指令或 RST 信号改变,复位后页地址为 0。页地址与 DDRAM 的对应关系见 DDRAM 地址表。

④设置 Y 地址(SET Y ADDRESS):

代码	R/W	D/I	DB7	DB6	DB5	DB4	DB3	DB2	DB1	DB0
形式	0	0	0	1	A5	A4	A3	A2	A1	A0

此指令的作用是将 A5～A0 送入 Y 地址计数器,作为 DDRAM 的 Y 地址指针。在对 DDRAM 进行读写操作后,Y 地址指针自动加 1,指向下一个 DDRAM 单元。

⑤读状态(STATUS READ)：

代码	R/W	D/I	DB7	DB6	DB5	DB4	DB3	DB2	DB1	DB0
形式	0	1	BF	0	ON/OFF	RET	0	0	0	0

当 R/W＝1,D/I＝0 时,在 E 信号为"H"的作用下,状态分别输出到数据总线(DB7～DB0)的相应位。

BF:前面已介绍过。

ON/OFF:表示 DFF 触发器的状态,前面已介绍过。

RET:RET＝1 表示内部正在初始化,此时组件不接受任何指令和数据。

⑥写显示数据(WRITE DISPLAY DATE)：

代码	R/W	D/I	DB7	DB6	DB5	DB4	DB3	DB2	DB1	DB0
形式	0	1	D7	D6	D5	D4	D3	D2	D1	D0

D7～D0 为显示数据,此指令把 D7～D0 写入相应的 DDRAM 单元,Y 地址指针自动加 1。

⑦读显示数据(READ DISPLAY DATE)：

代码	R/W	D/I	DB7	DB6	DB5	DB4	DB3	DB2	DB1	DB0
形式	1	1	D7	D6	D5	D4	D3	D2	D1	D0

此指令把 DDRAM 的内容 D7～D0 读到数据总线 DB7～DB0,Y 地址指针自动加 1。

(5)读、写操作时序

①LCD 12864 的写操作时序如图 3.68 所示。

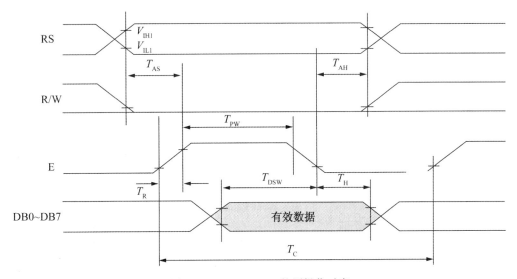

图 3.68　LCD 12864 的写操作时序

②LCD 12864 的读操作时序如图 3.69 所示。

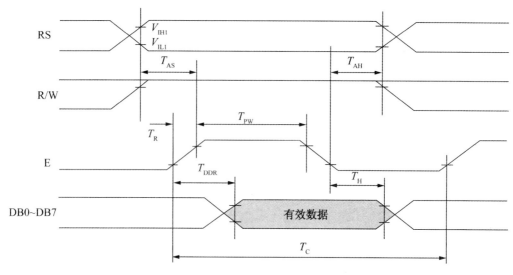

图 3.69　LCD 12864 的读操作时序

③读、写时序参数表(见表 3.42):

表 3.42　　　　　　　　　　　　　　　读、写时序参数表

符号	含义	管脚	最小值	典型值	最大值	单位
写模式						
T_C	使能周期	E	1200	—	—	ns
T_{PW}	使能脉宽	E	140	—	—	ns
T_R,T_F	使能上升/下降时间	E	—	—	25	ns
T_{AS}	地址建立时间	RS,RW,E	10	—	—	ns
T_{AH}	地址保持时间	RS,RW,E	20	—	—	ns
T_{DSW}	数据建立时间	DB0~DB7	40	—	—	ns
T_H	数据保持时间	DB0~DB7	20	—	—	ns
读模式						
T_C	使能周期	E	1200	—	—	ns
T_{PW}	使能脉宽	E	140	—	—	ns
T_R,T_F	使能上升/下降时间	E	—	—	25	ns
T_{AS}	地址建立时间	RS,RW,E	10	—	—	ns
T_{AH}	地址保持时间	RS,RW,E	20	—	—	ns
T_{DDR}	数据延时	DB0~DB7	—	—	100	ns
T_H	数据保持时间	DB0~DB7	20	—	—	ns

3.12.2　LCD 12864 显示实验

(1)实验内容

在 Proteus 环境下搭建如图 3.70 所示的电路图。

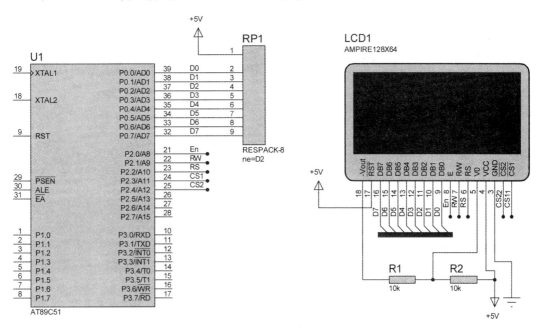

图 3.70　LCD 12864 显示实验电路图

图中所用元器件如表 3.43 所示。

表 3.43　　　　　　　　　　LCD 12864 显示电路中所用元器件

元件编号	元件名称	参数	所在元件库类名	子类名	生产厂家
U1	AT89C51		Microprocessor ICs 微处理器	8051 Family 8051 家族	Atmel
LCD1	AMPIRE 128×64		Optoelectronic 光电器件	Graphical LCDs 图形 LCD	
RP1	RESPACK-8		Resistors 电阻	Resistors Packs 排阻	
R1,R2	RES	10kΩ	Resistors 电阻	Generic 通用	

(2)控制要求

本实验控制程序运行时,能够用 LCD 12864 显示"山大电工电子中心"几个汉字,并实现从下向上滚屏移动所显示内容,如图 3.71 所示。

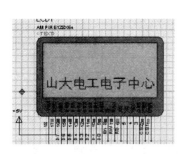 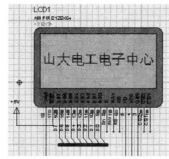 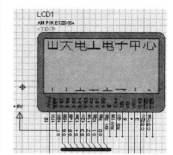

图 3.71　LCD 12864 滚屏显示效果

(3)控制程序

```
/ *********************** 必要的变量定义 *********************/
#include ⟨reg51. h⟩
#include ⟨intrins. h⟩
# define uint unsigned int
# define uchar unsigned char
# define DATA P0
sbit RS＝P2^2;
sbit RW＝P2^1;
sbit EN＝P2^0;
sbit cs1＝P2^3;
sbit cs2＝P2^4;
/ *********************** 定义字库 **************************/
uchar code Hzk[]＝{

0x00,0x00,0xF0,0x00,0x00,0x00,0x00,0xFF,0x00,0x00,0x00,0x00,0xF0,0x00,
0x00,0x00 ,0x00,0x00,0x3F,0x20,0x20,0x20,0x20,0x3F,0x20,0x20,0x20,0x20,
0x7F,0x00,0x00,0x00 ,//"山",0

0x20,0x20,0x20,0x20,0x20,0x20,0x20,0xFF,0x20,0x20,0x20,0x20,0x20,0x20,
0x20,0x00 ,0x80,0x80,0x40,0x20,0x10,0x0C,0x03,0x00,0x03,0x0C,0x10,0x20,
0x40,0x80,0x80,0x00 ,//"大",1

0x00,0x00,0xF8,0x88,0x88,0x88,0x88,0xFF,0x88,0x88,0x88,0x88,0xF8,0x00,
0x00,0x00 ,0x00,0x00,0x1F,0x08,0x08,0x08,0x08,0x7F,0x88,0x88,0x88,0x88,
0x9F,0x80,0xF0,0x00 ,//"电",2

0x00,0x04,0x04,0x04,0x04,0x04,0x04,0xFC,0x04,0x04,0x04,0x04,0x04,0x04,
0x00,0x00 ,0x20,0x20,0x20,0x20,0x20,0x20,0x20,0x3F,0x20,0x20,0x20,0x20,
```

0x20,0x20,0x20,0x00 ,//"工",3

0x00,0x00,0xF8,0x88,0x88,0x88,0x88,0xFF,0x88,0x88,0x88,0x88,0xF8,0x00,
0x00,0x00 ,0x00,0x00,0x1F,0x08,0x08,0x08,0x08,0x7F,0x88,0x88,0x88,0x88,
0x9F,0x80,0xF0,0x00 ,//"电",4

0x80,0x82,0x82,0x82,0x82,0x82,0x82,0xE2,0xA2,0x92,0x8A,0x86,0x82,0x80,
0x80,0x00 ,0x00,0x00,0x00,0x00,0x00,0x40,0x80,0x7F,0x00,0x00,0x00,0x00,
0x00,0x00,0x00,0x00 ,//"子",5

0x00,0x00,0xF0,0x10,0x10,0x10,0x10,0xFF,0x10,0x10,0x10,0x10,0xF0,0x00,
0x00,0x00 ,0x00,0x00,0x0F,0x04,0x04,0x04,0x04,0xFF,0x04,0x04,0x04,0x04,
0x0F,0x00,0x00,0x00 ,//"中",6

0x00,0x00,0x80,0x00,0x00,0xE0,0x02,0x04,0x18,0x00,0x00,0x00,0x40,0x80,
0x00,0x00 ,0x10,0x0C,0x03,0x00,0x00,0x3F,0x40,0x40,0x40,0x40,0x40,0x78,
0x00,0x01,0x0E,0x00};//"心",7

```c
/***********************延时子程序 ************************/
void delay(uint xms)
{
uint i,j;
for(i=xms;i>0;i——)
    for(j=110;j>0;j——);
}
/*******************LCD忙检查子程序 ********************/
void CheckState()
{
uchar dat;
RS=0;
RW=1;
do {
DATA=0x00;
EN=1;
_nop_();
dat=DATA;
EN=0;
dat=0x80&dat;   //检查忙信号
}while(!(dat==0x00));  //当忙信号为 0 时才可继续操作
```

```
}
/******************写命令子程序*******************/
void SendCommandToLCD(uchar com)
{
CheckState();
RS=0;  //写命令
RW=0;
DATA=com;
EN=1;  //利用EN下降沿完成命令写操作
_nop_();
_nop_();
EN=0;
}
void SetLine(uchar page)    //设置页码,页码为0~7
{
page=0xb8|page;
SendCommandToLCD(page);
}
void SetStartLine(uchar startline)   //设置起始行,行号为0~63
{
startline=0xc0|startline;
SendCommandToLCD(startline);
}
void SetColumn(uchar column)    //设置列,列号为0~63
{
column=column&0x3f;
column=0x40|column;
SendCommandToLCD(column);
}
void SetOnOff(uchar onoff)    //开关显示屏,onoff只能为0或1
{
onoff=0x3e|onoff;
SendCommandToLCD(onoff);
}
void WriteByte(uchar dat)   //写数据
{
CheckState();
RS=1;
```

```
RW=0;
DATA=dat;
EN=1;
_nop_();
_nop_();
EN=0;
}
void SelectScreen(uchar screen)    //选屏,screen=0,1,2
{
switch(screen)
{
  case 0:cs1=0;   //全屏显示
          _nop_();
          _nop_();
          _nop_();
          cs2=0;
          _nop_();
          _nop_();
          _nop_();
          break;
  case 1:cs1=0;   //左屏显示
          _nop_();
          _nop_();
          _nop_();
          cs2=1;
          _nop_();
          _nop_();
          _nop_();
          break;
  case 2:cs1=1;   //右屏显示
          _nop_();
          _nop_();
          _nop_();
          cs2=0;
          _nop_();
          _nop_();
          _nop_();
          break;
```

```
    }
    }
void ClearScreen(uchar screen)    //清屏,screen=0,1,2
{
uchar i,j;
SelectScreen(screen);
for(i=0;i<8;i++)
{
    SetLine(i);
  SetColumn(0);
  for(j=0;j<64;j++)
  {
    WriteByte(0x00);    //写数据列地址将自动加1
  }
}
}
```

/ ***********************初始化子程序 ***********************/
```
void InitLCD()
{
CheckState();
SelectScreen(0);
SetOnOff(0);    //关屏
SelectScreen(0);
SetOnOff(1);    //开屏
SelectScreen(0);
ClearScreen(0); //清屏
SetStartLine(0);    //开始行为0
}
```

/ ***********************显示全角汉字 ***********************/
```
void Display(uchar ss,uchar page,uchar column,uchar number)
{
int i;
SelectScreen(ss);    //ss 为屏号
column=column&0x3f; //column 为列号
SetLine(page);    //page 为页号,显示第 number 个汉字的上半部分,
                //page 可理解为要显示的汉字位于屏幕的第 page 行
SetColumn(column);
for(i=0;i<16;i++)    //i 为一个字里面的各个列
```

```
{
    WriteByte(Hzk[i+32 * number]);   //number 为字号,
                                     //取第 number 个汉字的第 i 列数据编
                                     //码值
}
SetLine(page+1);   //显示第 number 个汉字的下半部分
SetColumn(column);
for(i=0;i<16;i++)
{
    WriteByte(Hzk[i+32 * number+16]);//取第 number 个汉字的下半部分
                                     //第 i 列数据编码值
}
}
/ ************************ 主程序 ***************************/
void main()
{
uint i;
InitLCD();
ClearScreen(0);
while(1)
{
    for(i=0;i<128;i++)
    {
        SetStartLine(i);
        Display(1,0,0 * 16,0);   //显示第 0 号字,"山"
        Display(1,0,1 * 16,1);   //显示第 1 号字,"大"
        Display(1,0,2 * 16,2);   //显示第 2 号字,"电"
        Display(1,0,3 * 16,3);   //显示第 3 号字,"工"
        Display(2,0,4 * 16,4);   //显示第 4 号字,"电"
        Display(2,0,5 * 16,5);   //显示第 5 号字,"子"
        Display(2,0,6 * 16,6);   //显示第 6 号字,"中"
        Display(2,0,7 * 16,7);   //显示第 7 号字,"心"
        SelectScreen(0);
        delay(50);
    }
}
}
```

（4）实验步骤

①根据上述实验内容，参考1.2.2，在 Proteus 环境下建立图3.70所示原理图，并将其保存为"LCD12864.DSN"文件。

②根据（2）和（3）画出流程图，并编写源程序，将其保存为"LCD12864.c"。

③运行 Keil μVision2，按照1.1.3节介绍的方法建立工程"LCD12864.uV2"，CPU 为 AT89C51，包含启动文件"STARTUP.A51"。

④按照1.2.2节第（6）部分介绍的方法将 C 语言源程序"LCD12864.c"加入工程"LCD12864.uV2"，并设置工程"LCD12864.uV2"的属性，将其晶振频率设置为12MHz，选择输出可执行文件，仿真方式为"选择硬仿真"，并选择其中的"PROTEUS VSM MO-NITOR 51 DRIVER"仿真器。

⑤构造（Build）工程"LCD12864.uV2"。如果输入有误，则进行修改，直至构造正确，生成可执行程序"LCD12864.hex"为止。

⑥为 AT89C51 设置可执行程序"LCD12864.hex"。

⑦运行程序，观察运行结果，并验证其是否正确。

（5）实验作业

①分析源程序并进行注释。

②记录实验过程。

③记录程序运行结果。

④尝试实现从下向上滚屏。

第4章　硬件接口实验

4.1　UP-MODOULE-MCU 模块化单片机
教学科研平台简介

本实验箱采用母板+子板两层架构,如图 4.1 所示。

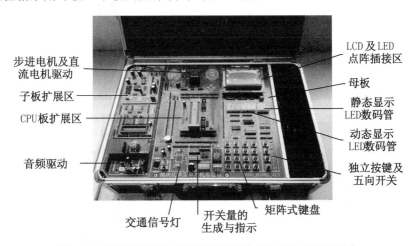

图 4.1　UP-MODOULE-MCU 模块化单片机教学科研平台

除了常用的键盘、显示、开关量的产生、开关量的指示、直流电机、步进电机、继电器输出,音频放大,RS232 接口等常用电路集成于母板上,其他的 CPU、PIO(并行 I/O)、AD&DA、RTC、I²C、传感器、通信、信号发生器、MP3 及语音录放等所有其他功能模块均通过扩展子板实现。这种结构导致了本实验箱的全模块化特点。

本实验箱所有功能模块的控制信号线均采用开放式杜邦线连接,一方面保证了电路连接的自由性,便于用户设计自己的硬件连接方案;另一方面锻炼了用户的实践动手能力。

由于具有模块化及开放式连接特点,可以通过更换接口统一的 CPU 子板,使得本实验箱能够支持 MCS-51 系列(包括兼容的 STC 系列)单片机、Atmel 公司的 AVR 系列、ARM Cortex-M3 内核的 STM32 系列多种单片机实验。一套实验箱,支持多款单片机,节约了用户投资,提高了实验箱的性价比。

目前所提供的与本书有关的实验箱子板种类如表 4.1 所示。

表 4.1　　　　　　　　UP-MODOULE-MCU 模块化单片机教学科研平台子板

子板名称	功能描述	板图
CPU-51	MCS-51 单片机最小系统板,板上具有看门狗复位,晶振,下载接口,总线接口等电路	
PIO	并行 I/O 扩展子板,板上具有 74LS373 扩展并行输入输出,74LS164/165 串行扩展并行输入,8255 可编程扩展并行输入输出	
RTC	实时时钟(RTC)扩展子板,板上具有 12887 实时时钟芯片	
AD&DA	模数(A/D)及数模(D/A)转换子板,板上有 ADC0809,DAC0832 芯片	
Memory	存储器扩展子板,板上有 512kbits EEP-ROM W27C512, 256kbits SRAM 62256	

续表

子板名称	功能描述	板图
I²C	I²C 接口扩展子板,板上有串行 8 位 A/D芯片 TLC549,串行 10 位 D/A 芯片 TLC5615,串行 RTC 芯片 PCF8563,串行扩展并行 I/O 芯片 PCF8574,2kbits 串行 EEPROM 24C02	
Sensors	传感器扩展子板,板上有温度传感器 18B20,温湿度传感器 DHT11,红外对管传感器,反射式红外模块,并配有灵活的传感器模块扩展区,目前提供的传感器模块有超声波传感器模块,热释电传感器模块	
Recorder	语音录放扩展子板,板上有 ISD1760 语音录放芯片,并配有外部音频输入输出和板上麦克风	
MP3	MP3 播放子板,板上有 VS1003 MP3 解码芯片,板上 MIC,耳机及喇叭输出,SD 卡插槽(最大支持 2G SD 卡)	
Communication	通信子板,板上有 RS485 接口芯片,CAN 总线管理芯片 SJA1000	
USB	USB Host 与 USB Device 扩展子板,板上有 CH375 芯片	

续表

子板名称	功能描述	板图
Ethernet	以太网扩展子板,板上有以太网管理芯片 W5100	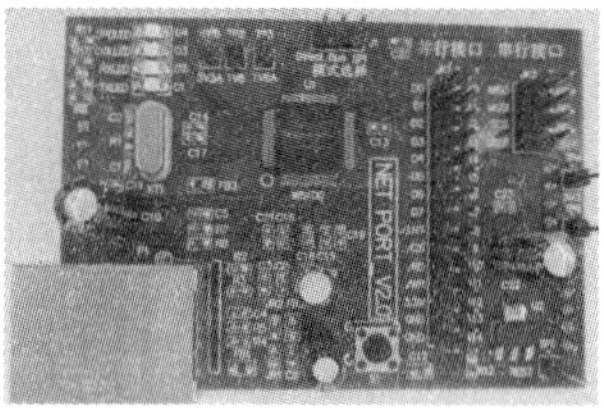
Wireless	无线通信子板,板上可插接 PT2272 芯片与 PT2262 构成无线遥控器,nRF2401 2.4G 无线发射与接收模块	
3G	3G 通信子板,板上可插接华为 3G 模块 MG323,实现短信收发,GPRS 无线网络数据通信功能	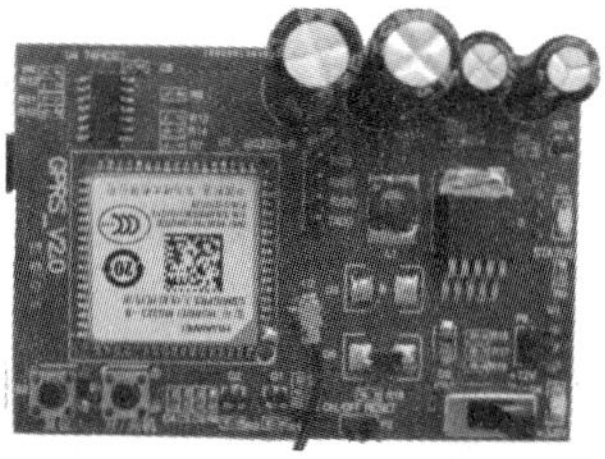
WAVE	信号发生器子板,板上有 555 脉冲与锯齿波发生电路,ICL8038 多波段方波、三角波与正弦波信号发生电路,信号频率为 25Hz～20kHz	
DDS	DDS 扩展子板,板上有可编程正弦波、方波信号生成 DDS 芯片 A/D9850	
RFID	高频 RFID 读写器扩展子板,板上有 MF RC500 读写器芯片及其辅助电路	

4.2　按键声光报警实验

4.2.1　实验内容

本实验练习静态按键识别,发光二极管驱动,以及外部中断的使用方法,实验原理如图 4.2 所示。

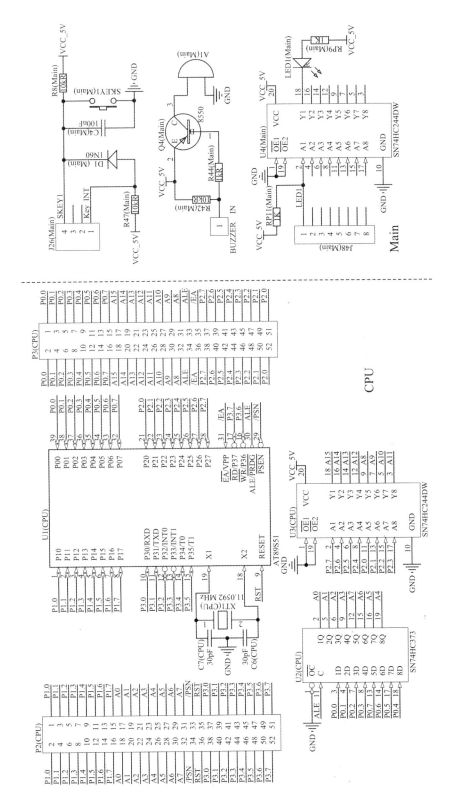

图4.2　按键声光报警实验原理图

本实验用到母板（MAIN_BOARD）和 CPU 板（CPU_CORE_BOARD）两个电路模块。声光报警及按键电路均来自于母板，核心控制信号由 CPU 板产生。

本实验用到的这两个电路模块中的电路尽量集中在了一起，并用虚线分开，为了区分不同板子中相同编号的元件，在图中相应元件编号后面用括号里面的内容表示该元件所在的板子的名称，如 C1(MAIN)表示母板中的电容 C1。

CPU 板的原理在图 4.2 中比较详细地表示了出来。由图可见，CPU 板的控制信号外部接口全部都集中在了 P2 和 P3 两个连线端上，因此，以后所有实验只画出 CPU 板的 P2 和 P3 这两个连接端子，不再给出完整的 CPU 板电路图。

因 MCS-51 的 I/O 引脚驱动能力比较弱，无法直接点亮报警灯［如：LED1(Main)］，因此报警灯信号（由 J48(Main)的 1 号引脚提供）需经过驱动芯片 U4(Main)74HC244 之后再连接 LED1(Main)。

本实验的功能要求为：利用外部硬件中断，按键 SKEY1(Main)按下一次产生一次外部中断，在中断服务程序里将计数器加 1，并使发光二极管的闪烁次数和蜂鸣器的鸣响次数和计数器的数值相一致。当计数器计数到 10 时，再次按下按键 SKEY1(Main)计数器将重新从 1 开始计（即计数器的值在 1～10 之间变化）。

注意：读者理解电路工作原理时一定要结合后面的连线关系表。后面所有实验与此类同，不再重复解释。

4.2.2　连线关系

实验中端子连接关系如表 4.2 所示。

表 4.2　　　　　　　　　　　　按键声光报警实验连接关系

线序号	线端 A 插接位置		线端 B 插接位置	
	开发板	端子	开发板	端子
S1	MAIN_BOARD	J26:SKEY1	CPU_CORE_51	P2:P3.2
S2	MAIN_BOARD	J48:LED1	CPU_CORE_51	P2:P3.0
S3	MAIN_BOARD	BUZZER_IN	CPU_CORE_51	P2:P3.1
S4	MAIN_BOARD	J26:Key_INT	CPU_CORE_51	P2:P3.2

注：S1～S4 表示的是单线杜邦线，以下类同不再解释。

4.2.3　程序流程图(见图 4.3)

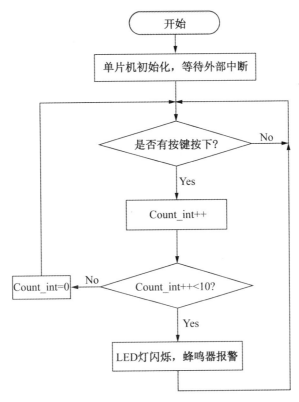

图 4.3　按键声光报警实验流程图

4.2.4　实验步骤

(1)关掉实验箱电源。将 CPU 板插接在 JK1,JK2 上(注意 CPU 板的插接方向,即:CPU 板缺角在右上方)。按照表 4.2 将硬件连接好,并核对连接是否正确。

(2)在仿真器断电情况下将仿真器的仿真头插在 CPU 板的 CPU 插座上(在插入仿真头或 CPU 芯片之前,应先将缩紧杆抬起,如图 4.4(a)所示,然后将仿真头或 CPU 芯片插入之后,再按下缩紧杆,将仿真头或 CPU 芯片缩紧。同时,一定要注意仿真头的插接方向,仿真头的 1 号引脚对应 DIP40 缩紧插座锁杆所在的位置,即插座 1 号引脚的位置,如图 4.4(b)所示,图中排线最上端的红色粗线,也就是仿真头的 1 号引脚标示。同样,在下载模式下,缩紧插座位置需要插接 51 单片机 CPU 芯片,芯片缺口也要朝向锁杆所在的方向,如图 4.4(c)所示(这一点,初学者应特别注意,方向弄反的话,将有可能将仿真器或 CPU 芯片烧坏)。将仿真器与 PC 机的通信口(如 USB)连接好之后,打开实验箱及仿真器的电源。

(a)DIP40 缩紧插座　　　　(b)仿真头插入示意图　　　(c)CPU 芯片插入示意图

图 4.4　仿真器与芯片插接方向示意图

（3）运行 Keil μVision2 开发环境，建立工程"int0_c.uV2"，CPU 为 AT89S51，包含启动文件"STARTUP.A51"。

（4）按照实验功能要求创建源程序"int0.c"，将其加入到工程"int0_c.uV2"，并设置工程"int0_c.uV2"的属性，将其晶振频率设置为 11.0592MHz，选择输出可执行文件，DEBUG 方式选择"硬件 DEBUG"，并选择其中的"WAVE V series MCS51 Driver"仿真器。

（5）构造（Build）工程"int0_c.uV2"。如果编程有误，则进行修改，直至构造正确为止。

（6）运行程序，按下主板上的 SKEY1 按键，观察每次按键按下时主板上的发光二极管 LED1 的闪烁和蜂鸣器 A1 响的次数，是否符合程序要求。若不符合要求，分析出错原因，继续重复步骤（4）（5），直至结果正确。

4.2.5　实验作业

（1）总结 C 语言实现中断控制及中断服务的方法。

（2）尝试利用汇编语言编程实现程序中的相同功能。

4.3　74LS373 并口扩展实验

4.3.1　实验内容

本实验利用 74LS373 锁存器实现并行 I/O 扩展功能，实验原理如图 4.5 所示。

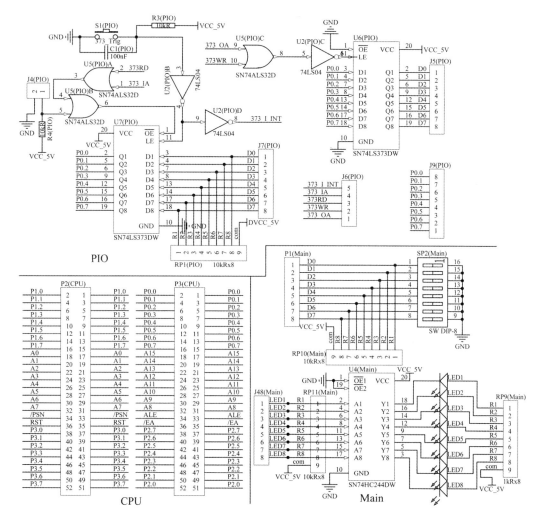

图 4.5　74LS373 扩展 I/O 实验原理图

本实验用到母板(MAIN_BOARD)、CPU 板(CPU_CORE_BOARD)和 PIO 板(PIO)三个电路模块。

其中母板电路用于提供开关量的输入(由 SP2(Main)DIP 开关提供,各拨码开关置于 ON 状态,相应的信号线为低电平,置于 OFF 状态,相应的信号线为高电平)和开关量的输出指示(LED1~LED8 的亮灭表示了 J48(Main)接线端子上输入信号的高低电平,LED 亮表示输入为低电平,灭表示输入为高电平)。

PIO 子板的 U6(PIO)和 U7(PIO)两个 74LS373 锁存器提供并行输出口和并行输入口扩展电路。并行输入电路中具有输入触发 S1(PIO)按钮与中断生成电路,用于在用户改变相应的输入信号后,点击 S1(PIO)锁存相应输入,并以中断方式告知 CPU。CPU 通过读取 U7(PIO)的地址即可读取该输入信号。

本实验中 CPU 板仍用于提供各种控制信号线。

本实验的功能要求为:利用 U7(PIO)74LS373 扩展输入 I/O 电路读取 DIP 开关状

态,然后再利用 U6(PIO)74LS373 扩展输出 I/O 电路,并将其输出利用发光二极管指示出来。当 DIP 开关 SP2(Main)某一位上的开关打在 ON 状态,对应位上的发光二极管亮,DIP 开关 SP2(Main)某一位上的开关打在 OFF 状态,对应位上的发光二极管灭。

4.3.2　连线关系

实验中端子连接关系如表 4.3 所示。

表 4.3　　　　　　　　　　74LS373 并口扩展实验连接关系

线序号	线端 A 插接位置		线端 B 插接位置	
	开发板	端子	开发板	端子
S1	CPU_CORE_51	P2;P3.7	PIO	J6;373RD
S2	CPU_CORE_51	P2;P3.6	PIO	J6;373WR
S3	CPU_CORE_51	P2;P3.2	PIO	J6;373_I_INT
S4	CPU_CORE_51	P3;A8	PIO	J6;373_OA
S5	CPU_CORE_51	P3;A8	PIO	J6;373_IA
P1	CPU_CORE_51	P3;P0.0～P0.7	PIO	J9;P0.0～P0.7
P2	MAIN_BOARD	P1;D0～D7	PIO	J7;D0～D7
P3	MAIN_BOARD	J48;LED1～LED8	PIO	J5;D0～D7
PIO		J4:用短路帽短接		

注:P1～P3 表示的是 8 线杜邦排线,以下类同不再解释。

4.3.3　程序流程图(见图 4.6)

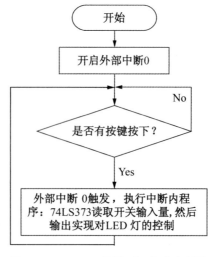

图 4.6　74LS373 扩展 I/O 实验流程图

4.3.4 编程注意事项

输入扩展 74LS373 和输出扩展 74LS373 的地址同时连接到地址线 A8 上,因此二者具有相同的地址(FE00H),CPU 对该地址的读操作读取的是输入 74LS373 锁存的值,对该地址的写操作时将数据写到输出 74LS373,并通过输出发光二极管 LED1~LED8 指示出来。

4.3.5 实验步骤

(1)关掉实验箱电源。将 CPU 板插接在 JK1,JK2 上,PIO 扩展版插接在子板扩展区插槽上。按照表 4.3 将硬件连接好。将 PIO 子板 J4 跳线短路,使能其 74LS373 输入扩展。

(2)在仿真器断电情况下将仿真器的仿真头插在 CPU 板的 CPU 插座上。将仿真器与 PC 机的通信口连接好,打开实验箱及仿真器的电源。

(3)运行 Keil μVision2 开发环境,建立工程"PIO373_c.uV2",CPU 为 AT89S51,包含启动文件"STARTUP.A51"。

(4)按照实验功能要求创建源程序"PIO373.c",将其加入到工程"PIO373_c.uV2",并设置工程"PIO373_c.uV2"的属性,将其晶振频率设置为 11.0592MHz,选择输出可执行文件,DEBUG 方式选择"硬件 DEBUG",并选择其中的"WAVE V series MCS51 Driver"仿真器。

(5)构造(Build)工程"PIO373_c.uV2"。如果编程有误,则进行修改,直至构造正确为止。

(6)运行程序,按下 PIO 板上的 S1 按键,观察每次按键按下时主板上的发光二极管 LED1~LED8 指示的状态是和主板上的 DIP 开关状态一致,若不一致,分析出错原因,继续重复步骤(4)(5),直至结果正确。

4.3.6 实验作业

(1)总结 74LS373 锁存方式扩展并行 I/O 的实现方法。
(2)分析本程序中 I/O 扩展器件地址分配方法。

4.4 74LS164 及 74LS165 扩展并行 I/O 口实验

4.4.1 实验内容

本实验利用 74LS164/165 串并转换器件以及 MCS-51 单片机的串行口方式 0 实现并行 I/O 扩展功能。实验原理如图 4.7 所示。

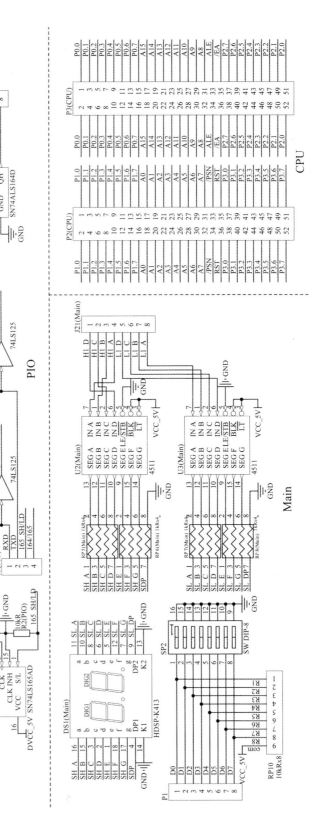

图4.7　74LS164/165扩展并行I/O口实验原理图

本实验用到母板(MAIN_BOARD)、CPU 板(CPU_CORE_BOARD)和 PIO 板(PIO)三个电路模块。

其中母板实现并行开关信号的产生(由 DIP 开关 SP2 实现)和静态 LED 数码管的数据显示。J21(Main)输入的信号会经过 U2(Main)和 U3(Main)两个 BCD 码到 LED 数码管显示码的转换器件 CD4511(关于 CD4511 的工作原理,请读者参考其用户手册)的转换在两位数码管 DS1(Main)上显示出来,高四位显示在左边数码管上,低四位显示在右边数码管上。

图中 PIO 板上的 U4(PIO)74LS164 和 U1(PIO)74LS165 用于实现串并转换(即:利用串行口实现 8 位并行输出口的扩展)和并串转换(即:利用串行口实现 8 位并行输入口的扩展)。U2(PIO)和 U3(PIO)构成的逻辑电路用于控制 74LS164 和 74LS165 分时使用串行口信号线 TXD 和 RXD,防止 74LS164 和 74LS165 间的相互干扰。J3 上的 164/165 信号线用于选择当前使用的是 74LS164 还是 74LS165,低电平时使用 74LS165,高电平时使用 74LS164,默认状态为低电平,即电路平时处于接收状态。J3 上的 165_SH/LD 信号线用于实现对 74LS165 并口数据加载和移位控制,低电平为数据加载,高电平为数据移位,默认状态为低电平,即 74LS165 并口数据随时都会加载到 74LS165 内。

实验功能要求:将 DIP 开关 SP2(Main)上的高 4 位二进制码显示在静态 LED 数码管 DS1(Main)的高位字符上,DIP 开关 SP2(Main)上的低 4 位二进制码显示在静态 LED 数码管 DS1(Main)的低位字符上。DIP 拨码开关更改 ON 或 OFF 状态时,能够在静态 LED 上实时显示出改变后的结果来。

4.4.2　连线关系

实验中端子连接关系如表 4.4 所示。

表 4.4　　　　　　　74LS164 及 74LS165 扩展并行 I/O 口实验连接关系

线序号	线端 A 插接位置		线端 B 插接位置	
	开发板	端子	开发板	端子
S1	CPU_CORE_51	P2:P3.0	PIO	J3:RXD
S2	CPU_CORE_51	P2:P3.1	PIO	J3:TXD
S3	CPU_CORE_51	P2:P1.0	PIO	J3:164/165
S4	CPU_CORE_51	P2:P1.1	PIO	J3:165_SH/LD
P1	MAIN_BOARD	J21:H1D-H1A,L1D-L1A	PIO	J2:164_QH-164_QA
P2	MAIN_BOARD	P1:D7-D0	PIO	J1:165_H-165_A

4.4.3 程序流程图(见图 4.8)

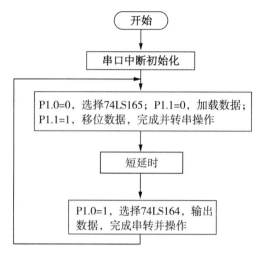

图 4.8 74LS164/165 扩展并行 I/O 口实验流程图

4.4.4 实验步骤

(1)关掉实验箱电源。将 CPU 板插接在 JK1,JK2 上。PIO 扩展版插接在子板扩展区插槽上。按照表 4.4 将硬件连接好。

(2)在仿真器断电情况下将仿真器的仿真头插在 CPU 板的 CPU 插座上。将仿真器与 PC 机的通信口连接好,打开实验箱及仿真器的电源。

(3)运行 Keil μVision2 开发环境,建立工程"PIO164_165_c.uV2",CPU 为 AT89S51,包含启动文件"STARTUP.A51"。

(4)按照实验功能要求(注意初始化时将 P1.0,P1.1 设置为低电平,并将串行口设置为方式 0)创建源程序"PIO164_165.c",将其加入到工程"PIO164_165_c.uV2",并设置工程"PIO164_165_c.uV2"的属性,将其晶振频率设置为 11.0592MHz,选择输出可执行文件,DE-BUG 方式选择"硬件 DEBUG",并选择其中的"WAVE V series MCS51 Driver"仿真器。

(5)构造(Build)工程"PIO164_165_c.uV2"。如果编程有误,则进行修改,直至构造正确为止。

(6)运行程序,更改 DIP 开关 SP2(MAIN)的开关状态,将 P1.1 设置为高电平,等串口输入完成后(查询或中断方式),读取该串口数据,更改 P1.0 为高电平,将该数据通过串行口发送出去,观察 DS1(MAIN)上的显示状态和 DIP 开关的状态是否一致。若不一致,分析出错原因,继续重复步骤(4)(5),直至结果正确。

4.4.5 实验作业

(1)总结 51 单片机串口方式 0 的工作原理,及利用 74LS164,74LS165 扩展并行 I/O 的实现方法,以及本实验中二者的分时控制实现方法。

(2)总结静态 LED 的驱动方法。

4.5　8255 扩展 I/O 口及交通信号灯控制实验

4.5.1　实验内容

本实验利用 8255 实现扩展可编程的并行 I/O 口功能，并利用其完成交通信号灯控制。实验原理如图 4.9 所示。

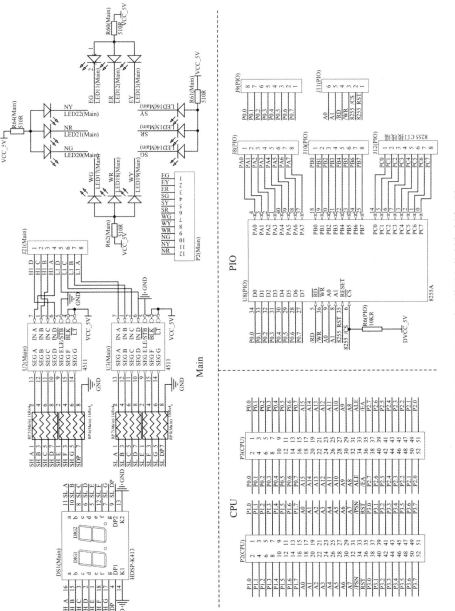

图4.9　8255扩展I/O口及交通信号灯控制实验原理图

本实验用到母板(MAIN_BOARD)、CPU 板(CPU_CORE_BOARD)和 PIO 板(PIO)三个电路模块。

其中母板实现 2 位静态 LED 数码管的显示(本实验用于倒计时显示),显示内容由 J21(Main)提供,所提供的内容为压缩 BCD 码(即:高 4 位表示一个 BCD 码,低 4 位表示一个 BCD 码)和交通灯的信号指示。图中用发光二极管表示信号灯,其中 EG(代表东向绿灯)、EY(代表东向黄灯)、ER(代表东向红灯)、SG(代表南向绿灯)、SY(代表南向黄灯)、SR(代表南向红灯)、WG(代表西向绿灯)、WY(代表西向黄灯)、WR(代表西向红灯)、NG(代表北向绿灯)、NY(代表北向黄灯)、NR(代表北向红灯)。交通灯的指示信号由 P2(Main)提供。

PIO 板上的 8255 提供可编程的并行 I/O 口扩展功能。利用 8255 的 PA[0..5]口控制东西方向的信号灯,PB[0..5]口控制南北方向的信号灯,PC 口用于实现静态 LED 数码管的显示信号,实现信号倒计时显示。这些端口都是输出端口。

本实验的功能要求:使各个方向的信号灯按如图 4.10 所示的时序进行控制。

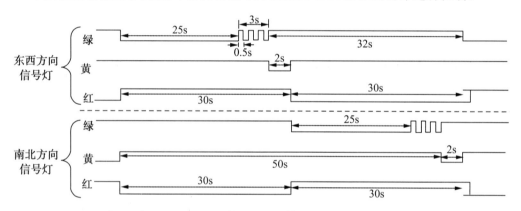

图 4.10　8255I/O 扩展及交通信号灯控制实验时序

其中信号为低电平,表示该信号所驱动的发光二极管亮,为低电平表示该信号所驱动的发光二极管灭。

倒计时数码管高位用于东西方向,低位用于南北方向。在红灯信号亮时最后 9 秒钟进行倒计时(剩余 9 秒钟时显示 9,剩余 8 秒钟时显示 8,每过 1 秒钟减 1,直到减到 0,红灯熄灭相应的倒计时器也将灭掉)。

注意:本实验中的东西方向信号灯同步控制,南北方向信号灯同步控制,即:东西方向上同种颜色的灯同时亮或灭,南北方向上同种颜色的灯同时亮或灭。程序中的延时 1 秒钟,可以利用纯软件延时实现,也可以结合定时器加软件计数方式实现。

4.5.2　连线关系

实验中端子连接关系如表 4.5 所示。

表 4.5　　　　　　　　8255 扩展 I/O 口及交通信号灯控制实验连接关系

线序号	线端 A 插接位置		线端 B 插接位置	
	开发板	端子	开发板	端子
S1	CPU_CORE_51	P2:A0	PIO	J11:A0
S2	CPU_CORE_51	P2:A1	PIO	J11:A1
S3	CPU_CORE_51	P2:P3.7	PIO	J11:/RD
S4	CPU_CORE_51	P2:P3.6	PIO	J11:/WR
S5	CPU_CORE_51	P3:A15	PIO	J11:/CS
S6	CPU_CORE_51	P2:RST	PIO	J11:RST
P1	CPU_CORE_51	P3:P0.0~P0.7	PIO	J9:P0.0~P0.7
S7	MAIN_BOARD	P2:北红	PIO	J8:PA0
S8	MAIN_BOARD	P2:北黄	PIO	J8:PA1
S9	MAIN_BOARD	P2:北绿	PIO	J8:PA2
S10	MAIN_BOARD	P2:西红	PIO	J8:PA3
S11	MAIN_BOARD	P2:西黄	PIO	J8:PA4
S12	MAIN_BOARD	P2:西绿	PIO	J8:PA5
S13	MAIN_BOARD	P2:南红	PIO	J10:PB0
S14	MAIN_BOARD	P2:南黄	PIO	J10:PB1
S15	MAIN_BOARD	P2:南绿	PIO	J10:PB2
S16	MAIN_BOARD	P2:东红	PIO	J10:PB3
S17	MAIN_BOARD	P2:东黄	PIO	J10:PB4
S18	MAIN_BOARD	P2:东绿	PIO	J10:PB5
P2	MAIN_BOARD	J21:L1A~L1D H1A~H1D	PIO	J12:PC0~PC7

4.5.3　程序流程图(见图 4.11)

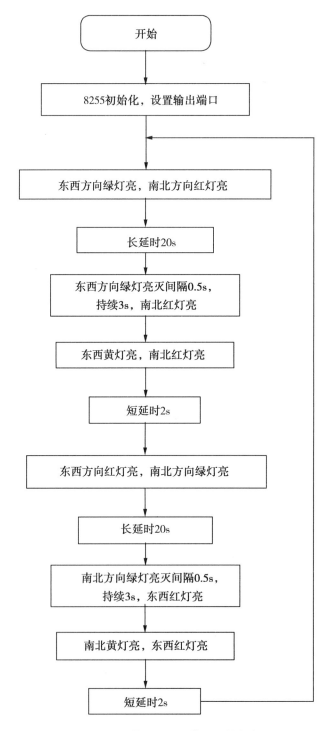

图 4.11　8255I/O 口扩展及交通信号灯控制实验流程图

4.5.4　实验步骤

(1)关掉实验箱电源。将 CPU 板插接在 JK1,JK2 上。PIO 扩展版插接在子板扩展区插槽上。按照表 4.5 将硬件连接好。

(2)在仿真器断电情况下将仿真器的仿真头插在 CPU 板的 CPU 插座上。将仿真器与 PC 机的通信口连接好,打开实验箱及仿真器的电源。

(3)运行 Keil μVision2 开发环境,建立工程"PIO8255_trafic_c.uV2",CPU 为 AT89S51,包含启动文件"STARTUP.A51"。

(4)按照实验功能要求创建源程序"PIO8255_trafic.c",将其加入到工程"PIO8255_trafic_c.uV2",并设置工程"PIO8255_trafic_c.uV2"的属性,将其晶振频率设置为 11.0592MHz,选择输出可执行文件,DEBUG 方式选择"硬件 DEBUG",并选择其中的"WAVE V series MCS51 Driver"仿真器。

(5)构造(Build)工程"PIO8255_trafic_c.uV2"。如果编程有误,则进行修改,直至构造正确为止。

(6)运行程序,观察交通灯状态切换以及倒计时器的显示是否符合程序要求。若不符合,分析出错原因,继续重复步骤(4)(5),直至结果正确。

4.5.5　实验作业

(1)总结 51 单片机利用可编程 I/O 扩展芯片 8255 的使用方法。
(2)总结 51 单片机延时控制方法。

4.6　7279 键盘扫描及动态 LED 显示实验

4.6.1　实验内容

本实验利用 7279 进行键盘扫描及动态 LED 数码管显示控制。实验原理如图4.12 所示。

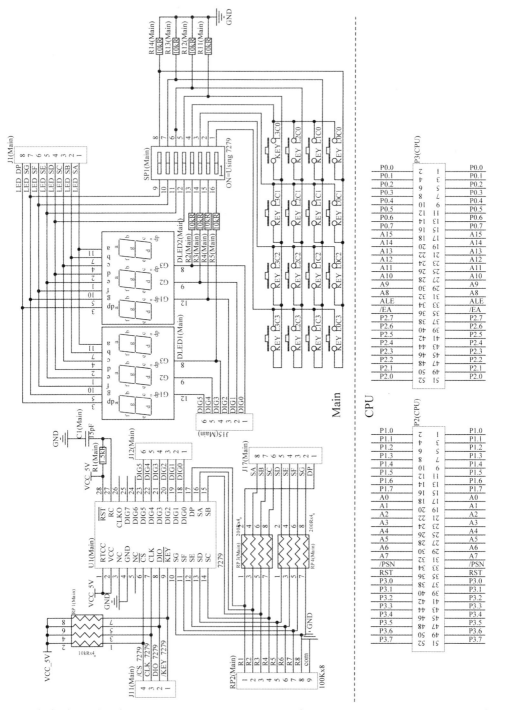

图4.12　7279键盘扫描及动态LED显示实验原理图

　　本实验用到母板（MAIN_BOARD）和 CPU 板（CPU_CORE_BOARD）两个电路模块。

　　其中母板上的 7279 实现键盘扫描和动态 LED 显示扫描。关于 7279 的工作原理和控制方法，请读者参考其用户手册。

注意:DIP 拨码开关 SP1(Main)所有位都应置于"ON"状态(即拨到上端),只有这样 7279 控制才能有效。设置 SP1(Main)的目的是为了让键盘扫描除了使用 7279 这种专用控制芯片实现以外,读者也可以利用普通 I/O 口自行编程进行扫描控制。

功能要求:

当按下某个按键时所按按键对应的字符显示在最右端 LED 数码管上,4×4 按键的编码及将要显示的字符如表 4.6 所示。

表 4.6　　　　　　　　　　　　　　按键编码

按键名称	按键编码	显示字符
KEY_L0C0	00H	0
KEY_L1C0	01H	1
KEY_L2C0	02H	2
KEY_L3C0	03H	3
KEY_L0C1	04H	4
KEY_L1C1	05H	5
KEY_L2C1	06H	6
KEY_L3C1	07H	7
KEY_L0C2	08H	8
KEY_L1C2	09H	9
KEY_L2C2	0AH	A
KEY_L3C2	0BH	B
KEY_L0C3	0CH	C
KEY_L1C3	0DH	D
KEY_L2C3	0EH	E
KEY_L3C3	0FH	F

如果是第一次按键,则显示于最右侧 LED 数码管,假如是按下的按键"1",将显示为图 4.13。

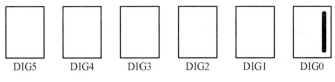

DIG5　　DIG4　　DIG3　　DIG2　　DIG1　　DIG0

图 4.13

如果,再次按下一个按键"2",则原来显示的内容往左移 1 位,将新按下的按键"2"的字符显示在最右端,如图 4.14 所示。

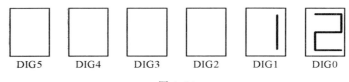

图 4.14

当 6 位 LED 均显示满(如 123456),如图 4.15 所示。

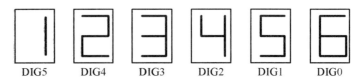

图 4.15

这时如再次按下新的按键(假设为字符 7),则原来显示的内容同样都左移一位,最后一位显示新按按键的字符,原来最左边的字符则被"挤掉",如图 4.16 所示。

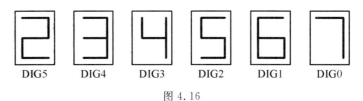

图 4.16

4.6.2 连线关系

实验中端子连接关系如表 4.7 所示。

表 4.7　　　　　　　　　7279 键盘扫描及动态 LED 显示实验连接关系

线序号	线端 A 插接位置		线端 B 插接位置	
	开发板	端子	开发板	端子
S1	CPU_CORE_51	P2:P1.0	MAIN_BOARD	J11:CS
S2	CPU_CORE_51	P2:P1.1	MAIN_BOARD	J11:CLK
S3	CPU_CORE_51	P2:P1.2	MAIN_BOARD	J11:DIO
S4	CPU_CORE_51	P2:P1.3	MAIN_BOARD	J11:KEY
P1	MAIN_BOARD	J17:SA~SG,DP	MAIN_BOARD	J1:LED_SA~LED_SG,LED_DP
P2	MAIN_BOARD	J12:DIG5~DIG0	MAIN_BOARD	J15:DIG5~DIG0

注:连线之前,母板上的 DIP 开关 SP1 的所有位都要置于 ON 状态。

4.6.3　程序流程图(见图 4.17)

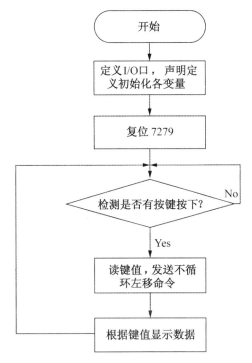

图 4.17　7279 键盘扫描及动态 LED 显示实验流程图

4.6.4　编程思路

由于 7279 和单片机之间采用同步串行口进行通信,这里的同步串行口使用单片机的 P1.0～P1.3 实现,控制时序要按照 7279 的使用说明书编程。对 7279 的控制也要按其使用说明书进行编程。

4.6.5　实验步骤

(1)关掉实验箱电源。将 CPU 板插接在 JK1,JK2 上。按照表 4.7 将硬件连接好。

(2)在仿真器断电情况下将仿真器的仿真头插在 CPU 板的 CPU 插座上。将仿真器与 PC 机的通信口连接好,打开实验箱及仿真器的电源。

(3)运行 Keil μVision2 开发环境,建立工程"HD7279_c.uV2",CPU 为 AT89S51,包含启动文件"STARTUP.A51"。

(4)按照实验功能要求创建源程序"HD7279.c",将其加入到工程"HD7279_c.uV2",并设置工程"HD7279_c.uV2"的属性,将其晶振频率设置为 11.0592MHz,选择输出可执行文件,DEBUG 方式选择"硬件 DEBUG",并选择其中的"WAVE Ⅴ series MCS51 Driver"仿真器。

(5)构造(Build)工程"HD7279_c.uV2"。如果编程有误,则进行修改,直至构造正确为止。

(6)运行程序,观察结果否符合程序要求。若不符合,分析出错原因,继续重复步骤(4)(5),直至结果正确。

4.6.6 实验作业

总结利用 7279 实现行列式键盘扫描和动态 LED 显示控制的实现方法。

4.7 LCD 1602 显示实验

4.7.1 实验内容

本实验利用单片机并行口实现 LCD1602 显示控制。实验原理如图 4.18 所示。

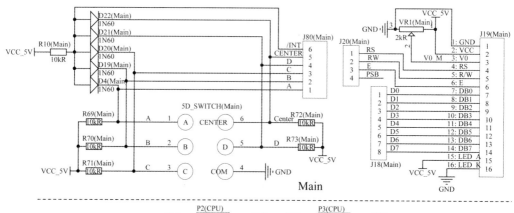

图 4.18 LCD1602 显示实验原理图

本实验用到母板(MAIN_BOARD)和 CPU 板(CPU_CORE_BOARD)两个电路模块。

其中母板上提供五向开关接口电路和 LCD1602 插接区电路。

其中五向开关 5D_SWITCH(SWITCH_5)相当于 1 个单刀五掷开关,这五个开关分别代表了向上(A),向左(B),向下(C),向右(D)和中心(CEN)点击无线开关的结果。当开关推向上、下、左、右各方向或在中心点击时,这五个开关就分别与公共端(COM)接通(本实验中公共端接地)。五向开关的实物及其工作原理如图 4.19 所示。这种开关常用于游戏控制。

J20(Main)提供 1602 的控制信号接入,J18(Main)提供 1602 的数据信号接入。LCD1602 的控制方法请参考第 3 章有关内容及产品用户手册。

J80(Main)提供五向开关的控制接口。

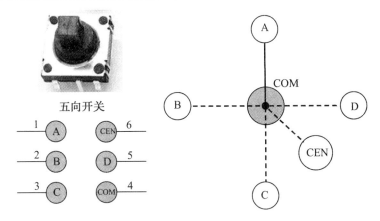

图 4.19　五向开关实物及工作原理图

功能要求:

(1)利用 LCD1602 液晶屏实现显示"Hello World"。

(2)五向开关向左按时(B 连接),LCD1602 显示内容向左移动(到达最左端时移动停止);向右按时(D 连接),显示内容向右移动(到达最右端时移动停止);向上按时(A 连接),显示内容向上移动(到达最上端时移动停止);向下按时(C 连接),显示内容向下移动(到达最下端时移动停止);在中间位置按时(CENTER 连接),显示内容闪烁 3 次。

4.7.2　连线关系

实验中连接关系如表 4.8 所示。

表 4.8　　　　　　　　　　　　**LCD 1602 显示实验连接关系**

线序号	线端 A 插接位置		线端 B 插接位置	
	开发板	端子	开发板	端子
S1	CPU_CORE_51	P2:P3.0	MAIN_BOARD	J20:E
S2	CPU_CORE_51	P2:P3.1	MAIN_BOARD	J20:RW
S3	CPU_CORE_51	P2:P3.4	MAIN_BOARD	J20:RS
P1	CPU_CORE_51	P3:A8~A15	MAIN_BOARD	J18:D0~D7
S4	CPU_CORE_51	P2:P1.0	MAIN_BOARD	J80:A
S5	CPU_CORE_51	P2:P1.1	MAIN_BOARD	J80:B
S6	CPU_CORE_51	P2:P1.2	MAIN_BOARD	J80:C
S7	CPU_CORE_51	P2:P1.3	MAIN_BOARD	J80:D
S8	CPU_CORE_51	P2:P1.4	MAIN_BOARD	J80:CEN
S9	CPU_CORE_51	P2:P3.2	MAIN_BOARD	J80:INT

4.7.3 程序流程图(见图 4.20)

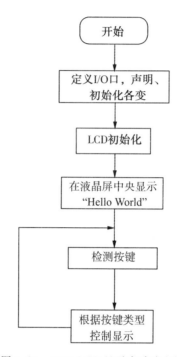

图 4.20 1602 LCD 显示实验流程图

4.7.4 实验步骤

(1)关掉实验箱电源。将 CPU 板插接在 JK1,JK2 上。将 LCD1602 插接在主板的 J19(母板上液晶显示器插接区最上方的一个单排座)上,注意插接方向(排针在上,屏在下,针孔对准)。按照表 4.8 将硬件连接好。

(2)在仿真器断电情况下将仿真器的仿真头插在 CPU 板的 CPU 插座上。将仿真器与 PC 机的通信口连接好,打开实验箱及仿真器的电源。

(3)运行 Keil μVision2 开发环境,建立工程"LCD1602_c. uV2",CPU 为 AT89S51,包含启动文件"STARTUP. A51"。

(4)按照实验功能要求创建源程序"LCD1602. c",将其加入到工程"LCD1602 _ c. uV2",并设置工程"LCD1602_c. uV2"的属性,将其晶振频率设置为 11. 0592MHz,选择输出可执行文件,DEBUG 方式选择"硬件 DEBUG",并选择其中的"WAVE V series MCS51 Driver"仿真器。

(5)构造(Build)工程"LCD1602_c. uV2"。如果编程有误,则进行修改,直至构造正确为止。

(6)运行程序,观察结果否符合程序要求。若不符合,分析出错原因,继续重复步骤(4)(5),直至结果正确。

4.7.5　实验作业

总结利用 LCD1602 显示控制的实现方法。

4.8　LCD12864 显示实验

4.8.1　实验内容

本实验利用单片机并行口实现 LCD12864 的显示控制,并利用五向开关控制文字的移动方向。实验原理如图 4.21 所示。

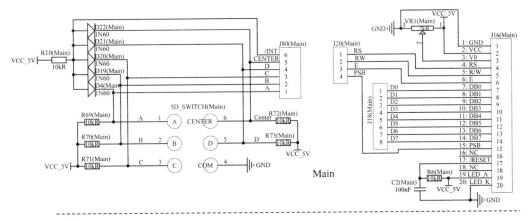

图 4.21　LCD12864 显示实验原理图

本实验用到母板(MAIN_BOARD)和 CPU 板(CPU_CORE_BOARD)两个电路模块。

其中母板上提供五向开关接口电路和 LCD12864 插接区电路。

J20(Main)提供 LCD12864 的控制信号接入,J18(Main)提供 LCD12864 的数据信号接入。LCD12864 的控制方法请参考第 3 章有关内容及产品用户手册。

J80(Main)提供五向开关的控制接口。

功能要求：

(1)利用 LCD12864 液晶屏实现汉字"MCU 实验"的显示。

(2)五向开关向左按时，LCD12864 显示内容向左移动(到达最左端时移动停止)；向右按时，显示内容向右移动(到达最右端时移动停止)；向上按时，显示内容向上移动(到达最上端时移动停止)；向下按时，显示内容向下移动(到达最下端时移动停止)；在中间位置按时，显示内容闪烁 3 次。

4.8.2　连线关系

实验中连接关系如表 4.9 所示。

表 4.9　　　　　　　　　　　　LCD12864 显示实验连接关系

线序号	线端 A 插接位置		线端 B 插接位置	
	开发板	端子	开发板	端子
S1	CPU_CORE_51	P2：P3.0	MAIN_BOARD	J20：E
S2	CPU_CORE_51	P2：P3.1	MAIN_BOARD	J20：RW
S3	CPU_CORE_51	P2：P3.4	MAIN_BOARD	J20：RS
S4	CPU_CORE_51	P2：P3.5	MAIN_BOARD	J20：PSB
P1	CPU_CORE_51	P3：A8~A15	MAIN_BOARD	J18：D0~D7
S5	CPU_CORE_51	P2：P1.0	MAIN_BOARD	J80：A
S6	CPU_CORE_51	P2：P1.1	MAIN_BOARD	J80：B
S7	CPU_CORE_51	P2：P1.2	MAIN_BOARD	J80：C
S8	CPU_CORE_51	P2：P1.3	MAIN_BOARD	J80：D
S9	CPU_CORE_51	P2：P1.4	MAIN_BOARD	J80：CEN
S10	CPU_CORE_51	P2：P3.2	MAIN_BOARD	J80：INT

4.8.3　程序流程图(见图 4.22)

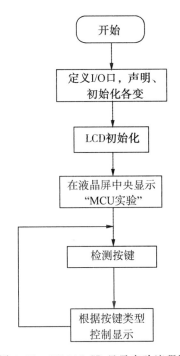

图 4.22　12864 LCD 显示实验流程图

4.8.4　实验步骤

(1)关掉实验箱电源。将 CPU 板插接在 JK1,JK2 上。将 LCD12864 插接在主板的 J16(母板上液晶显示器插接区最下排的一个单排座)上,注意插接方向(排针在下,屏在上,针孔对准)。按照表 4.9 将硬件连接好。

(2)在仿真器断电情况下将仿真器的仿真头插在 CPU 板的 CPU 插座上。将仿真器与 PC 机的通信口连接好,打开实验箱及仿真器的电源。

(3)运行 Keil μVision2 开发环境,建立工程"LCD12864_c. uV2",CPU 为 AT89S51,包含启动文件"STARTUP. A51"。

(4)按照实验功能要求创建源程序"LCD12864. c",将其加入到工程"LCD12864_c. uV2",并设置工程"LCD12864_c. uV2"的属性,将其晶振频率设置为 11. 0592MHz,选择输出可执行文件,DEBUG 方式选择"硬件 DEBUG",并选择其中的"WAVE V series MCS51 Driver"仿真器。

(5)构造(Build)工程"LCD12864_c. uV2"。如果编程有误,则进行修改,直至构造正确为止。

(6)运行程序,观察结果否符合程序要求。若不符合,分析出错原因,继续重复步骤(4)(5),直至结果正确。

4.8.5 实验作业

总结利用 LCD12864 显示控制的实现方法。

4.9 16×16 LED 点阵显示实验

4.9.1 实验内容

本实验利用单片机并行口实现 16×16 LED 点阵的显示控制，并利用五向开关控制显示图形内容，利用静态开关控制文字的显示与否以及亮度控制。实验原理如图 4.23 所示。

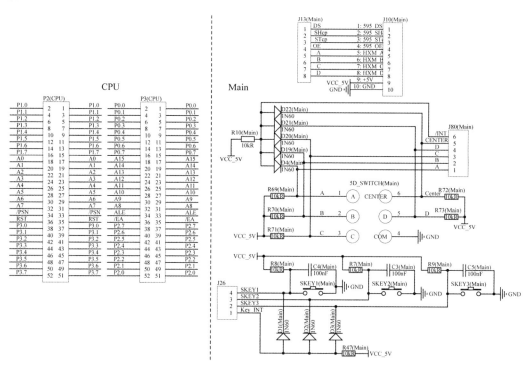

图 4.23 16×16 LED 点阵显示实验原理图

本实验用到母板（MAIN_BOARD）和 CPU 板（CPU_CORE_BOARD）两个电路模块。

其中母板上提供五向开关、16×16 LED 点阵显示插接区电路以及静态按键 SKEY1～3 的接口电路。J13(Main) 提供 16×16 LED 点阵的控制信号接入。

16×16 LED 点阵的原理如图 4.24 所示。

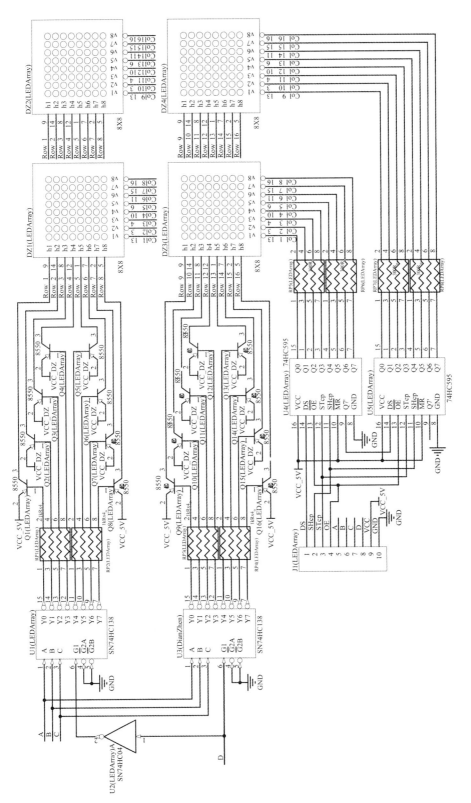

图4.20　16×16 LED点阵子板原理图

其中行驱动由两片 74LS138 与三极管电路构成,D、C、B、A 为行选择信号,选择关系如表 4.10 所示。

表 4.10　　　　　　　　　　　　　　　　选择关系

D	C	B	A	行选择状态
0	0	0	0	第 1 行(最上端)使能
0	0	0	1	第 2 行使能
0	0	1	0	第 3 行使能
0	0	1	1	第 4 行使能
0	1	0	0	第 5 行使能
0	1	0	1	第 6 行使能
0	1	1	0	第 7 行使能
0	1	1	1	第 8 行使能
1	0	0	0	第 9 行使能
1	0	0	1	第 10 行使能
1	0	1	0	第 11 行使能
1	0	1	1	第 12 行使能
1	1	0	0	第 13 行使能
1	1	0	1	第 14 行使能
1	1	1	0	第 15 行使能
1	1	1	1	第 16 行(最下端)使能

16×16 LED 点阵的列驱动由 74HC595 实现。74HC595 内具有一个 8 位移位寄存器、一个存储器和一个三态输出控制。移位寄存器和存储器采用分开的时钟。数据在 SHcp 的上升沿输入到移位寄存器中,在 STcp 的上升沿输入到存储寄存器中。移位寄存器有一个串行移位输入(Ds)、一个串行输出(Q7)以及一个异步的低电平复位 MR。存储寄存器有一个 8 位并行的、具备三态的总线输出,当使能 OE 时(低电平),存储寄存器数据输出到总线,当 OE 为高电平时,输出为三态。74HC595 的时序如图 4.25 所示。

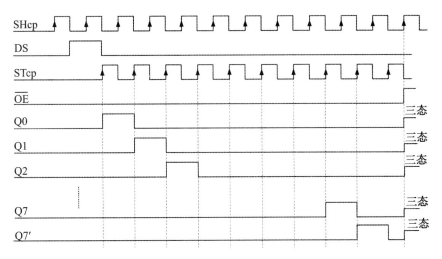

图 4.25　74HC595 工作时序图

按键功能如表 4.11 所示。

表 4.11　　　　　　　　按键功能

按键名称	代表的功能
5D_ Switch:A	UP↑
5D_ Switch:B	Left←
5D_Switch:C	Down↓
5D_Switch:D	Right→
5D_Switch:Center	闪烁
SKEY1	亮度＋
SKEY2	亮度－
SKEY3	ON/OFF

功能要求:

(1)上电时默认显示一向上的箭头"↑",亮度最大。五向开关向左按时,显示的内容为"←";向右按时显示的内容为"→";向下按时显示的内容为"↓";向上按时显示的内容是"↑"。在中间位置触发时,显示的内容闪烁 3 次(每次亮 0.5s,灭 0.5s)。

(2)按下按键 SKEY1 时显示亮度增加,按下按键 SKEY2 时显示的亮度降低,按下按键 SKEY3 时,LED 点阵在亮和灭之间切换。

4.9.2　连线关系

实验中连接关系如表 4.12 所示。

表 4.12   16×16 LED 点阵显示实验连接关系

线序号	线端 A 插接位置		线端 B 插接位置	
	开发板	端子	开发板	端子
S1	CPU_CORE_51	P2:P1.0	MAIN_BOARD	J80:A
S2	CPU_CORE_51	P2:P1.1	MAIN_BOARD	J80:B
S3	CPU_CORE_51	P2:P1.2	MAIN_BOARD	J80:C
S4	CPU_CORE_51	P2:P1.3	MAIN_BOARD	J80:D
S5	CPU_CORE_51	P2:P1.4	MAIN_BOARD	J80:CEN
S6	CPU_CORE_51	P2:P3.2	MAIN_BOARD	J80:INT
S7	CPU_CORE_51	P2:P1.5	MAIN_BOARD	J26:SKEY1
S8	CPU_CORE_51	P2:P1.6	MAIN_BOARD	J26:SKEY2
S9	CPU_CORE_51	P2:P1.7	MAIN_BOARD	J26:SKEY3
S10	CPU_CORE_51	P2:P3.3	MAIN_BOARD	J26:KEY_INT
P1	CPU_CORE_51	P3:A8~A15	MAIN_BOARD	J13:DS,SHCP,STCP, OE,A~D

4.9.3 编程思路

箭头 "↑"，"↓"，"←"，"→" 的 16×16 点阵编码如下：

$\{0x00,0x00,0x80,0x00,0x80,0x00,0xC0,0x01,0xC0,0x01,0xE0,0x03,0xA0,$
$0x02,0x90,0x04\};$

$\{0x80,0x00,0x80,0x00,0x80,0x00,0x80,0x00,0x80,0x00,0x80,0x00,0x80,$
$0x00,0x80,0x00\};//"↑"$

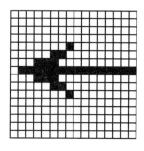

{0x00,0x00,0x00,0x00,0x00,0x00,0x00,0x00,0x00,0x01,0x00,0x06,0x00,
0x1C,0xFF,0x7F};

{0x00,0x1C,0x00,0x06,0x00,0x01,0x00,0x00,0x00,0x00,0x00,0x00,0x00,
0x00,0x00,0x00};//"←"

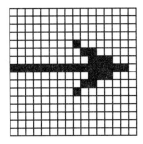

{0x00,0x00,0x00,0x00,0x00,0x00,0x00,0x00,0x80,0x00,0x60,0x00,0x38,
0x00,0xFE,0xFF};

{0x38,0x00,0x60,0x00,0x80,0x00,0x00,0x00,0x00,0x00,0x00,0x00,0x00,
0x00,0x00,0x00};//"→"

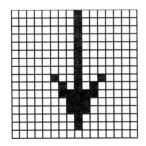

{0x80,0x00,0x80,0x00,0x80,0x00,0x80,0x00,0x80,0x00,0x80,0x00,0x80,
0x00,0x80,0x00};

{0x90,0x04,0xA0,0x02,0xE0,0x03,0xC0,0x01,0xC0,0x01,0x80,0x00,0x80,
0x00,0x00,0x00};//"↓"

亮度调节使用 PWM 技术调节占空比来实现。如图 4.26 所示，T_s 为某个 LED 的最大点亮时间，高电平持续期为 $D_n T_s$，表示该 LED 的实际点亮时间为 $D_n T_s$。D_n 叫作占空比（这里分成 5 个等级级：20%，40%，60%，80%，100%）。剩余的 $(1-D_n)T_s$ 期间该 LED 是灭的。这样从平均的角度来看，当 $D_n=20\%$ 时，该发光二极管的亮度最低，当 $D_n=100\%$ 时，该发光二极管的亮度最高。为了防止出现频闪现象，T_s 不宜选的太大。这里选用 1ms 即可。

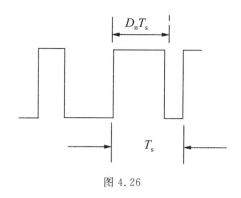

图 4.26

4.9.4　实验步骤

(1)关掉实验箱电源。将 CPU 板插接在 JK1,JK2 上。将 16×16 LED 点阵子板插接在主板的 J10(母板上液晶显示器插接区中间一个单排座)上,注意插接方向(排针在下,显示模块在上,针孔对准)。按照表 4.12 将硬件连接好。

(2)在仿真器断电情况下将仿真器的仿真头插在 CPU 板的 CPU 插座上。将仿真器与 PC 机的通信口连接好,打开实验箱及仿真器的电源。

(3)运行 Keil μVision2 开发环境,建立工程"dianzhen_c. uV2",CPU 为 AT89S51,包含启动文件"STARTUP. A51"。

(4)按照实验功能要求创建源程序"dianzhen. c",将其加入到工程"dianzhen_ c. uV2",并设置工程"dianzhen_c. uV2"的属性,将其晶振频率设置为 11. 0592MHz,选择输出可执行文件,DEBUG 方式选择"硬件 DEBUG",并选择其中的"WAVE V series MCS51 Driver"仿真器。

(5)构造(Build)工程"dianzhen_c. uV2"。如果编程有误,则进行修改,直至构造正确为止。

(6)运行程序,观察结果否符合程序要求。若不符合,分析出错原因,继续重复步骤(4)(5),直至结果正确。

4.9.5　实验作业

(1)总结利用 16×16 LED 点阵的显示控制实现方法。

(2)尝试利用 16×16 LED 点阵显示英文字母和中文汉字并进行滚动显示,英文字母和中文汉字使用字模提取软件提取其显示码表。

4.10　ADC0809 并行接口 A/D 转换实验

4.10.1　实验内容

实验原理如图 4.27 所示。

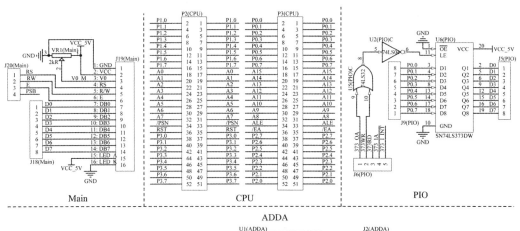

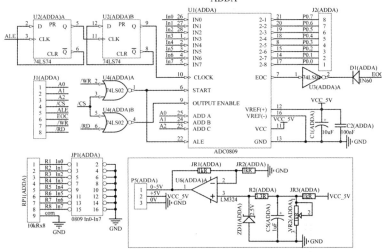

图 4.27　ADC0809 并行接口 A/D 转换实验原理图

本实验利用 ADC0809 实现 A/D 采样,并将采样的结果通过 LCD1602 显示出来。由于液晶显示需要并行较多的 I/O 口,这里利用 PIO 子板上的 74LS373 锁存来实现。因此本实验涉及 MAIN、CPU、PIO、AD&DA 共 4 个子板。

图中右下角为 AD&DA 子板上的 0~5V 连续可调电压生成电路,用于进行 A/D 测试,其中的电位器 VR2(AD&DA)就是用来调节 P5(AD&DA)1 号引脚(0~5V)的电压的。

AD&DA 子板中的 74LS74 构成了 4 分频电路,用于将 ALE 信号 4 分频,作为 ADC0809 的时钟输入。

图中 U4 构成的逻辑电路用于实现对 ADC0809 读写同址操作。

采样值与实际电压之间的关系是:

$$实际的电压值=采集到的数值×5/255(V)$$

在 1602 中显示该数值,可以保留 2 位小数。

4.10.2 连线关系

实验中连接关系如表 4.13 所示。

表 4.13　　　　　　　　　ADC0809 并行接口 A/D 转换实验连接关系

线序号	线端 A 插接位置		线端 B 插接位置	
	开发板	端子	开发板	端子
S1	CPU_CORE_51	P2:P1.5	MAIN_BOARD	J20:RS
S2	CPU_CORE_51	P2:P1.6	MAIN_BOARD	J20:RW
S3	CPU_CORE_51	P2:P1.7	MIN_BOARD	J20:E
S4	CPU_CORE_51	P2:P3.6	PIO	J6:373WR
S5	CPU_CORE_51	P3:A14	PIO	J6:373_OA
P1	CPU_CORE_51	P3:P0.0～P0.7	PIO	J9:P0.0～P0.7
P2	MAIN_BOARD	J18:D0～D7	PIO	J5:D0～D7
S6	CPU_CORE_51	P2:A0	AD&DA	J1:A0
S7	CPU_CORE_51	P2:A1	AD&DA	J1:A1
S8	CPU_CORE_51	P2:A2	AD&DA	J1:A2
S9	CPU_CORE_51	P3:A15	AD&DA	J1:/CS
S10	CPU_CORE_51	P3:ALE	AD&DA	J1:ALE
S11	CPU_CORE_51	P2:P3.2	AD&DA	J1:EOC
S12	CPU_CORE_51	P2:P3.6	AD&DA	J1:/WR
S13	CPU_CORE_51	P2:P3.7	AD&DA	J1:/RD
S14	AD&DA	P5:0～5V	AD&DA	JP1:1(IN0)
S15	AD&DA	P5:5V	AD&DA	JP1:3(IN1)
S16	AD&DA	P5:0V	AD&DA	JP1:5(IN2)
P3	CPU_CORE_51	P3:P0.0～P0.7	AD&DA	J2:P0.0～P0.7

4.10.3　程序流程图（见图 4.28）

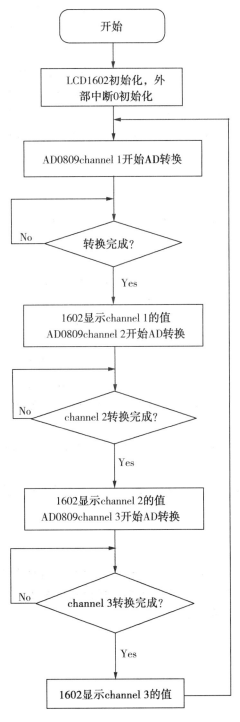

图 4.28　ADC0809 并行接口 A/D 转换实验流程图

4.10.4 编程思路

ADC0809 的地址由 P2.7（A15）来决定，P2.7 为低电平时，选通 ADC0809，对 ADC0809 的写操作（无论写什么样的值）将启动其 A/D 转换过程（但地址低 3 位决定是对哪一个通道进行 A/D 采样）。转换结束后，EOC 将输出低电平，引起 CPU 的外部中断 0 中断，在其中断服务程序中对 ADC0809 进行读操作（与写操作地址相同）即可读到转换结果。输入通道 0 输入的是可变模拟量，通过调节可调电阻 VR2 可以改变其大小，变换的范围为 0～5V。输入通道 1 输入的是 5V 信号，输入通道 2 输入的是 0V 信号。将这三个通道的采集结果显示在 LCD1602 显示器上。LCD1602 的数据信号是通过 74LS373 锁存提供的，该 74LS373 的地址由 P2.6（A14）决定。

4.10.5 实验步骤

（1）关掉实验箱电源。将 CPU 板插接在 JK1，JK2 上。将 LCD1602 子板插接在主板的 J19 上。将 PIO，AD&DA 扩展版插接在子板扩展区插槽上。按照表 4.13 将硬件连接好。

（2）在仿真器断电情况下将仿真器的仿真头插在 CPU 板的 CPU 插座上。将仿真器与 PC 机的通信口连接好，打开实验箱及仿真器的电源。

（3）运行 Keil μVision2 开发环境，建立工程"ADC0809_c.uV2"，CPU 为 AT89S51，包含启动文件"STARTUP.A51"。

（4）按照实验功能要求创建源程序"ADC0809.c"，将其加入到工程"ADC0809_c.uV2"，并设置工程"ADC0809_c.uV2"的属性，将其晶振频率设置为 11.0592MHz，选择输出可执行文件，DEBUG 方式选择"硬件 DEBUG"，并选择其中的"WAVE V series MCS51 Driver"仿真器。

（5）构造（Build）工程"ADC0809_c.uV2"。如果编程有误，则进行修改，直至构造正确为止。

（6）运行程序，观察结果否符合程序要求。若不符合，分析出错原因，继续重复步骤 （4）（5），直至结果正确。

4.10.6 实验作业

（1）调节 AD&DA 板上 VR2，使 IN0 通道上的输入信号电平发生改变，利用数字万用表测量其电压值，并将其与 LCD 上显示的采样值进行对比。

（2）分析 A/D 产生误差的原因。

4.11   DAC0832 并行接口 D/A 转换实验

4.11.1   实验内容

实验原理如图 4.29 所示。

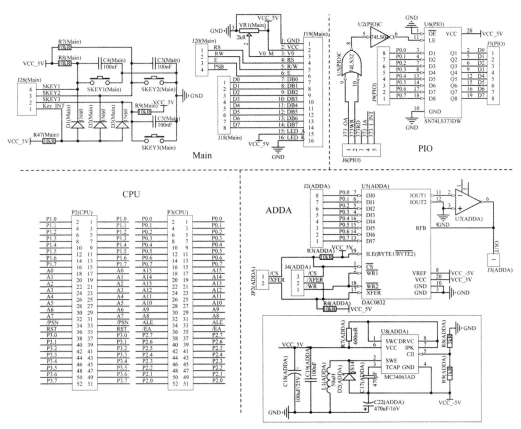

图 4.29   DAC0832 并行接口 D/A 转换实验原理图

本实验利用 DAC0832 实现信号发生器功能。静态按键 SKEY1 和 SKEY2 实现信号频率的增加与减小，SKEY3 实现输出信号类型的切换。选择的结果通过 LCD1602 显示出来。LCD1602 需要的数据信号由 PIO 子板上的 74LS373 对 P0 口数据锁存提供。

能够实现的信号类型包括方波、三角波及正弦波，频率有 50Hz、100Hz、150Hz、200Hz 和 250Hz 几种。

图中右下角方框框起来的部分为 +5V 转 -5V 的电路，DAC0832 需要 ±5V 电源。

4.11.2   连线关系

实验中连接关系如表 4.14 所示。

表 4.14　　　　　　　　　　**DAC0832 并行接口 D/A 转换实验连接关系**

线序号	线端 A 插接位置		线端 B 插接位置	
	开发板	端子	开发板	端子
S1	CPU_CORE_51	P2:P1.0	MAIN_BOARD	J20:RS
S2	CPU_CORE_51	P2:P1.1	MAIN_BOARD	J20:RW
S3	CPU_CORE_51	P2:P1.2	MAIN_BOARD	J20:E
S4	CPU_CORE_51	P2:P3.6	PIO	J6:373WR
S5	CPU_CORE_51	P3:A14	PIO	J6:373_OA
P1	CPU_CORE_51	P3:P0.0～P0.7	PIO	J9:P0.0～P0.7
P2	MAIN_BOARD	J18:D0～D7	PIO	J5:D0～D7
S6	CPU_CORE_51	P2:P1.5	MAIN_BOARD	J26:SKEY1
S7	CPU_CORE_51	P2:P1.6	MAIN_BOARD	J26:SKEY2
S8	CPU_CORE_51	P2:P1.7	MAIN_BOARD	J26:SKEY3
S9	CPU_CORE_51	P2:P3.2	MAIN_BOARD	J26:KEY_INT
S10	CPU_CORE_51	P3:A15	AD&DA	J4:/CS
S11	CPU_CORE_51	P2:P3.6	AD&DA	J4:/WR
P3	CPU_CORE_51	P3:P0.0～P0.7	AD&DA	J2:P0.0～P0.7
	AD&DA	JP2:用短路帽短接		
	AD&DA	J3(模拟输出):OUT		示波器探头
	AD&DA	GND(如 JP1 的右排,即 2,4,6,8 等偶数引脚)		示波器探头接地

4.11.3　程序流程图(见图 4.30)

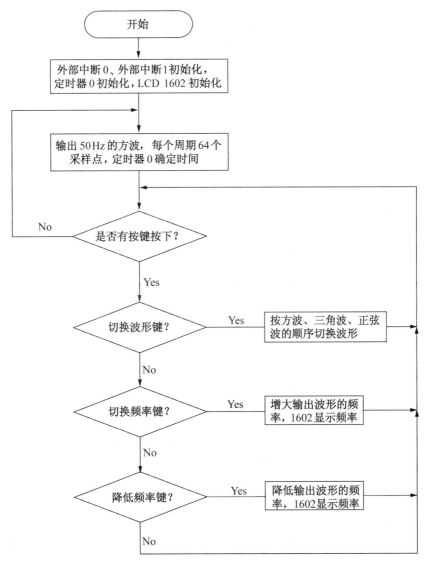

图 4.30　DAC0832 并行接口 D/A 转换实验流程图

4.11.4　编程思路

方波的占空比为 50%,即一半周期内为高电平(0xFF),一半周期内为低电平(0)。

三角波的函数曲线每个周期分成两部分:上升阶段和下降阶段。上升阶段从 0 变到 0xFF,下降阶段从 0xFF 变到 0。每个阶段可以输出 10 个点。三角波一个周期内的信号变化如图 4.31 所示。

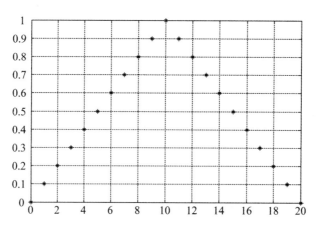

图 4.31   三角波一个周期内的信号变化

图中纵坐标为规一化的信号幅值,1 对应 5V,0.1 对应 0.5V,以此类推。实际送给 DAC0832 的值为上图中的纵坐标值乘以 255 并取整得到,以下类同,不再解释。

正弦波一个周期内的信号变化如图 4.32 所示。

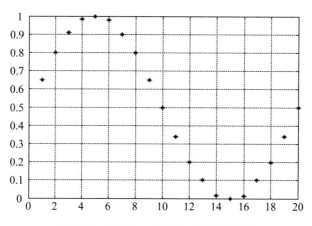

图 4.32   正弦波一个周期内的信号变化

这里规一化正弦函数值为:

{0.5000,0.6545,0.7939,0.9045,0.9755,1.0000,0.9755,0.9045,0.7939,0.6545,
0.5000,0.3455,0.2061,0.0955,0.0245,0,0.0245,0.0955,0.2061,0.3455,0.5000}

一个周期的时间长度根据选择的信号频率计算得出。

模式切换按照图 4.33 所示规律依次变换。

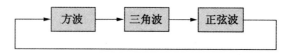

图 4.33   模式切换

开机默认情况下为方波。

4.11.5　实验步骤

(1)关掉实验箱电源。将 CPU 板插接在 JK1,JK2 上。将 LCD1602 子板插接在主板的 J19 上。将 PIO,AD&DA 扩展版插接在子板扩展区插槽上。按照表 4.14 将硬件连接好。

(2)在仿真器断电情况下将仿真器的仿真头插在 CPU 板的 CPU 插座上。将仿真器与 PC 机的通信口连接好,打开实验箱及仿真器的电源。

(3)运行 Keil μVision2 开发环境,建立工程"ADC0832_c. uV2",CPU 为 AT89S51,包含启动文件"STARTUP. A51"。

(4)按照实验功能要求创建源程序"ADC0832. c",将其加入到工程"ADC0832_c. uV2",并设置工程"ADC0832_c. uV2"的属性,将其晶振频率设置为 11.0592MHz,选择输出可执行文件,DEBUG 方式选择"硬件 DEBUG",并选择其中的"WAVE V series MCS51 Driver"仿真器。

(5)构造(Build)工程"ADC0832_c. uV2"。如果编程有误,则进行修改,直至构造正确为止。

(6)运行程序,观察结果否符合程序要求。若不符合,分析出错原因,继续重复步骤(4)(5),直至结果正确。

4.11.6　实验作业

总结 DAC0832 的数据读写方法。

4.12　DS12887 并行接口 RTC 实验

4.12.1　实验内容

本实验利用 7279 进行键盘扫描,利用 LCD1602 进行显示,利用 12887 实现实时时钟,从而实现简单的电子日历功能。实验原理如图 4.34 所示。

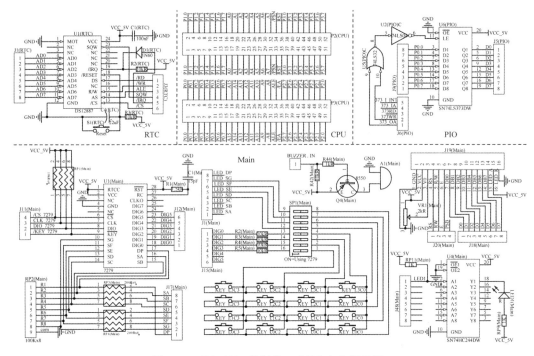

图 4.34　DS12887 并行接口 RTC 实验原理图

　　本实验中的显示仍然采用母板上的 LCD1602 来实现，LCD1602 需要的数据信号由 PIO 子板上的 74LS373 对 P0 口数据锁存提供。

　　母板上的 7279 提供键盘扫描管理（注意 DIP 开关 SP1 的各位都要置于 ON 状态）。

　　母板上的开关量指示及其驱动（图中右下角的 LED1（Main））和 74HC244，用于实现闹钟发光报警，报警信号由 J48（Main）的 1 号引脚 LED1 提供，当该信号为低电平时 LED1 点亮。母板上的 A1（Main）蜂鸣器提供闹钟声音报警，报警信号由母板上的 BUZZER_IN 端提供，当该信号为高电平时 A1 蜂鸣器鸣响。

　　RTC 板上的 12887 电路提供实时时钟功能。

4.12.2　连线关系

实验中连接关系如表 4.15 所示。

表 4.15　　　　　　　　　DS12887 并行接口 RTC 实验连接关系

线序号	线端 A 插接位置		线端 B 插接位置	
	开发板	端子	开发板	端子
S1	CPU_CORE_51	P2:P1.0	MAIN_BOARD	J11:CS
S2	CPU_CORE_51	P2:P1.1	MAIN_BOARD	J11:CLK
S3	CPU_CORE_51	P2:P1.2	MAIN_BOARD	J11:DIO
S4	CPU_CORE_51	P2:P3.2	MAIN_BOARD	J11:KEY

续表

线序号	线端 A 插接位置		线端 B 插接位置	
	开发板	端子	开发板	端子
S5	MAIN_BOARD	J17：SG	MAIN_BOARD	J1：SG
S6	MAIN_BOARD	J17：SF	MAIN_BOARD	J1：SF
S7	MAIN_BOARD	J17：SE	MAIN_BOARD	J1：SEF
S8	MAIN_BOARD	J17：SD	MAIN_BOARD	J1：SD
S9	MAIN_BOARD	J12：DIG0	MAIN_BOARD	J15：DIG0
S10	MAIN_BOARD	J12：DIG1	MAIN_BOARD	J15：DIG1
S11	MAIN_BOARD	J12：DIG2	MAIN_BOARD	J15：DIG2
S12	MAIN_BOARD	J12：DIG3	MAIN_BOARD	J15：DIG3
S13	CPU_CORE_51	P2：P1.4	MAIN_BOARD	J48：LED1
S14	CPU_CORE_51	P2：P1.3	MAIN_BOARD	BUZZER_IN
S15	CPU_CORE_51	P2：P1.5	MAIN_BOARD	J20：RS
S16	CPU_CORE_51	P2：P1.6	MAIN_BOARD	J20：RW
S17	CPU_CORE_51	P2：P1.7	MAIN_BOARD	J20：E
S18	CPU_CORE_51	P2：P3.6	PIO	J6：373WR
S19	CPU_CORE_51	P3：A14	PIO	J6：373_OA
P1	MAIN_BOARD	J18：D0～D7	PIO	J5：D0～D7
P2	CPU_CORE_51	P3：P0.0～P0.7	PIO	J9：P0.0～P0.7
S20	CPU_CORE_51	P2：P3.7	RTC	J3：/RD
S21	CPU_CORE_51	P2：P3.6	RTC	J3：/WR
S22	CPU_CORE_51	P3：ALE	RTC	J3：ALE
S23	CPU_CORE_51	P2：P3.3	RTC	J3：/IRQ
S24	CPU_CORE_51	P3：A15	RTC	J3：/CS
P3	CPU_CORE_51	P3：P0.0～P0.7	RTC	J1：AD0～AD7

4.12.3 程序流程图(见图 4.35)

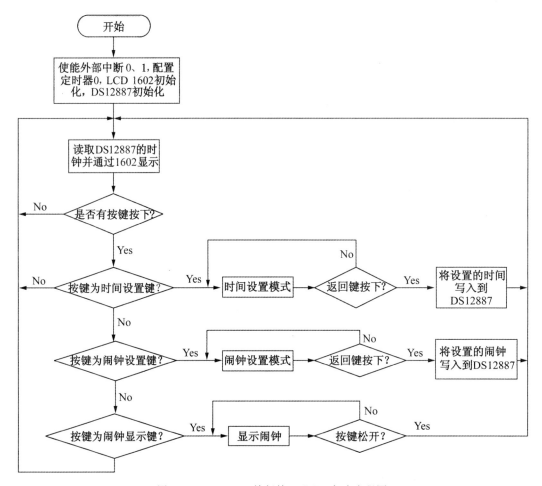

图 4.35 DS12887 并行接口 RTC 实验流程图

4.12.4 编程思路

要求根据 DS12887 的数据手册,写相应的内存字节来设置时间、日历与闹钟,访问相应的内存字节来获取时间和日历信息,并使用 LCD 模块实时显示出来。

4×4 按键的编码及其代表的功能如表 4.16 所示。

表 4.16 4×4 按键的编码及其代表的功能

按键名称	按键编码	代表的功能
KEY_L0C0	00H	前进→
KEY_L1C0	01H	正常模式
KEY_L2C0	02H	报警设置

4.14.4　编程思路

由于 51 单片机自身没有 I^{2}C 电路,这里要采用 P1.6 和 P1.7 仿真来实现,P1.7 仿真 SCL,P1.6 仿真 SDA。I^{2}C 的操作时序请参考第 3 章 3.10 节有关内容,PCF8574 的读写命令格式请参考其用户手册。

4.14.5　实验步骤

(1)关掉实验箱电源。将 CPU 板插接在 JK1,JK2 上。将 I^{2}C 扩展版插接在子板扩展区插槽上。按照表 4.19 将硬件连接好。

(2)在仿真器断电情况下将仿真器的仿真头插在 CPU 板的 CPU 插座上。将仿真器与 PC 机的通信口连接好,打开实验箱及仿真器的电源。

(3)运行 Keil μVision2 开发环境,建立工程"I2C8574_c. uV2",CPU 为 AT89S51,包含启动文件"STARTUP. A51"。

(4)按照实验功能要求创建源程序"I2C8574. c",将其加入到工程"I2C8574_c. uV2",并设置工程"I2C8574_c. uV2"的属性,将其晶振频率设置为 11.0592MHz,选择输出可执行文件,DEBUG 方式选择"硬件 DEBUG",并选择其中的"WAVE V series MCS51 Driver"仿真器。

(5)构造(Build)工程"I2C8574_c. uV2"。如果编程有误,则进行修改,直至构造正确为止。

(6)运行程序,观察结果否符合程序要求。若不符合,分析出错原因,继续重复步骤(4)(5),直至结果正确。

4.14.6　实验作业

总结 PCF8574 的数据读写方法。

4.15　I^{2}C 接口芯片 PCF8563 扩展 RTC 实验

4.15.1　实验内容

实验原理如图 4.41 所示。

续表

按键名称	按键编码	代表的功能
KEY_L3C0	03H	时间设置
KEY_L0C1	04H	后退←
KEY_L1C1	05H	数字 9
KEY_L2C1	06H	数字 6
KEY_L3C1	07H	数字 3
KEY_L0C2	08H	更正
KEY_L1C2	09H	数字 8
KEY_L2C2	0AH	数字 5
KEY_L3C2	0BH	数字 2
KEY_L0C3	0CH	数字 0
KEY_L1C3	0DH	数字 7
KEY_L2C3	0EH	数字 4
KEY_L3C3	0FH	数字 1

编码后按键功能如图 4.36 所示。

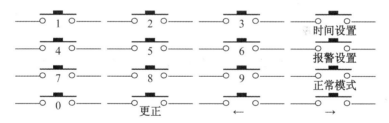

图 4.36　编码后按键功能

其中,时间设置用于将 RTC 工作与时间校准模式,这时通过按前进按键"→"或后退按键"←",更换设置内容:年"Year",月"Month",日"Date",星期"Day",时"Hour",分"Minute",秒"Second"。注意输入各项参数时要有输错提示功能,如月参数输入 0 和 13 以上肯定是错的,要有提示。同样 Date 参数输入 31 以上也是错的。

报警设置与时间设置基本一致,只不过这里设置的报警时间而不是系统时间。

正常模式是从时间设置模式或者报警设置模式回到正常模式。

更正按键的作用就是更改当前的数值。

前进按键"→"或后退按键"←"仅仅用于更改设置项目。"→"按照 Year→Month→Date→Day→Hour→Minute→Second 的顺序更改设置项目,而"←"按照相反的顺序更改设置项目。

报警时间到达时,按照 1Hz 的频率使声光报警器闪烁(亮 0.5s,灭 0.5s),闪烁 1 分钟后自动停止。

4.12.5　实验步骤

（1）关掉实验箱电源。将 CPU 板插接在 JK1，JK2 上。将 LCD1602 子板插接在主板的 J19 上。将 PIO，RTC 扩展版插接在子板扩展区插槽上。按照表 4.16 将硬件连接好。

（2）在仿真器断电情况下将仿真器的仿真头插在 CPU 板的 CPU 插座上。将仿真器与 PC 机的通信口连接好，打开实验箱及仿真器的电源。

（3）运行 Keil μVision2 开发环境，建立工程"DS12887_c.uV2"，CPU 为 AT89S51，包含启动文件"STARTUP.A51"。

（4）按照实验功能要求创建源程序"DS12887.c"，将其加入到工程"DS12887_c.uV2"，并设置工程"DS12887_c.uV2"的属性，将其晶振频率设置为 11.0592MHz，选择输出可执行文件，DEBUG 方式选择"硬件 DEBUG"，并选择其中的"WAVE V series MCS51 Driver"仿真器。

（5）构造（Build）工程"DS12887_c.uV2"。如果编程有误，则进行修改，直至构造正确为止。

（6）运行程序，观察结果否符合程序要求。若不符合，分析出错原因，继续重复步骤（4）（5），直至结果正确。

4.12.6　实验作业

（1）总结 12887 的控制方法。
（2）尝试将显示模块更改成 LCD12864，实现相同的功能。

4.13　I^2C 串行 E^2PROM 24C02 读写实验

4.13.1　实验内容

实验原理如图 4.37 所示。

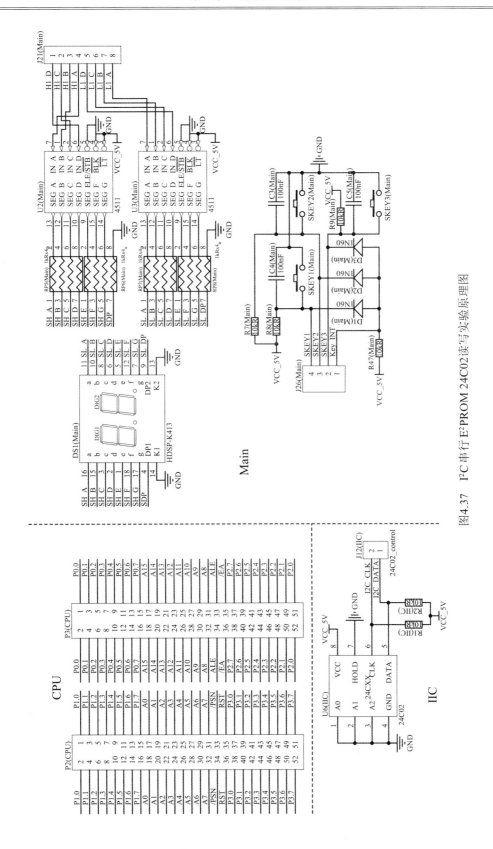

图4.37　I²C串行 E²PROM 24C02读写实验原理图

本实验用到母板(MAIN_BOARD)和 CPU 板(CPU_CORE_BOARD)和 I^2C 三个电路模块。

利用单片机并行口 P1 仿真实现 I^2C 总线,连接具有 I^2C 接口的 EEPROM 24C02,并进行读写验证。

本实验利用 24C02 储存 1 个单字节的 BCD 码数据,静态 LED 数码管 DS1 显示该BCD 码。

在静态按键 SKEY3(START/STOP)按下并释放后 CPU 读取该 BCD 码,并每过一段时间将其加 1,然后将其存入 24C02,并显示在 DS1 中,数据变化的范围为 00~99。静态按键 SKEY1(Speed)的作用是缩短变化间隔,提高变化频率。静态按键 SKEY2(Direction)的作用使显示数据逐步增加或者减少。如果当前是增加则按下静态按键 Direction,数据就会逐步减小。如果当前是减小则按下静态按键 Direction,数据就会逐步增加。增加时增加到 99,则下一次从 0 开始。减少时,减少到 0,则下一次从 99 开始。再次按下静态按键 SKEY3(START/STOP)时,停止运行。注意:增加/减少的状态、速度也要存入24C02。第一次上电时初始状态为停止,增加,最低挡速度,并且初始数据为 00。每次上电之后都要自动读取 24C02 中所储存的状态数据。数据增加或减少都是按照十进制(即BCD 码的加减法)变化。

硬件复位 CPU,或关掉电源,重新上电,使单片机从头运行,数据变换的状态和速度应该和复位之前一致。

数据显示变化时间间隔可以按 0.1s,0.2s,0.4s,0.8s,1.0s 五挡变化。

第一次运行的默认状态是数据"00","增加","1.0s"。

4.13.2　连线关系

实验中连接关系如表 4.17 所示。

表 4.17　　　　　　　　　　I^2C 串行 E^2PROM 24C02 读写实验连接关系

线序号	线端 A 插接位置		线端 B 插接位置	
	开发板	端子	开发板	端子
S1	CPU_CORE_51	P2:P1.5	MAIN_BOARD	J26:SKEY1
S2	CPU_CORE_51	P2:P1.6	MAIN_BOARD	J26:SKEY2
S3	CPU_CORE_51	P2:P1.7	MAIN_BOARD	J26:SKEY3
S4	CPU_CORE_51	P2:P3.2	MAIN_BOARD	J26:KEY_INT
P1	CPU_CORE_51	P3:P2.0~P2.7	MAIN_BOARD	J21:L1A~L1D H1A~H1D
S5	CPU_CORE_51	P2:P1.0	I^2C	J12:CLK
S6	CPU_CORE_51	P2:P1.1	I^2C	J12:DATA

4.13.3　程序流程图（见图 4.38）

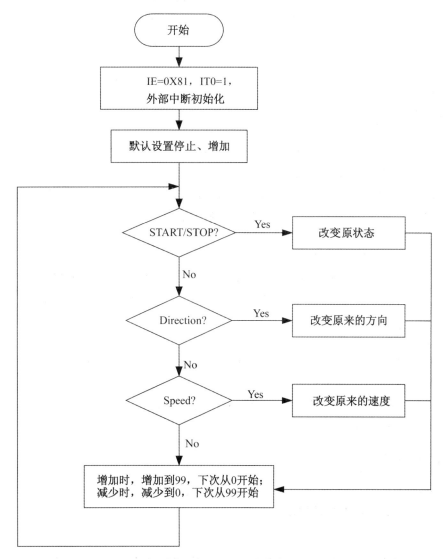

图 4.38　I^2C 串行 E^2 PROM 24C02 读写实验流程图

4.13.4　编程思路

I^2C 的操作时序及 24C02 的读写命令格式要参考第 3 章 3.10 节的内容及 24C02 的用户手册。应将 I^2C 的操作函数写成标准函数，以便其他 I^2C 器件实验时使用。

静态按键按键功能如表 4.18 所示。

表 4.18 静态按键功能

按键名称	代表的功能
SKEY1	Speed
SKEY2	Direction
SKEY3	START/STOP

4.13.5 实验步骤

(1)关掉实验箱电源。将 CPU 板插接在 JK1,JK2 上。将 I^2C 扩展板插接在子板扩展区插槽上。按照表 4.17 将硬件连接好。

(2)在仿真器断电情况下将仿真器的仿真头插在 CPU 板的 CPU 插座上。将仿真器与 PC 机的通信口连接好,打开实验箱及仿真器的电源。

(3)运行 Keil μVision2 开发环境,建立工程"I2C24C02_c.uV2",CPU 为 AT89S51,包含启动文件"STARTUP.A51"。

(4)按照实验功能要求创建源程序"I2C24C02.c",将其加入到工程"I2C24C02_c.uV2",并设置工程"I2C24C02_c.uV2"的属性,将其晶振频率设置为 11.0592MHz,选择输出可执行文件,DEBUG 方式选择"硬件 DEBUG",并选择其中的"WAVE V series MCS51 Driver"仿真器。

(5)构造(Build)工程"I2C24C02_c.uV2"。如果编程有误,则进行修改,直至构造正确为止。

(6)运行程序,观察结果否符合程序要求。若不符合,分析出错原因,继续重复步骤(4)(5),直至结果正确。

4.13.6 实验作业

(1)总结 I^2C 总线时序的单片机仿真实现方法。
(2)总结 24C02 内部的数据读写方法。

4.14 I^2C 接口芯片 PCF8574 扩展并口实验

4.14.1 实验内容

本实验利用单片机并行口仿真实现 I^2C 总线接口,并利用 I^2C 扩展并行 I/O 器件 PCF8574 来实现并口扩展。其中高 4 位扩展为输出口,低 4 位扩展为输入口。输入口连接 DIP 开关实现开关量生成,输出口连接开关量 LED 指示电路。当相应位的 DIP 处于 ON 状态时,相应的输出位的发光二极管亮,反之,处于 OFF 状态时,相应的输出位的发光二极管灭。

该实验的电路原理如图 4.39 所示。

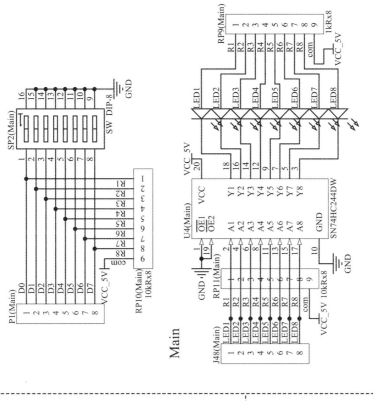

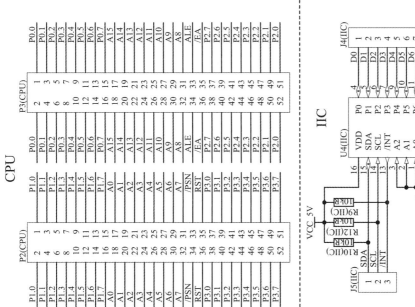

图4.39　I²C扩展PCF8574实验原理图

4.14.2 连线关系

实验中连接关系如表 4.19 所示。

表 4.19　　　　　I²C 接口芯片 PCF8574 扩展并口实验连接关系

线序号	线端 A 插接位置		线端 B 插接位置	
	开发板	端子	开发板	端子
S1	CPU_CORE_51	P2:P1.6	I²C	J5:SDA
S2	CPU_CORE_51	P2:P1.7	I²C	J5:SCL
S3	CPU_CORE_51	P2:P3.2	I²C	J5:/INT
S4	MAIN_BOARD	P1:D0	I²C	J4:D0
S5	MAIN_BOARD	P1:D1	I²C	J4:D1
S6	MAIN_BOARD	P1:D2	I²C	J4:D2
S7	MAIN_BOARD	P1:D3	I²C	J4:D3
S8	MAIN_BOARD	J48:LED1	I²C	J4:D4
S9	MAIN_BOARD	J48:LED2	I²C	J4:D5
S10	MAIN_BOARD	J48:LED3	I²C	J4:D6
S11	MAIN_BOARD	J48:LED4	I²C	J4:D7

4.14.3 程序流程图(见图 4.40)

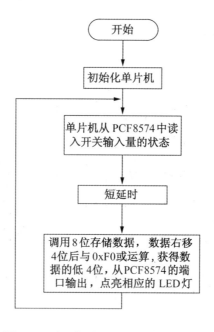

图 4.40　I²C 扩展 PCF8574 实验流程图

4.14.4 编程思路

由于 51 单片机自身没有 I²C 电路,这里要采用 P1.6 和 P1.7 仿真来实现,P1.7 仿真 SCL,P1.6 仿真 SDA。I²C 的操作时序请参考第 3 章 3.10 节有关内容,PCF8574 的读写命令格式请参考其用户手册。

4.14.5 实验步骤

(1)关掉实验箱电源。将 CPU 板插接在 JK1,JK2 上。将 I²C 扩展版插接在子板扩展区插槽上。按照表 4.19 将硬件连接好。

(2)在仿真器断电情况下将仿真器的仿真头插在 CPU 板的 CPU 插座上。将仿真器与 PC 机的通信口连接好,打开实验箱及仿真器的电源。

(3)运行 Keil μVision2 开发环境,建立工程"I2C8574_c.uV2",CPU 为 AT89S51,包含启动文件"STARTUP.A51"。

(4)按照实验功能要求创建源程序"I2C8574.c",将其加入到工程"I2C8574_c.uV2",并设置工程"I2C8574_c.uV2"的属性,将其晶振频率设置为 11.0592MHz,选择输出可执行文件,DEBUG 方式选择"硬件 DEBUG",并选择其中的"WAVE V series MCS51 Driver"仿真器。

(5)构造(Build)工程"I2C8574_c.uV2"。如果编程有误,则进行修改,直至构造正确为止。

(6)运行程序,观察结果否符合程序要求。若不符合,分析出错原因,继续重复步骤(4)(5),直至结果正确。

4.14.6 实验作业

总结 PCF8574 的数据读写方法。

4.15 I²C 接口芯片 PCF8563 扩展 RTC 实验

4.15.1 实验内容

实验原理如图 4.41 所示。

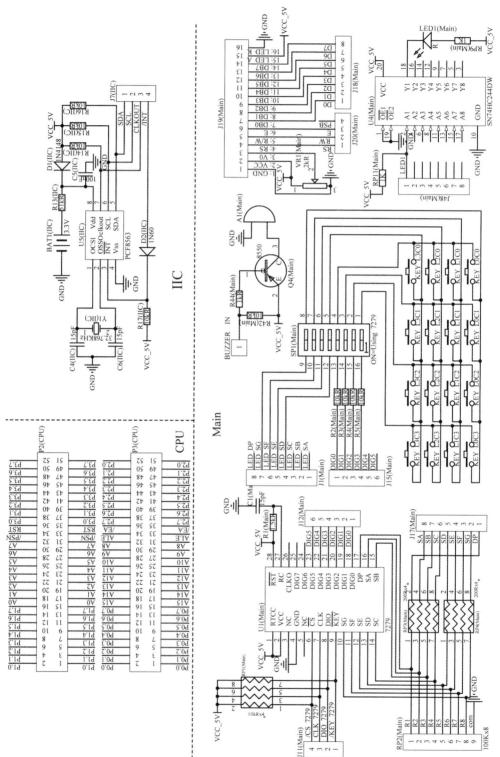

图4.41　I²C扩展PCF8563实验原理图

本实验利用 7279 进行键盘扫描,利用 LCD1602 显示,利用具有 I²C 接口的 PCF8563 实时时钟芯片实现简单的电子日历功能。

4.15.2 连线关系

实验中连接关系如表 4.20 所示。

表 4.20　　　　　　　　I²C 接口芯片 PCF8563 扩展 RTC 实验连接关系

线序号	线端 A 插接位置		线端 B 插接位置	
	开发板	端子	开发板	端子
S1	CPU_CORE_51	P2:P1.0	MAIN_BOARD	J11:CS
S2	CPU_CORE_51	P2:P1.1	MAIN_BOARD	J11:CLK
S3	CPU_CORE_51	P2:P1.2	MAIN_BOARD	J11:DIO
S4	CPU_CORE_51	P2:P3.2	MAIN_BOARD	J11:KEY
S5	MAIN_BOARD	J17:SG	MAIN_BOARD	J1:LED_SG
S6	MAIN_BOARD	J17:SF	MAIN_BOARD	J1:LED_SF
S7	MAIN_BOARD	J17:SE	MAIN_BOARD	J1:LED_SE
S8	MAIN_BOARD	J17:SD	MAIN_BOARD	J1:LED_SD
S9	MAIN_BOARD	J12:DIG0	MAIN_BOARD	J15:DIG0
S10	MAIN_BOARD	J12:DIG1	MAIN_BOARD	J15:DIG1
S11	MAIN_BOARD	J12:DIG2	MAIN_BOARD	J15:DIG2
S12	MAIN_BOARD	J12:DIG3	MAIN_BOARD	J15:DIG3
S13	CPU_CORE_51	P3:P2.3	MAIN_BOARD	J48:LED1
S14	CPU_CORE_51	P3:P2.2	MAIN_BOARD	BUZZER_IN
S15	CPU_CORE_51	P2:P1.5	MAIN_BOARD	J20:RS
S16	CPU_CORE_51	P2:P1.6	MAIN_BOARD	J20:RW
S17	CPU_CORE_51	P2:P1.7	MAIN_BOARD	J20:E
P1	CPU_CORE_51	P3:P0.0~P0.7	MAIN_BOARD	J18:D0~D7
S18	CPU_CORE_51	P3:P2.0	IIC	J7:SDA
S20	CPU_CORE_51	P3:P2.1	IIC	J7:SCL
S21	CPU_CORE_51	P2:P3.3	IIC	J7:/INT
	IIC	J7:CLKOUT		示波器探头
		GND		示波器探头接地

4.15.3　程序流程图(见图 4.42)

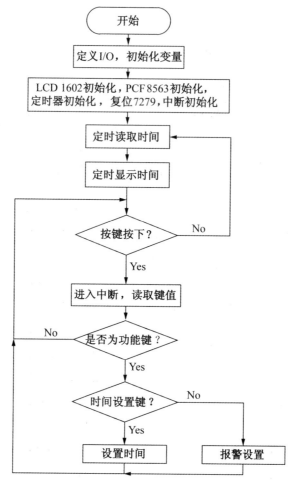

图 4.42　I²C 扩展 PCF8563 实验流程图

4.15.4　编程思路

按键功能分配、显示方法及编程思路与前面的"4.12 DS12887 并行接口 RTC 实验"等同。参考 PCF8563 的用户使用手册对其进行读写控制。通信接口仍然为 I²C 接口。该 I²C 接口使用 P2.0 和 P2.1 来仿真实现。I²C 的操作时序请参考第 3 章 3.10 节有关内容。另外,I²C 子板上 J7 有个 CLKOUT 端,可以利用该端子输出方波信号,假设输出信号的频率为 1Hz,利用程序设置好 PCF8563,然后观察该信号在示波器上的波形。

4.15.5　实验步骤

(1)关掉实验箱电源。将 CPU 板插接在 JK1,JK2 上。将 I²C 扩展版插接在子板扩展区插槽上。将 LCD1602 子板插接在主板的 J19 上。按照表 4.20 将硬件连接好。

（2）在仿真器断电情况下将仿真器的仿真头插在 CPU 板的 CPU 插座上。将仿真器与 PC 机的通信口连接好，打开实验箱及仿真器的电源。

（3）运行 Keil μVision2 开发环境，建立工程"I2C8563_c. uV2"，CPU 为 AT89S51，包含启动文件"STARTUP. A51"。

（4）按照实验功能要求创建源程序"I2C8563. c"，将其加入到工程"I2C8563_c. uV2"，并设置工程"I2C8574_c. uV2"的属性，将其晶振频率设置为 11.0592MHz，选择输出可执行文件，DEBUG 方式选择"硬件 DEBUG"，并选择其中的"WAVE V series MCS51 Driver"仿真器。

（5）构造（Build）工程"I2C8563_c. uV2"。如果编程有误，则进行修改，直至构造正确为止。

（6）运行程序，观察结果否符合程序要求。若不符合，分析出错原因，继续重复步骤（4）（5），直至结果正确。

4.15.6　实验作业

（1）总结 PCF8563 的数据读写方法。

（2）对比 PCF8563 与 DS12887 实现 RTC 的方法，分析各自的特点。

4.16　I²C 接口芯片 TLC549CD 扩展 A/D 实验

4.16.1　实验内容

实验原理如图 4.43 所示。

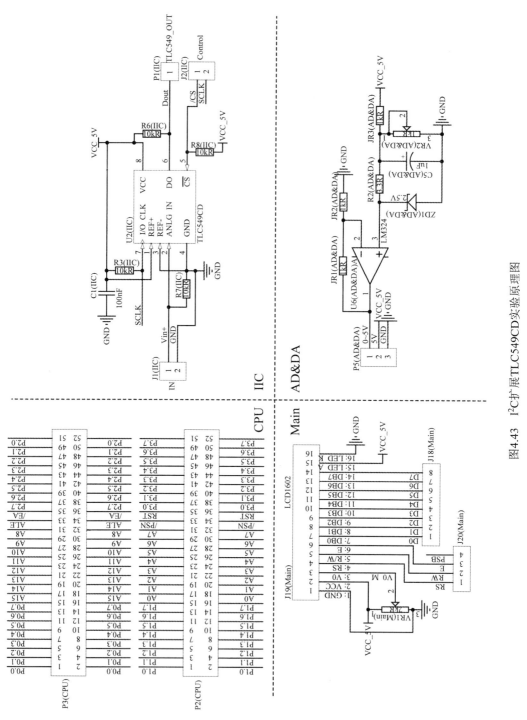

图4.43 I²C扩展TLC549CD实验原理图

本实验通过 TLC549CD 实现 A/D 采样,并将采样的结果通过 LCD1602 显示出来。图中右下角电路来自于 AD&DA 子板,用于提供 0~5V 模拟信号.

4.16.2　连线关系

实验中连接关系如表 4.21 所示。

表 4.21　　　　　　I^2C 接口芯片 TLC549CD 扩展 A/D 实验连接关系

线序号	线端 A 插接位置		线端 B 插接位置	
	开发板	端子	开发板	端子
S1	CPU_CORE_51	P2:P1.5	MAIN_BOARD	J20:RS
S2	CPU_CORE_51	P2:P1.6	MAIN_BOARD	J20:RW
S3	CPU_CORE_51	P2:P1.7	MAIN_BOARD	J20:E
P1	CPU_CORE_51	P3:A8~A15	MAIN_BOARD	J18:D0~D7
S4	CPU_CORE_51	P2:P1.0	I^2C	J2:SCLK
S5	CPU_CORE_51	P2:P1.1	I^2C	J2:/CS
S6	CPU_CORE_51	P2:P1.2	I^2C	P1:DOUT
S7	AD&DA	P5:0~5V	I^2C	J1:VIN+
S8	AD&DA	P5:GND	I^2C	J1:GND

4.16.3　程序流程图（见图 4.44）

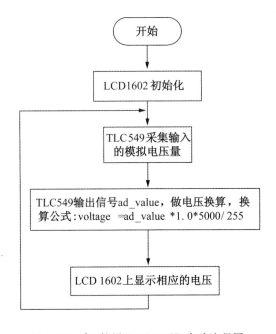

图 4.44　I^2C 扩展 TLC549CD 实验流程图

4.16.4　编程思路

0~5V 可变模拟信号来自于 AD&DA 板。其他的采集及显示要求同 4.10 节"ADC0809 并行接口 A/D 转换实验"。

4.16.5　实验步骤

(1)关掉实验箱电源。将 CPU 板插接在 JK1,JK2 上。将 LCD1602 子板插接在主板的 J19 上。将 I²C,AD&DA 扩展版插接在子板扩展区插槽上。按照表 4.21 将硬件连接好。

(2)在仿真器断电情况下将仿真器的仿真头插在 CPU 板的 CPU 插座上。将仿真器与开发 PC 机的通信口连接好,打开实验箱及仿真器的电源。

(3)运行 Keil μVision2 开发环境,建立工程"TLC549_c.uV2",CPU 为 AT89S51,包含启动文件"STARTUP.A51"。

(4)按照实验功能要求创建源程序"TLC549.c",将其加入到工程"TLC549_c.uV2",并设置工程"TLC549_c.uV2"的属性,将其晶振频率设置为 11.0592MHz,选择输出可执行文件,DEBUG 方式选择"硬件 DEBUG",并选择其中的"WAVE V series MCS51 Driver"仿真器。

(5)构造(Build)工程"TLC549_c.uV2"。如果编程有误,则进行修改,直至构造正确为止。

(6)运行程序,观察结果否符合程序要求。若不符合,分析出错原因,继续重复步骤(4)(5),直至结果正确。

4.16.6　实验作业

(1)调节 AD&DA 板上 VR2,使 IN0 通道上的输入信号电平发生改变,利用数字万用表测量其电压值,并将其与 LCD 上显示的采样值进行对比。

(2)比较利用 TLC549 实现 A/D 采集与采用 ADC0809 实现 A/D 采集的异同。

4.17　I²C 接口芯片 TLC5615 扩展 D/A 实验

4.17.1　实验内容

实验原理如图 4.45 所示。

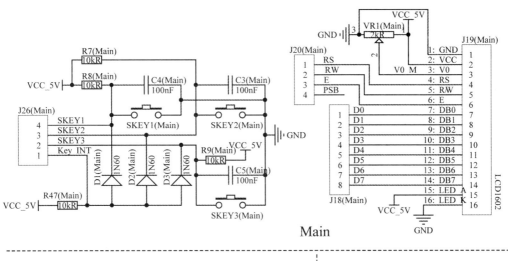

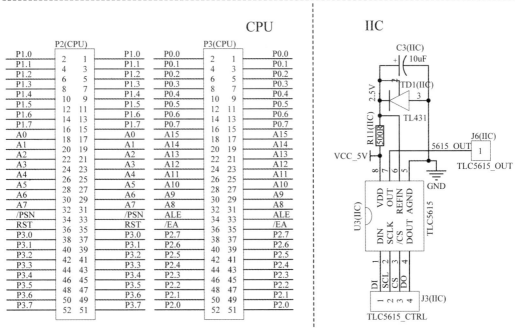

图 4.45　I^2C 扩展 TLC5615 实验原理图

　　本实验利用单片机模拟 I^2C 通过 TLC5615 实现信号发生器功能,静态按键 SKEY1,
SKEY2,SKEY3 实现信号频率的增加与减小以及输出信号类型的切换。选择的结果通
过 LCD1602 显示出来。

　　能够实现的信号类型包括方波、三角波和正弦波,频率有 10Hz、20Hz、30Hz 和 40Hz
几种。

4.17.2　连线关系

　　实验中连接关系如表 4.22 所示。

表 4.22　　　　　　　 I^2C 接口芯片 TLC5615 扩展 D/A 实验连接关系

线序号	线端 A 插接位置		线端 B 插接位置	
	开发板	端子	开发板	端子
S1	CPU_CORE_51	P2:P1.0	MAIN_BOARD	J20:RS
S2	CPU_CORE_51	P2:P1.1	MAIN_BOARD	J20:RW
S3	CPU_CORE_51	P2:P1.2	MAIN_BOARD	J20:E
P1	CPU_CORE_51	P3:A8~A15	MAIN_BOARD	J18:D0~D7
S4	CPU_CORE_51	P2:P1.5	MAIN_BOARD	J26:SKEY1
S5	CPU_CORE_51	P2:P1.6	MAIN_BOARD	J26:SKEY2
S6	CPU_CORE_51	P2:P1.7	MAIN_BOARD	J26:SKEY3
S7	CPU_CORE_51	P2:P3.2	MAIN_BOARD	J26:KEY_INT
S8	CPU_CORE_51	P3:P0.0	I^2C	J3:DI
S9	CPU_CORE_51	P3:P0.1	I^2C	J3:SCL
S10	CPU_CORE_51	P3:P0.2	I^2C	J3:CS
	I^2C	J6:5615_OUT		示波器探头
		GND		示波器探头接地

4.17.3　程序流程图（见图 4.46）

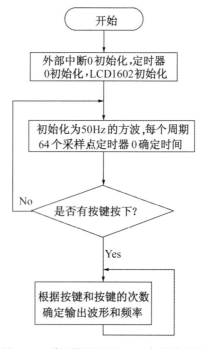

图 4.46　 I^2C 扩展 TLC5615 实验流程图

4.17.4　编程思路

编程思路及按键功能设计见 4.11 节"DAC0832 并行接口 D/A 转换实验"。

4.17.5　实验步骤

(1)关掉实验箱电源。将 CPU 板插接在 JK1,JK2 上。将 LCD1602 子板插接在主板的 J19 上。将 I^2C 扩展版插接在子板扩展区插槽上。按照表 4.22 将硬件连接好。

(2)在仿真器断电情况下将仿真器的仿真头插在 CPU 板的 CPU 插座上。将仿真器与开发 PC 机的通信口连接好,打开实验箱及仿真器的电源。

(3)运行 Keil μVision2 开发环境,建立工程"TLC5615_c. uV2",CPU 为 AT89S51,包含启动文件"STARTUP. A51"。

(4)按照实验功能要求创建源程序"TLC5615. c",将其加入到工程"TLC5615_c. uV2",并设置工程"TLC5615_c. uV2"的属性,将其晶振频率设置为 11.0592MHz,选择输出可执行文件,DEBUG 方式选择"硬件 DEBUG",并选择其中的"WAVE V series MCS51 Driver"仿真器。

(5)构造(Build)工程"TLC5615_c. uV2"。如果编程有误,则进行修改,直至构造正确为止。

(6)运行程序,观察结果否符合程序要求。若不符合,分析出错原因,继续重复步骤(4)(5),直至结果正确。

4.17.6　实验作业

(1)总结 TLC5615 串行 A/D 的使用方法。

(2)比较利用 TLC5615 实现 D/A 与采用 ADC0832 实现相同功能在软硬件上的异同。

4.18　DS18B20 温度测量实验

4.18.1　DS18B20 集成温度传感器简介

DS18B20 是美国 Dallas 公司生产的一种数字式集成温度传感器。这种温度传感器与传统热敏电阻构成的温度传感器不同的地方是:由于 DS18B20 采用集成电路工艺实现温度传感,并在内部直接将被测温度转化成了串行数字信号供微机读取,因而不再需要其他信号调理电路及 A/D 转换电路,测温电路特别简单,并能有效减少外界的干扰,提高测量精度。

(1)引脚分布

DS18B20 引脚分布如图 4.47 所示。

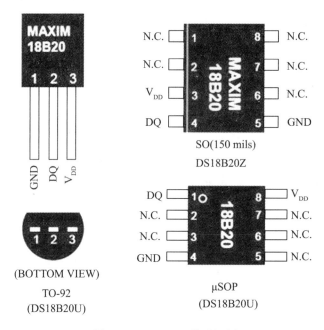

图 4.47　DS18B20 外观视图

DS18B20 引脚功能如表 4.23 所示。

表 4.23　　　　　　　　　　　　　DS18B20 引脚功能

符号	功能描述
V_{DD}	可选的电源引脚,电压范围为 3~5.5V。当工作于寄生电源模式时,V_{DD} 必须接地
GND	接地
DQ	数据输入/输出引脚。对于单线操作,漏极开路。当工作在寄生电源模式时,还能给内部供电

如表中所述,DS18B20 可以由外部通过 V_{DD} 供电,这时的 DQ 是双向的数据总线,可以与微处理器之间实现双向数据通信,并且该数据总线上还可以挂接多个这样的芯片,实现多点分布式测温。如图 4.48 所示。

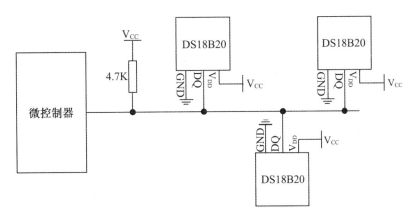

图 4.48 DS18B20 分布式测温

DS18B20 也可以通过内部寄生电路从数据线上获取电源,这时 V_{DD} 应接地。这种结构可以使得电路连接更加简单,但对时序操作更加严格。这里不再详细描述这种供电方式。

(2)内部结构

DS18B20 内部主要由四部分组成:64 位 ROM、温度传感器、温度报警触发器 TH 和 TL、配置寄存器。如图 4.49 所示。

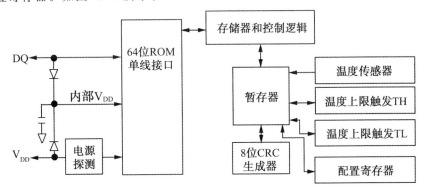

图 4.49 DS18B20 内部结构框图

其中光刻 ROM 中的 64 位序列号是出厂前被光刻好的,它可以看作是该 DS18B20 的地址序列码。64 位光刻 ROM 的排列是:开始 8 位(28H)是产品类型标号,接着的 48 位是该 DS18B20 自身的序列号,最后 8 位是前面 56 位的循环冗余校验码(CRC=X8+X5+X4+1)。如图 4.50 所示。

8位CRC码	48位序列号	8位产品类型码(28H)
MSB	LSB MSB	LSB MSB	LSB

图 4.50 64 位光刻 ROM 排列

光刻 ROM 的作用是使每一个 DS18B20 都各不相同,这样就可以实现一根总线上挂接多个 DS18B20 的目的。

DS18B20 的测量精度可以配置成 9 位,10 位,11 位或 12 位 4 种状态。上电后默认为

12 位状态。测量范围为-55℃～+125℃；在-10～+85℃范围内,精度为±0.5℃。

DS18B20 的内部存储器由一个暂存 SRAM 和一个存储高低报警触发值 TH 和 TL 的非易失性电可擦除 EEPROM 组成,如图 4.51 所示。

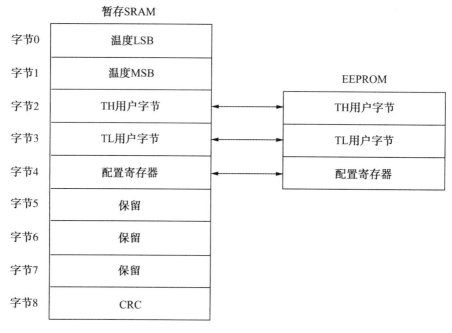

图 4.51 DS18B20 内部存储器组成

温度传感器在测量完成后,将测量的结果存储在 DS18B20 的前两个字节的 SRAM 中,单片机可通过单线接口发送相应命令(44H)读到该数据,读取时低位在前,高位在后。数据的存储格式如图 4.52(以 12 位转化为例)所示。

图 4.52 SRAM 测量结果数据字节

上电复位后这两个字节预存的数值为:05h(高字节)50(低字节),即：

$$5 * 16 + 5 = 85℃$$

DS1820 完成一次温度转换后,就将该温度值和存储在 TH 和 TL 中的值进行比较,如图 4.53 所示。因为这些寄存器是 8 位的,所以 0.5℃以下被忽略不计。

图 4.53 SRAM 报警触发值数据字节

TH 或 TL 的最高有效位直接对应 16 位温度寄存器的符号位。如果测得的温度高于 TH 或低于 TL,器件内部就会置位一个报警标识。每进行一次测温就对这个标识进行一次更新。

存储器的第 4 字节为配置寄存器,其位结构如图 4.54 所示。

D7	D6	D5	D4	D3	D2	D1	D0
0	R1	R0	1	1	1	1	1

图 4.54　SRAM 配置寄存器字节

用户通过设置 R0 和 R1 位来设定 DS18B20 的精度。如表 4.24 所示。

表 4.24　　　　　　　　　　DS18B20 精度设置表

R1	R0	温度分辨率	最大转换时间
0	0	9bit	93.75ms
0	1	10bit	187.5ms
1	0	11bit	375ms
1	1	12bit	750ms

上电默认设置:R0＝1,R1＝1(12 位精度)。

(3)单线总线操作时序

由于 DS18B20 采用单总线实现双向数据通信,为了正确地识别芯片不同的工作状态,实现单片机与 DS18B20 之间的数据交互,必须遵循严格的通信时序,下面就简单介绍一下该时序:

①初始化时序

DS18B20 通过单总线进行初始化的时序要求如图 4.55 所示。

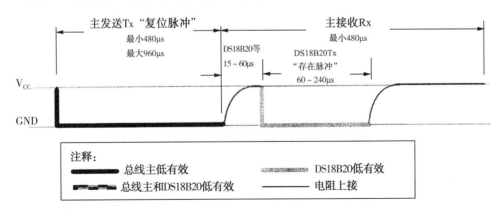

图 4.55　初始化时序

由图 4.55 可见,当单片机(主机)要操作 DS18B20 时,需要把总线拉低,并持续 $480\mu s$ 至 $960\mu s$,然后释放总线(即拉高),当时间流逝 15～60μs 的时候,DS18B20 若存在且没有坏的话,它会把总线拉低,并持续 60～240μs。在这段时间主机可以查看总线状态,来确定初始化完成。

②写时序

单片机(主机)通过单总线向 DS18B20 写数据的时序要求如图 4.56 所示。

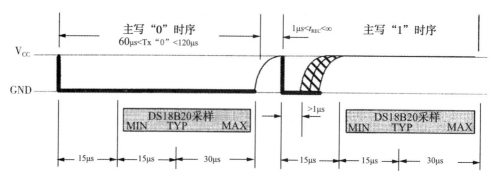

图 4.56 写数据时序

若主机在拉低总线的 $15\mu s$,后继续拉低总线,并持续 $15\sim30\mu s$ 等待 DS18B20 采样,将完成 0 的写入。若主机拉低总线 $15\mu s$ 后拉高总线,然后持续 $15\sim30\mu s$ 等待 DS18B20 采样,将完成 1 的写入。

③读时序

主机通过单总线从 DS18B20 读数据的时序要求如图 4.57 所示。

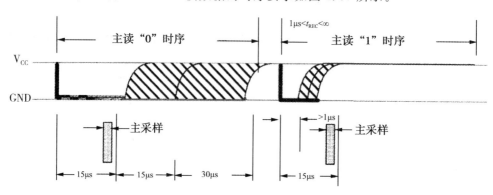

图 4.57 读数据时序

主机先拉低总线并持续 $15\mu s$,然后释放总线,如果 DS18B20 要输出 0 就会继续拉低总线,若要输出 1 就会拉高总线,并持续 $15\sim30\mu s$,这段时间内主机查询总线状态即可完成 0 或者 1 的读取。

(4)DS18B20 操作命令

①ROM 操作命令

DS18B20 依靠一个单总线端口通信,必须先建立 ROM 操作协议,才能进行存储器和控制操作。因此,主机必须首先发出下面 5 个 ROM 操作命令之一:

·读出 ROM 命令,代码为 33H,用于读出 DS18B20 的序列号,即 64 位光刻 ROM 代码。

·匹配 ROM 命令,代码为 55H,用于识别(或选中)某一特定的 DS18B20 进行操作,主要用于总线上有多个 DS18B20 时进行芯片选取。

· 搜索 ROM 命令,代码为 F0H,用于确定总线上的节点数,以及所有节点的序列号。

· 跳过 ROM 命令,代码为 CCH,用于对所有的 DS18B20 进行操作,通常用于启动所有的 DS18B20 转换之前,或系统中仅有一个 DS18B20 时。

· 报警搜索命令,代码为 ECH,主要用于鉴别和定位系统中超出程序设定的报警温度界限的节点。

②存储器操作命令

当完成相应的 ROM 操作命令之后,可以进一步对 DS18B20 进行存储器操作,存储器操作的命令包括:

· 温度转换命令,代码为 44H,用于启动 DS18B20 进行温度测量,温度转换命令被执行后,DS18B20 将保持等待状态。如果主机在这条命令之后,跟着发出读时间操作时隙,而 DS18B20 又忙于做温度转换的话,DS18B20 将在总线上输出“0”,若温度转换完成,则输出“1”。

· 读暂存器命令,代码为 BEH,用于读取暂存器中的内容,从字节 0 开始,最多可以读取 9 个字节,如果不想读完所有字节,主机可以在任何时间发出复位命令来终止读取。

· 写暂存器命令,代码为 4EH,用于将数据写入到 DS18B20 暂存器的地址 2 和地址 3(TH 和 TL 字节)。可以在任何时刻发出复位命令来终止写入。

· 复制寄存器命令,代码为 48H,用于将暂存器的内容复制到相应的非易失性 EEP-ROM,即把温度报警触发字节写入到 EEPROM。

· 读 EEPROM 命令,代码为 B8H,用于将 EEPROM 中存储的内容读入到相应的暂存器中。

· 读电源方式命令,代码为 B4H,用于将 DS18B20 的供电方式信号发送到主机。若在这条命令发出之后,DS18B20 返回“0”则表示用寄生电源方式,返回“1”则表示用外部电源方式。

4.18.2　实验内容

本实验利用 DS18B20 实现温度采集,并利用 LCD1602 显示出来,实验原理如图4.58所示。

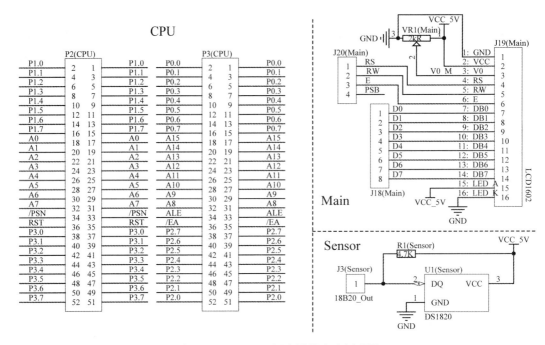

图 4.58　DS18B20 温度测量实验原理图

4.18.3　连线关系

接插件连接关系如表 4.25 所示。

表 4.25　　　　　　　　　DS18B20 温度测量实验连接关系

线序号	线端 A 插接位置		线端 B 插接位置	
	开发板	端子	开发板	端子
S1	Sensor	J3:18B20_OUT	CPU_CORE_51	P3:P0.0
P1	MAIN_BOARD	J18:(LCD 数据线):D0~D7	CPU_CORE_51	P2:P1.0~P1.7
S2	MAIN_BOARD	J20:(LCD 控制线):E	CPU_CORE_51	P3:P0.4
S3	MAIN_BOARD	J20:(LCD 控制线):RW	CPU_CORE_51	P3:P0.5
S4	MAIN_BOARD	J20:(LCD 控制线):RS	CPU_CORE_51	P3:P0.6

4.18.4　程序流程图(见图 4.59)

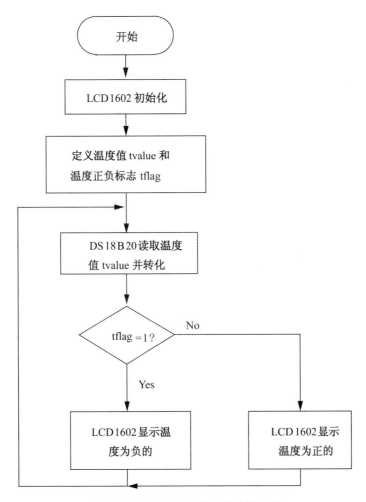

图 4.59　18B20 温度测量实验流程图

4.18.5　编程思路

对于 DS18B20 的操作需要设计出几个函数,这里给出几个参考程序:

/ * * * * * * * * * * * * *必要的变量定义* * * * * * * * * * * * * * */

♯define uint unsigned int　　　//变量类型宏定义,用 uint 表示无符号整形(16 位)

♯define uchar unsigned char //变量类型宏定义,用 uchar 表示无符号字符型(8 位)

sbit DQ＝P0^0；　　　//可位寻址变量定义,用 DQ 表示 P2.3 口

uint tvalue；　　　//温度值

uchar tflag；　　　//温度正负标志

/ * * * * * * * * * * * * *延时子程序* * * * * * * * * * * * * * * */

void delay_18B20(unsigned int i)//延时若干微秒

```
{
    while(i－－);
}
```

```
/ * * * * * * * * * * * DS18B20 的复位程序 * * * * * * * * * * * * * /
void DS18B20_Reset()
{
DQ = 1;      //DQ 复位
delay_18B20(3);     //延时
DQ＝0;     //DQ 拉低
delay_18B20(100);     //精确延时大于 480s
DQ＝1;     //拉高
while(DQ);//等待 DS18B20 拉低总线
delay_18B20(20);//延时,等待上拉电阻拉高总线
DQ＝1;//拉高数据线,准备数据传输;
}
```

```
/ * * * * * * * * * * * DS18B20 的读数据程序 * * * * * * * * * * * * * /
uchar DS18B20_Read()
{
unsigned char i＝0;
unsigned char dat ＝ 0;
DQ＝1; //准备读
for (i＝8;i＞0;i－－) //一位一位的读,循环 8 次
{
  dat＞＞＝1;   //d 右移一位,低位在先
  DQ＝0;   //给脉冲信号
  _nop_();_nop_();_nop_();
  DQ＝1;//必须写 1,否则读出来的将是不预期的数据;
  if(DQ)//在 12s 处读取数据,送给 d 的最高位
      dat|＝0x80;
  delay_18B20(10);
}
return(dat);
}
```

```
/ * * * * * * * * * * * DS18B20 的写数据程序 * * * * * * * * * * * * /
void DS18B20_Write(uchar wdata)
```

```
unsigned char i=0;
for(i=8;i>0;i--) //一位一位的写
{
   DQ = 0;
   _nop_();_nop_();_nop_();
   DQ = wdata&0x01;
   delay_18B20(10);
   DQ = 1;
   wdata>>=1;
}
}


/ * * * * * * * * * * * * * 读取温度值并转换 * * * * * * * * * * * * * /
void DS18B20_Read_Temp()
{
uchar a,b;
DS18B20_Reset();
DS18B20_Write(0xcc);     //跳过读序列号
DS18B20_Write(0x44);     //启动温度转换
DS18B20_Reset();
DS18B20_Write(0xcc);     //跳过读序列号
DS18B20_Write(0xbe);     //写读内部 RAM 中 9 字节的内容命令
a=DS18B20_Read();        //读温度 RAM(LSB)
b=DS18B20_Read();        //读温度 RAM（MSB)
tvalue=b;
tvalue<<=8;
tvalue=tvalue|a;
if(tvalue<0x0fff)   //正温度保持不变,负温度求补码
   tflag=0;
else
{
   tvalue=~tvalue+1;
   tflag=1;
}
}
```

4.18.6　实验步骤

（1）关掉实验箱电源。将 CPU 板插接在 JK1,JK2 上。Sensor 扩展版插接在子板扩展区插槽上。将 LCD1602 子板插接在主板的 J19 上。按照表 4.25 将硬件连接好。

（2）在仿真器断电情况下将仿真器的仿真头插在 CPU 板的 CPU 插座上。将仿真器与 PC 机的通信口连接好，打开实验箱及仿真器的电源。

（3）运行 Keil μVision2 开发环境，建立工程"DS18B20_c. uV2",CPU 为 AT89S51,包含启动文件"STARTUP. A51"。

（4）按照实验功能要求创建源程序"DS18B20. c",将其加入到工程"DS18B20_c. uV2",并设置工程"DS18B20_c. uV2"的属性，将其晶振频率设置为 11.0592MHz,选择输出可执行文件,DEBUG 方式选择"硬件 DEBUG",并选择其中的"WAVE V series MCS51 Driver"仿真器。

（5）构造（Build）工程"DS18B20_c. uV2"。如果编程有误，则进行修改，直至构造正确为止。

（6）运行程序，观察 LCD 是否能正确显示当前温度。用手触摸 DS18B20 并观察 LCD 中显示的温度是否随之改变。若不符合要求，分析出错原因，直至结果正确。

4.18.7　实验作业

（1）总结 DS18B20 单总线通信方式的特点。
（2）尝试使用 DS18B20 实现温度上下限报警功能。

4.19　DHT11 温湿度测量实验

4.19.1　实验内容

本实验研究另一个单总线通信的传感器 DHT11 温湿度传感器，学习 DHT11 单总线通信方式的特点，学会应用 DHT11 温湿度传感器。实验原理如图 4.60 所示。

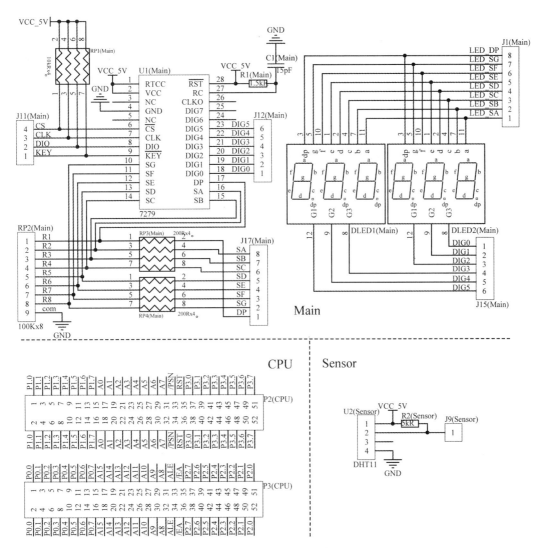

图 4.60 DHT11 温湿度测量实验原理图

4.19.2 实验原理

DHT11 是一款湿温度一体化的数字传感器。该传感器包括一个电阻式测湿元件和一个 NTC 测温元件。DHT11 与单片机之间能采用简单的单总线进行通信,仅仅需要一个 I/O 口。传感器能将 40 位的内部湿度和温度数据一次性传给单片机,数据采用校验和方式进行校验,有效的保证数据传输的准确性。DHT11 功耗很低,5V 电源电压下,工作平均最大电流 0.5mA。

DHT11 的技术参数如下:

(1)工作电压范围:3.3~5.5V

(2)工作电流:平均 0.5mA

(3)输出:单总线数字信号

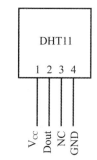

（4）测量范围：湿度 20～90％RH，温度 0～50℃

（5）精度：湿度±5％，温度±2℃

（6）分辨率：湿度 1％，温度 1℃

DHT11 的管脚排列如图 4.61 所示。虽然 DHT11 与 DS18B20 类似，都是单总线访问，但是 DHT11 的访问，相对 DS18B20 来说要简单很多。下面我们先来看看 DHT11 的数据结构。

图 4.61　DHT11 的管脚排列图

DHT11 数字湿温度传感器采用单总线数据格式。即单个数据引脚端口完成输入输出双向传输。其数据包由 5 字节（40 位）组成，数据格式为：8 位湿度整数数据＋8 位湿度小数数据＋8 位温度整数数据＋8 位温度小数数据＋8 位校验和。校验和数据为前四个字节相加。例如，某次从 DHT11 读到的数据如图 4.62 所示。

图 4.62　某次从 DHT11 读到的数据

由以上数据就可得到湿度和温度的值，计算方法：

湿度＝byte4.byte3＝45.0％RH

温度＝byte2.byte1＝28.0℃

校验＝byte4＋byte3＋byte2＋byte1＝73（＝湿度＋温度）（校验正确）

可以看出，DHT11 的数据格式是十分简单的，DHT11 和 MCU 的一次通信最大为 3ms 左右，建议主机连续读取时间间隔不要小于 100ms。

下面，我们介绍一下 DHT11 的传输时序。DHT11 的数据发送流程如图 4.63 所示。

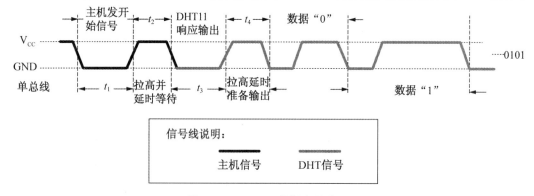

图 4.63　DHT11 数据发送流程

首先主机发送开始信号，即拉低数据线，保持 t_1（至少 18ms）时间，然后拉高数据线 t_2（20～40μs）时间，然后读取 DHT11 的响应信号。正常的话，DHT11 会拉低数据线，保持 t_3（40～50μs）时间，作为响应信号，然后 DHT11 拉高数据线，保持 t_4（40～50μs）时间后，开始输出数据。

DHT11 输出数字"0"的时序如图 4.64 所示。

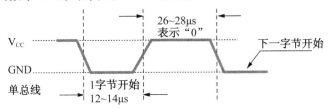

图 4.64　DHT11 输出数字"0"的时序

DHT11 先输出 12～14μs 的低电平,然后输出 26～28μs 的高电平,再将数据线拉低,这表示 DHT11 输出了一个数字"0"。

DHT11 输出数字"1"的时序如图 4.65 所示。

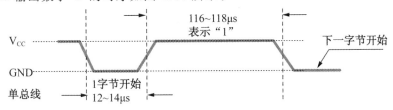

图 4.65　DHT11 输出"1"的时序

DHT11 先输出 12～14μs 的低电平,然后输出 116～118μs 的高电平,再将数据线拉低,这表示 DHT11 输出了一个数字"1"。

4.19.3　连线关系

实验中连接关系如表 4.26 所示。

表 4.26　　　　　　　　　　　　DHT11 温湿度测量实验连接关系

线序号	线端 A 插接位置		线端 B 插接位置	
	开发板	端子	开发板	端子
S1	Sensor	J9:DHT11_OUT	CPU_CORE_51	P3:P0.0
S2	MAIN_BOARD	J11(动态 LED 控制):/CS	CPU_CORE_51	P2:P1.7
S3	MAIN_BOARD	J11(动态 LED 控制):CLK	CPU_CORE_51	P2:P1.6
S4	MAIN_BOARD	J11(动态 LED 控制):DIO	CPU_CORE_51	P2:P1.5
S5	MAIN_BOARD	J11(动态 LED 控制 L):/KEY	CPU_CORE_51	P2:P1.4
S6-S11	MAIN_BOARD	J12(7279 列扫描 &LED 位选):DIG0～DIG5	MAIN_BOARD	J15(键盘列扫描 &LED 位选):DIG0～DIG5
P1	MAIN_BOARD	J17(7279 行扫描 &LED 段选):DP～SG	MAIN_BOARD	J1(键盘行扫描 &LED 段选):LED_DP～LED_SG

4.19.4　程序流程图(见图 4.66)

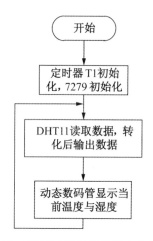

图 4.66　DHT11 温湿度测量实验流程图

4.19.5　实验步骤

(1)关掉实验箱电源。将 CPU 板插接在 JK1,JK2 上。Sensor 扩展版插接在子板扩展区插槽上。按照表 4.26 将硬件连接好。

(2)在仿真器断电情况下将仿真器的仿真头插在 CPU 板的 CPU 插座上。将仿真器与 PC 机的通信口连接好,打开实验箱及仿真器的电源。

(3)运行 Keil μVision2 开发环境,建立工程"Humidity_c. uV2",CPU 为 AT89S51,包含启动文件"STARTUP. A51"。

(4)按照实验功能要求创建源程序"Humidity. c",将其加入到工程"Humidity_c. uV2",并设置工程"Humidity_c. uV2"的属性,将其晶振频率设置为 11. 0592MHz,选择输出可执行文件,DEBUG 方式选择"硬件 DEBUG",并选择其中的"WAVE V series MCS51 Driver"仿真器。

(5)构造(Build)工程"Humidity_c. uV2"。如果编程有误,则进行修改,直至构造正确为止。

(6)运行程序,观察是否能正确显示当前温湿。用手触摸 DHT11 并观察数码管中显示的温湿度是否随之改变。若不符合要求,分析出错原因,直至结果正确。

4.19.6　实验作业

(1)比较 DHT11 和 DS18B20 通信通信方式的异同。

(2)尝试使用其他方式(比如 LCD1602)显示温湿度。

4.20　红外对管障碍物检测实验

4.20.1　实验内容

本实验研究红外发射和接收的原理,通过 LED 的亮灭变化反映是否接收到红外信号。红外对管障碍物检测实验原理如图 4.67 所示。

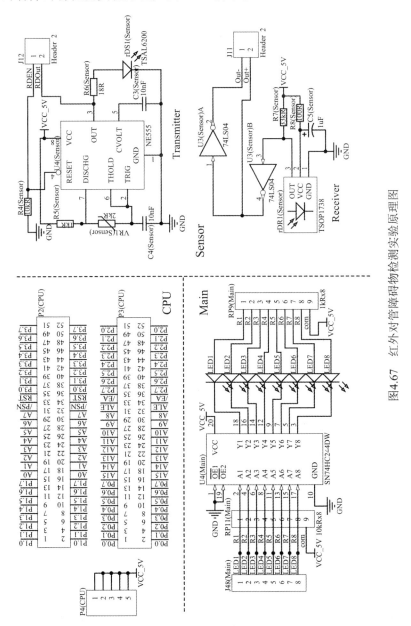

图4.67　红外对管障碍物检测实验原理图

4.20.2 实验原理

本实验采用的是 TSOP1738 一体式红外接收头,可以对收到的信号进行放大、检波、整形、解调,滤除 38kHz 的载波信号,并将接收到的信号输出,直接得到原发射器发出的数字编码信号,使用方便,性能可靠。

4.20.3 连线关系

实验中连接关系如表 4.27 所示。

表 4.27 红外对管障碍物检测实验连接关系

线序号	线端 A 插接位置		线端 B 插接位置	
	开发板	端子	开发板	端子
S1	Sensor	J12(发射模块接线端):RDEN	CPU_CORE_51	P4:+5V
S2	Sensor	J11(接收模块接线端):OUT+	CPU_CORE_51	P2:P1.0
S3	MAIN_BOARD	J48(LED 接线端):LED1	CPU_CORE_51	P2:P1.1

4.20.4 程序流程图(见图 4.68)

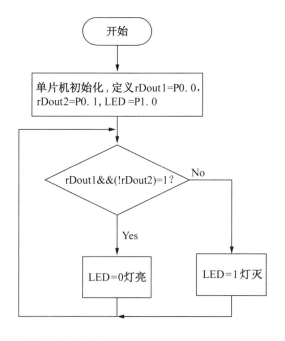

图 4.68 红外对管障碍物检测实验流程图

4.20.5 编程思路

输入端 RDEN 加高电平,红外发射管发出 38kHz 红外信号,RDEN 加低电平时红外发射管不工作。当接收端 TSOP1738 没有接收到红外信号时，rDout＋输出高电平，rDout－输出低电平；当 TSOP1738 接收到 38kHz 的红外信号时，rDout＋输出低电平，rDout－输出高电平。给输入端 RDEN 加恒定的高电平，通过判断输出电平高低就可以实现红外对管障碍物检测功能。使用 LED 灯指示结果。

4.20.6　实验步骤

(1)关掉实验箱电源。将 CPU 板插接在 JK1,JK2 上。Sensor 扩展版插接在子板扩展区插槽上。按照表 4.27 将硬件连接好。

(2)在仿真器断电情况下将仿真器的仿真头插在 CPU 板的 CPU 插座上。将仿真器与 PC 机的通信口连接好，打开实验箱及仿真器的电源。

(3)运行 Keil μVision2 开发环境，建立工程"Infra_Red_c. uV2"，CPU 为 AT89S51，包含启动文件"STARTUP. A51"。

(4)按照实验功能要求创建源程序"Infra_Red. c"，将其加入到工程"Infra_Red_c. uV2"，并设置工程"Infra_Red_c. uV2"的属性，将其晶振频率设置为 11.0592MHz，选择输出可执行文件，DEBUG 方式选择"硬件 DEBUG"，并选择其中的"WAVE V series MCS51 Driver"仿真器。

(5)构造(Build)工程"Infra_Red_c. uV2"。如果编程有误，则进行修改，直至构造正确为止。

(6)运行程序，用物体遮挡住发射和接收之间的区域，观察发光二极管的变化是否符合要求，若不符合要求，分析原因，重复步骤(4)(5)。

4.20.7　实验作业

(1)查阅资料了解遥控器的原理，并自行设计红外遥控电路，实现红外遥控功能。
(2)了解红外对管在现实中的应用。

4.21　红外热释电实验

4.21.1　实验内容

本实验研究红外热释电传感器的原理和应用。红外热释电传感器感应到红外信号，经过专用芯片的处理后传递到微处理器，微处理器通过控制 LED 灯的亮灭直观地反应出来。

人体会发出波长 $10\mu m$ 左右的红外线，通过菲涅尔透镜增强后聚集到热释电元件上，使之失去电荷平衡，向外释放电荷，后续电路经检测处理就能产生输出信号，这就是红外热释电传感器的工作原理，如图 4.69 所示。

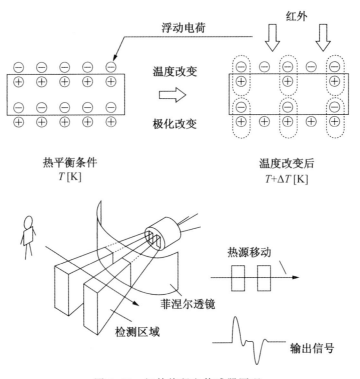

图 4.69　红外热释电传感器原理

　　热释电红外传感器和热电偶都是基于热电效应原理的热电型红外传感器。不同的是红外热释电传感器的热释电系数远远高于热电偶,为了抑制因自身温度变化而产生的干扰,该传感器在工艺上将两个特征一致的热释电元反向串联或接成差动平衡电路方式,因而能以非接触式检测出物体放出的红外线能量变化并将其转换为电信号输出。当有移动红外辐射源进入探测区域内时,其产生的红外辐射通过镜面聚焦并被热释电元接受,但是两片热释电元接收到的热量不同,热释电也不同,不能抵消,从而使传感器输出电压信号。

　　本实验的原理如图 4.70 所示。

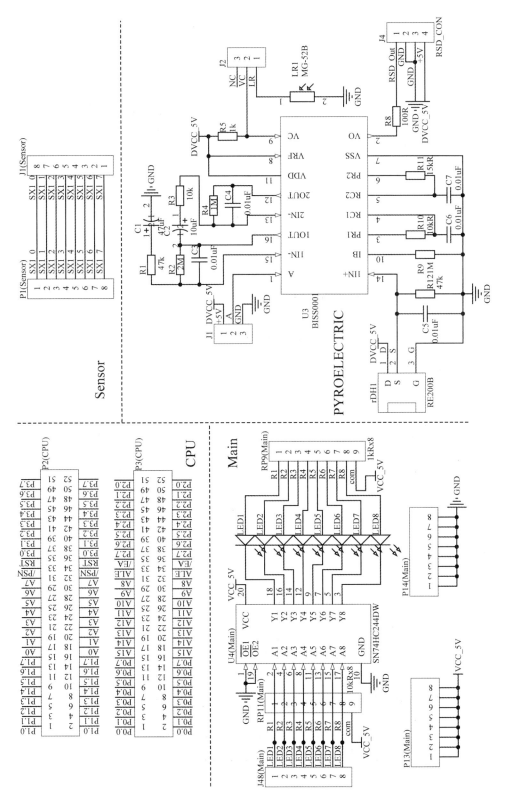

图4.70　红外热释电实验原理图

图 4.70 中右下角为热释电传感器电路模块的原理图。

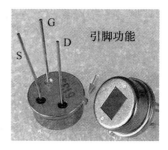

其中,RE200B 是一款常用的红外热释电传感器,其既有较高的灵敏度,能满足一般报警器或自动灯控装置应用的要求,又有较低的价格,因此被广泛采用。其引脚分布如图 4.71 所示。

BISS0001 为一款红外热释电专用集成芯片,可以用来感知热源运动并驱动电灯或警报器。

S 源极　D 漏极　G 地

图 4.71　RE200B 红外热释电传感器

BISS0001 的 1 号引脚 A 为可重复触发和不可重复触发选择端,当 A 为"1"时,允许重复触发;反之,不可重复触发。BISS0001 的 9 号引脚 VC 为触发禁止端。当 VC＜VR 时禁止触发;当 VC＞VR 时允许触发(VR≈0.2VDD)。通常 VC 接一光敏电阻(图中 LR1),当遮挡光敏电阻模拟黑夜时,光敏电阻阻值较大,VC 端电压较高,热释电传感器电路工作。如果光敏电阻在白天并且没有遮挡时,其电阻阻值较小,VC 端电压较低,热敏电阻禁止触发。

一般应用时应接选择可重复触发档。是否光感,则根据应用决定。当热释电传感器工作时,若有热源经过其探测区域时,OUT 将输出一段时间的高电平。

4.21.2　连线关系

将热释电模块电路板(PYROELECTRIC)的 J4 插针插到 Sensor 板子的传感器模块扩展区的 P1 上,管脚对应以及连接关系如表 4.28 所示。

表 4.28　　　　　　　　　红外热释电实验连接关系

线序号	线端 A 插接位置		线端 B 插接位置	
	开发板	端子	开发板	端子
	PYROELECTRIC	J4:5V	Sensor	P1:SX1_0
	PYROELECTRIC	J4:GND	Sensor	P1:SX1_1
	PYROELECTRIC	J4:GND	Sensor	P1:SX1_2
	PYROELECTRIC	J4:OUT	Sensor	P1:SX1_3
S1	Sensor	J1:SX1_0	MAIN_BOARD	P13:+5V
S2	Sensor	J1:SX1_1	MAIN_BOARD	P14:GND
S3	Sensor	J1:SX1_3	CPU_CORE_51	P2:P1.0
S4	MAIN_BOARD	J48:LED1	CPU_CORE_51	P2:P1.1
	PYROELECTRIC	J1:短路可重复触发		
	PYROELECTRIC	J2:短路不光感		

4.21.3 实验步骤

(1)关掉实验箱电源。将 CPU 板插接在 JK1,JK2 上。Sensor 扩展版插接在子板扩展区插槽上。按照表 4.28 将硬件连接好。

(2)在仿真器断电情况下将仿真器的仿真头插在 MCU 板的 CPU 插座上。将仿真器与 PC 机的通信口连接好,打开实验箱及仿真器的电源。

(3)运行 Keil μVision2 开发环境,建立工程建立工程"Pyroelectric. uV2",CPU 为 AT89S51,包含启动文件"STARTUP. A51"。

(4)按照实验功能要求创建源程序"Pyroelectric. c",将其加入到工程"Pyroelectric. uV2",并设置工程"Pyroelectric. uV2"的属性,将其晶振频率设置为 11.0592MHz,选择输出可执行文件,DEBUG 方式选择"硬件 DEBUG",并选择其中的"WAVE V series MCS51 Driver"仿真器。

(5)构造(Build)工程"Pyroelectric. uV2"。如果编程有误,则进行修改,直至构造正确为止。

(6)运行程序,若有人靠近 PYROELECTRIC 板,RE200B 红外热释电传感器会接收到来自人体的红外辐射,观察发光二极管的变化是否符合要求。

4.21.4 实验作业

查阅资料了解热释电传感器在现实生活中的应用。

4.22 超声波测距实验

4.22.1 实验内容

本实验研究超声波测距的基本原理和超声测距模块的使用方法。

超声波测距的基本原理是超声波发射器向某一方向发射超声波,在发射的同时开始计时,超声波在空气中传播,途中碰到障碍物就立即返回来,超声波接收器收到反射波就立即停止计时。超声波在空气中的传播速度为 340m/s,根据计时器记录的时间 t,就可以计算出发射点距障碍物的距离(s),即:$s=340t/2$。这就是所谓的时间差测距法。

本实验采用 HC-SR04 超声波测距模块,可提供 2cm~400cm 的非接触式距离感测功能,测距精度可达 3mm;模块包括超声波发射器、接收器与控制电路,能发出 40kHz 的超声波并接收回波进行放大、滤波、整形和处理,并输出一段持续时间与待测距离成正比的高电平。

HC-SR04 基本工作原理:

①采用 I/O 口 TRIG 出发测距,给至少 10μs 的高电平信号。

②模块自动发送 8 个 40kHz 的方波,自动检测是否有信号返回。

③有信号返回,通过 I/O 口 ECHO 输出一个高电平,高电平持续的时间就是超声波从发射到返回的时间。测试距离＝(高电平时间×声速)/2。

HC-SR04 引脚(见图 4.72)定义：

①VCC 为超声测距模块提供 5V 供电电源。

②TRIG 触发控制信号输入,高电平有效。

③ECHO 回声信号输出,输出一段时间的高电平。

④GND 地线接口。

电气参数如表 4.29 所示。

图 4.72　HC-SR04 引脚

表 4.29　　　　　　　　电气参数

电气参数	HC-SR04 超声波模块
工作电压	DC 5V
工作电流	15mA
工作频率	40Hz
最远射程	4m
最近射程	2cm
测量角度	15 度
输入触发信号	$10\mu s$ 的 TTL 脉冲
输出回声信号	输出 TTL 电平信号,与射程成比例
规格尺寸	$45mm \times 20mm \times 15mm$

HC-SR04 的工作时序如图 4.73 所示。

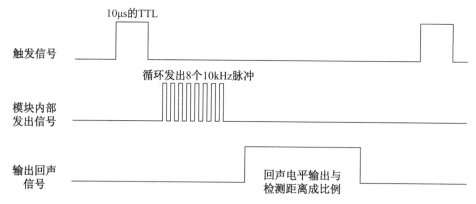

图 4.73　超声波模块 HC-SR04 的工作时序图

在模块 HC-SR04 的 TRIG 端输入 $10\mu s$ 的 TTL 高电平脉冲,模块将从发送器发出 8 个 10kHz 的超声波脉冲,同时在输出端 ECHO 输出高电平的脉冲,脉冲一直持续到收到回波为止,因此 ECHO 端的高电平脉冲宽度与检测距离成正比。

本实验的原理如图 4.74 所示。

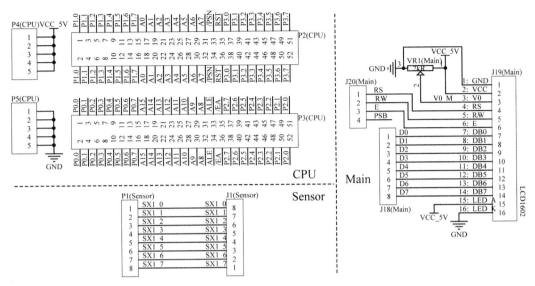

图 4.74　超声波测距实验原理图

4.22.2　连线关系

将超声波模块(HC-SR04)的 J1 插针插到 Sensor 板子的传感器模块扩展区的 P1 上，管脚对应以及连线关系如表 4.30 所示。

表 4.30　　　　　　　　　　超声波测距实验连接关系

线序号	线端 A 插接位置		线端 B 插接位置	
	开发板	端子	开发板	端子
	超声波模块	J1:VCC	Sensor	P1:SX1_0
	超声波模块	J1:TRIG	Sensor	P1:SX1_1
	超声波模块	J1:ECHO	Sensor	P1:SX1_2
	超声波模块	J1:GND	Sensor	P1:SX1_3
S1	CPU_CORE_51	P4:+5V	Sensor	J1:SX1_0
S2	CPU_CORE_51	P3:P2.6	Sensor	J1:SX1_1
S3	CPU_CORE_51	P3:P2.7	Sensor	J1:SX1_2
S4	CPU_CORE_51	P5:GND	Sensor	J1:SX1_3
S5	CPU_CORE_51	P2:P1.5	MAIN_BOARD	J20:E
S6	CPU_CORE_51	P2:P1.6	MAIN_BOARD	J20:RW
S7	CPU_CORE_51	P2:P1.7	MAIN_BOARD	J20:RS
P1	CPU_CORE_51	P3:P0.0~P0.7	MAIN_BOARD	J18:D0~D7

实验中应不要带电连接,否则会影响模块的正常工作;测距时,被测物体的面积不少于0.5平方米且平面尽量要求平整,否则影响测量的结果。

4.22.3　程序流程图(见图4.75)

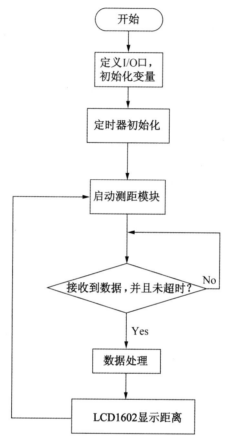

图4.75　超声波测距实验流程图

4.22.4　编程思路

用一个定时计数器 T0 进行定时中断,以限制超量程测量(如 4 米超声波回波时间应该是 23.5ms,超过这个时间属于超量程使用)。用另一个定时计数器 T1 进行计时(使其工作于方式1),当高电平到来时进行计时,高电平结束时关闭计时,读取计时时长,计算障碍物的距离并用 LCD1602 显示出来。一旦 T0 因超时进入中断,则本次测量结束,重新进行触发。

4.22.5　实验步骤

(1)关掉实验箱电源。将 CPU 板插接在 JK1,JK2 上。将 Sensor 插入子板扩展区,将超声波测距模块插入到 Sensor"传感器模块扩展区"。将 LCD1602 子板插接在主板的J19 上。按照表4.30 将硬件连接好。

（2）在仿真器断电情况下将仿真器的仿真头插在 CPU 板的 CPU 插座上。将仿真器与开发 PC 机的通信口连接好，打开实验箱及仿真器的电源。

（3）运行 Keil μVision2 开发环境，建立工程"UltraSonic_c. uV2"，CPU 为 AT89S51，包含启动文件"STARTUP. A51"。

（4）按照实验功能要求创建源程序"UltraSonic. c"，将其加入到工程"UltraSonic_c. uV2"，并设置工程"UltraSonic_c. uV2"的属性，将其晶振频率设置为 11.0592MHz，选择输出可执行文件，DEBUG 方式选择"硬件 DEBUG"，并选择其中的"WAVE V series MCS51 Driver"仿真器。

（5）构造（Build）工程"UltraSonic_c. uV2"。如果编程有误，则进行修改，直至构造正确为止。

（6）运行程序，观察结果否符合程序要求。若不符合，分析出错原因，继续重复步骤（4）（5），直至结果正确。

4.22.6　实验作业

（1）查阅资料了解超声测距的领用领域。
（2）查阅资料了解超声测距模块 HC-SR04 的电路原理

4.23　步进电机驱动实验

4.23.1　实验内容

本实验研究步进电机的原理和控制方法。

步进电机是将电脉冲信号转变为角位移或线位移的开环控制元步进电机件。在非超载的情况下，电机的转速、停止的位置只取决于脉冲信号的频率和脉冲数，而不受负载变化的影响。当驱动器接收到一个脉冲信号，它就驱动步进电机按设定的方向转动一个固定的角度，称为"步距角"，它的旋转是以固定的角度一步一步运行的。可以通过控制脉冲个数来控制角位移量，从而达到准确定位的目的；同时可以通过控制脉冲频率来控制电机转动的速度和加速度，从而达到调速的目的。

实验原理如图 4.76 所示。

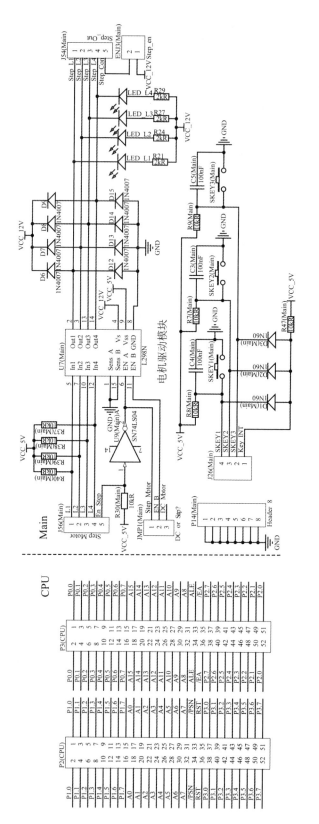

图4.76 步进电机驱动实验原理图

这里的步进电机驱动采用 L298N 芯片。L298N 是一种双 H 桥电机驱动芯片,其中每个 H 桥可以提供 2A 的电流,功率部分的供电电压范围是 2.5～48V,逻辑部分 5V 供电,接受 TTL 电平。

本实验箱中 L298N 即实现了步进电机驱动又实现了双路直流电机驱动。JMP1 用于选择驱动步进电机还是直流电机,本实验应选择步进电机。D6～D9,D12～D15 起负载泄流作用。LED_L1～LED_L4 用于节拍指示。

4.23.2　连线关系

本实验的连接关系如表 4.31 所示。

表 4.31　　　　　　　　　　　步进电机驱动实验连接关系

线序号	线端 A 插接位置		线端 B 插接位置	
	开发板	端子	开发板	端子
S1	MAIN_BOARD	J56(步进电机输入):L1	CPU_CORE_51	P2:P1.0
S2	MAIN_BOARD	J56(步进电机输入):L2	CPU_CORE_51	P2:P1.1
S3	MAIN_BOARD	J56(步进电机输入):L3	CPU_CORE_51	P2:P1.2
S4	MAIN_BOARD	J56(步进电机输入):L4	CPU_CORE_51	P2:P1.3
S5	MAIN_BOARD	J56(步进电机输入):En	MAIN_BOARD	P14:GND
S6	MAIN_BOARD	J26:SKEY1	CPU_CORE_51	P2:P3.5
S7	MAIN_BOARD	J26:SKEY2	CPU_CORE_51	P2:P3.6
S8	MAIN_BOARD	J26:SKEY3	CPU_CORE_51	P2:P3.7
	MAIN_BOARD	JMP1(DC or Step?)跳线选择 STEP		
	MAIN_BOARD	Step_en 用跳线帽短接		

4.23.3 程序流程图(见图 4.77)

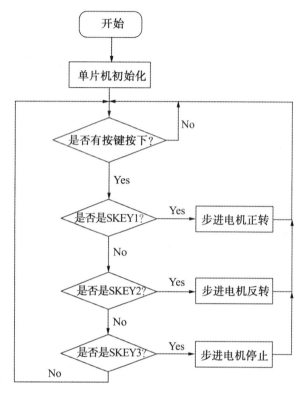

图 4.77 电机驱动实验流程图

4.23.4 编程思路

本实验箱采用的是 4 相 8 拍步进电机,驱动方式为 4 相 8 拍方式,各线圈通电顺序如表 4.32 所示。

表 4.32 各线圈通电顺序

拍	L4	L3	L2	L1	编码
1	0	0	0	1	01H
2	0	0	1	1	03H
3	0	0	1	0	02H
4	0	1	1	0	06H
5	0	1	0	0	04H
6	1	1	0	0	0CH
7	1	0	0	0	08H
8	1	0	0	1	09H

将编码按 1～8 拍的顺序赋给 P1,则电机正转;将编码按 8～1 拍的顺序赋给 P1,则电机反转。

4.23.5　实验步骤

(1)关掉实验箱电源。将 CPU 板插接在 JK1,JK2 上。按照表 4.31 将硬件连接好。

(2)在仿真器断电情况下将仿真器的仿真头插在 CPU 板的 CPU 插座上。将仿真器与 PC 机的通信口连接好,打开实验箱及仿真器的电源。

(3)运行 Keil μVision2 开发环境,建立工程"STEPMOTOR_c. uV2",CPU 为 AT89S51,包含启动文件"STARTUP. A51"。

(4)按照实验功能要求创建源程序"STEPMOTOR. c",将其加入到工程"STEPMO-TOR_c. uV2",并设置工程"STEPMOTOR_c. uV2"的属性,将其晶振频率设置为 11.0592MHz,选择输出可执行文件,DEBUG 方式选择"硬件 DEBUG",并选择其中的 "WAVE V series MCS51 Driver"仿真器。

(5)构造(Build)工程"STEPMOTOR_c. uV2"。如果编程有误,则进行修改,直至构造正确为止。

(6)运行程序,观察结果否符合程序要求。若不符合,分析出错原因,继续重复步骤 (4)(5),直至结果正确。

4.23.6　实验作业

(1)查阅资料了解步进电机的结构。
(2)尝试实现步进电机的速度控制。

4.24　直流电机调速及转速测量实验

4.24.1　实验内容

本实验研究直流电机驱动、PWM 电机调速及通过霍尔元件实现转速测量的原理。

脉冲宽度调制(PWM)是英文"Pulse Width Modulation"的缩写,简称脉宽调制。它是利用微处理器的数字输出来对模拟电路进行控制的一种非常有效的技术,广泛应用于测量,通信,功率控制与变换等许多领域。

PWM 基本原理是能量等效原理,即:能量(幅度时间图像形成的脉冲面积)相等而形状不同的窄脉冲(见图 4.78)加在具有惯性的环节(如电流驱动的电感性负载或电压驱动的电容性负载)上时,其效果基本相同。

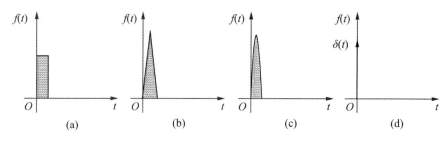

图 4.78　PWM 能量等效原理

　　由此可以推知,对于正弦信号,我们既可以用一系列宽度相同而幅度不同的脉冲信号来表示,也可以用一系列幅度相同而宽度不同的脉冲来表示(见图 4.79),并且在数字电路里,这种等幅度而不等宽度的脉冲信号更容易实现。这种利用脉冲宽度变化来表示不同信号强度的方法就是 PWM 技术。本实验中,利用这种技术实现直流电机的调速。当脉冲较宽时,能量较大,电机转速较快,反之,当脉冲较窄时,能量较小,电机转速较慢。

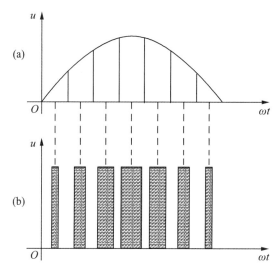

图 4.79　正弦信号的表示形式

4.24.2　实验原理

本实验的原理如图 4.80 所示。

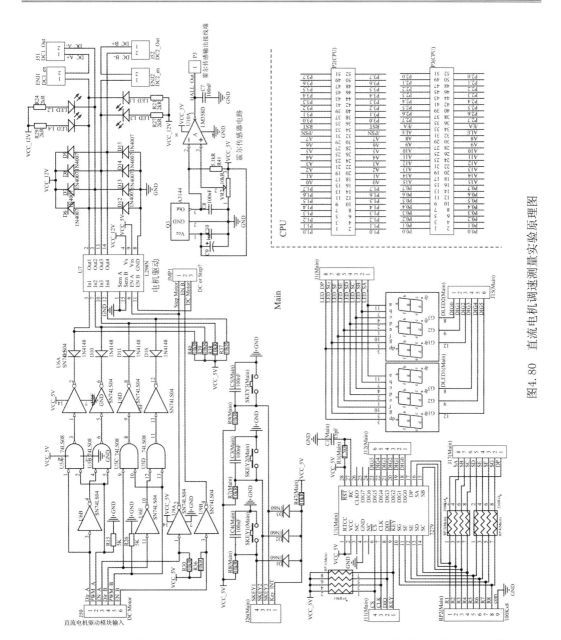

图 4.80　直流电机调速测量实验原理图

　　图中包含了直流电机驱动 L298N 电路(包含方向控制逻辑电路、电机泄流电路、驱动指示电路)、霍尔传感器电路、7279 及 LED 数码管显示电路,以及 CPU 电路。

　　霍尔传感器是根据霍尔效应制作的一种磁场传感器。当霍尔传感器上有磁场穿过时,霍尔传感器可以输出高电平信号。我们在直流电机上安装亚克力圆片,圆片上嵌有一个小磁铁,圆片下方为霍尔传感器。这样,在电机转动过程中,每当小磁铁经过霍尔传感器上方时,霍尔传感器模块会产生一个高电平脉冲,我们通过对霍尔传感器的输出脉冲进行计数,即可实现直流电机的转速测量。

4. 24. 3 连线关系

本实验的接插件连接关系如表 4.33 所示。

表 4.33　　　　　　　　　直流电机调速及转速测量实验连接关系

线序号	线端 A 插接位置		线端 B 插接位置	
	开发板	端子	开发板	端子
S1	MAIN_BOARD	J50：Dir_A	CPU_CORE_51	P3：A8
S2	MAIN_BOARD	J50：PWM_A	CPU_CORE_51	P3：A9
S3	MAIN_BOARD	J50：EN_A	CPU_CORE_51	P3：A10
S4	MAIN_BOARD	JMP1(DC or STEP?)跳线选择 DC		
S5	MAIN_BOARD	DC1_EN 用跳线帽短接		
S6	MAIN_BOARD	P3：HALL_Out	CPU_51	P2：P3.5
S7	MAIN_BOARD	J11：CS	CPU_51	P2：P1.7
S8	MAIN_BOARD	J11：CLK	CPU_51	P2：P1.6
S9	MAIN_BOARD	J11：DO	CPU_51	P2：P1.5
S10	MAIN_BOARD	J11：KEY	CPU_51	P2：P1.4
S11	MAIN_BOARD	J26：SKEY1	CPU_51	P2：P1.3
S12	MAIN_BOARD	J26：SKEY2	CPU_51	P2：P1.2
P1	MAIN_BOARD	J15：DIG0～DIG5	MAIN_BOARD	J12：DIG0～DIG5
P2	MAIN_BOARD	J1：LED_SA～LED_DP	MAIN_BOARD	J17：SA～DP

4. 24. 4　程序流程图（见图 4.81）

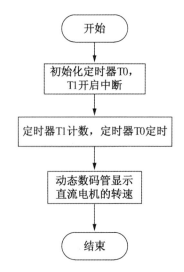

图 4.81　直流电机驱动及转速测量实验流程图

4.24.5　编程思路

将霍尔传感器的输出 P3 连接到 T1(P3.5),定时器 1 为霍尔传感器传出的脉冲计数,定时器 0 为定时中断。每隔一定时间定时器 0 溢出产生中断,读取 TH1、TL1 的值并输出。主程序控制电机转动。调节电位器 VR2 来调节霍尔传感器的灵敏度。利用数码管输出转速。

利用 SKEY1 实现电机加速,SKEY2 实现电机减速功能。

4.24.6　实验步骤

(1)关掉实验箱电源。将 CPU 板插接在 JK1,JK2 上。按照表 4.33 将硬件连接好。

(2)在仿真器断电情况下将仿真器的仿真头插在 CPU 板的 CPU 插座上。将仿真器与 PC 机的通信口连接好,打开实验箱及仿真器的电源。

(3)运行 Keil μVision2 开发环境,建立工程"MOTOR_c.uV2",CPU 为 AT89S51,包含启动文件"STARTUP.A51"。

(4)按照实验功能要求创建源程序"MOTOR.c",将其加入到工程"MOTOR_c.uV2",并设置工程"MOTOR_c.uV2"的属性,将其晶振频率设置为 11.0592MHz,选择输出可执行文件,DEBUG 方式选择"硬件 DEBUG",并选择其中的"WAVE V series MCS51 Driver"仿真器。

(5)构造(Build)工程"MOTOR_c.uV2"。如果编程有误,则进行修改,直至构造正确为止。

(6)运行程序,观察电机的转动是否符合程序要求。若不符合,分析出错原因,继续重复步骤(4)(5),直至结果正确。

第5章 系统综合实验

5.1 单片机应用系统设计流程简介

MCS-51 单片机应用系统的开发一般包含：系统需求调查、可行性分析、系统总体方案设计、系统硬件设计、系统软件设计、系统抗干扰设计、仿真调试—固化程序—脱机调试七个步骤。具体的开发流程如图 5.1 所示。

5.1.1 需求调查

这一步的任务就是了解用户的需求，包括用户目前遇到的困难，希望新系统完成哪些功能，新系统的外观要求、接口要求、工作环境、用户可接受的设备价格等因素，将这些用户需求都记录下来，写出需求调查报告，作为可行性调研的重要依据之一。

5.1.2 可行性分析

可行性分析包括市场可行性分析和技术可行性分析。

市场可行性分析，也就是市场调研的目的是了解市场上有没有同类产品，其市场占有情况怎样，将来的市场发展情况如何，新产品的市场价值如何，应该采取什么策略才能使新产品具有更强的市场竞争力。

技术可行性分析，也就是技术调研的目的是了解市场上有没有同类产品。如果有，其技术路线是怎样的，找出其中可以借鉴和改进的地方。如果没有，则进一步分析将来实现该系统时所牵扯的各个技术环节，从理论上探讨其实现过程中的重点环节有没有大的障碍，客观上是否具备开发该系统的必备条件（如开发环境、仪器设备、资金等），估计系统的开发成本，看成本能否控制在用户可以接受的价格范围之内，并留有合理的开发回报，即系统是否值得开发。

根据前面的市场调研和技术调研的情况写出可行性分析报告，决定项目是否立项。

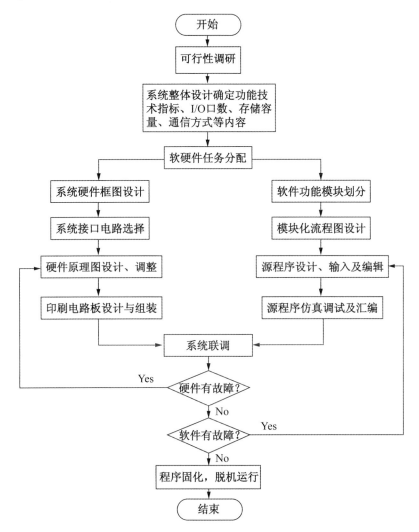

图 5.1 MCS-51 单片机应用系统的开发流程

5.1.3 总体方案设计

经过可行性分析认为技术和市场都是可行的产品将进入总体方案设计阶段。在对应用系统进行总体设计时,应根据应用系统提出的各项技术性能指标,拟订出性价比最高的一套方案。首先,应根据任务的繁杂程度和技术指标要求选择机型。选定机型后,再选择系统中要用到的其他外围元器件,如传感器、执行器件等。

这一阶段的工作包含总体框架规划、人员搭配和开发环境准备三个步骤。

框架规划:确定系统的整体框架结构,所采用的主要技术路线,确定 I/O 口数、存储容量、通信方式,明确系统的功能指标,分析估计系统开发各个环节的工作量及开发进度计划,确定开发条件(包括硬件、软件设备仪器,开发工作环境)要求。

人员搭配:根据整个系统的开发工作量,以及开发进度计划,确定软硬件开发队伍的人员构成,组成项目开发小组,并对组成人员进行分工,提出具体的工作任务书和目标责任书。

开发环境准备:准备开发工作场所,购买开发所用硬件设备仪器和有关软件,开始开发。

5.1.4　硬件设计

总体方案设计之后便要进行软硬件功能分配,确定哪些功能由硬件实现,哪些功能由软件实现。有些功能必须由硬件实现,如键盘接口、显示器接口、A/D、D/A 等;有些功能只能由软件实现,如点阵液晶显示器的驱动、大部分的通信编码,还有一些信号处理的算法等。而有些功能可能既可以用软件实现又可以用硬件实现,如 A/D 信号的滤波既可以在采样之前通过模拟滤波器预先经过滤波,将采集信号的带宽限制在有用范围之内,也可以不采用模拟滤波器,而是采用高速 A/D 先进行采样,变成数字信号之后,再利用软件方法设计数字信号滤波器进行滤波处理。前者的优势是后期软件处理简单,实现周期短,对处理器的要求也较低,但是硬件成本较高,比较适合于少量定制型产品的开发,而不适合于批量生产产品的开发。后者的优势是硬件成本较低,适合于批量生产的产品开发,但是软件开发复杂,对处理器的要求较高。因此,在进行具体的系统设计时,基本的原则是在 CPU 处理能力许可,开发周期也足够长的情况下,能用软件实现的就用软件实现。

软硬件功能划分之后就可以进行硬件详细设计和软件详细设计了。

硬件详细设计包含以下几个步骤:

(1)硬件模块划分:根据系统整体要求,将系统划分成多个功能相对独立的模块(如中央处理模块、系统扩展模块、信号测量模块、信号控制模块、人机接口模块、通信模块等),分别确定各自的功能框架结构、模块之间的接口约定。

(2)原理图设计:根据前面的功能划分情况,分别设计各个模块的具体硬件实现,包括器件的选择、原理电路图的设计,以及原理图的仿真测试。

(3)电路板设计:根据各个模块原理电路图的设计情况,以及各个功能模块的性质和接口连接情况,决定硬件电路板的分布情况,并设计系统电路板。

(4)电路板装配:根据电路板的设计情况,结合原理图的设计,列出所用元件,购买有关元件,等电路板印制完成后,装配有关元件。

(5)模块功能测试:电路板装配焊接好后,就可以采用标准测试信号,在有可能的情况下,测试各个功能模块的功能实现情况,必要时进行调整。各个模块基本测试通过后等待软件开发完成后,进行系统联调。

硬件设计时需注意以下几个问题:

(1)尽可能选用标准化、模块化、集成度高的典型电路,提高设计成功的可能性。集成度高的电路能够减少外围器件,提高系统的可靠性。

(2)系统设计时,在满足当前要求的前提下,要留有适当的扩展余地。包括存储空间要留有余地,电路板设计也不要太拥挤,要留有适当的过线孔,以备将来调整电路时,插接元器件方便,连接可靠。对于测试完全通过的系统,在系统定型时,可以在结构上稍微紧凑些。

(3)在技术成熟的前提下,尽可能地选用一些技术上更新、集成度更高、功能更强的芯片,而不要选用过时的器件。一方面方便系统设计,另一方面也能节省成本。

(4)在设计电路时,还要考虑系统各部分的驱动能力,输入、输出阻抗是否匹配,接地、安装、维修是否方便,以及抗干扰性能等有关细节。

5.1.5　软件设计

软件详细设计包含以下几个步骤:

(1)软件模块划分:根据系统整体功能要求,将系统软件划分成多个功能相对独立的模块(如中央处理模块、信号测量模块、信号控制模块、人机接口模块、通信模块等),分别确定各自的功能框架结构。根据硬件连接情况,确定各扩展器件的地址空间,合理分配系统的内存资源,约定模块之间的软件接口。

(2)流程图设计:根据前面的功能划分情况,分别设计各个模块的具体软件流程图。

(3)软件的输入、编辑和调试:根据前面的各个模块的流程图,分别设计各个模块的软件代码,输入、编辑并仿真测试各个模块代码的功能。若有问题,则及时调整,直到各个软件模块都能测试通过。

软件设计时需注意以下几个问题:

(1)尽可能选用标准化、成熟的软件代码,提高设计成功的可能性。

(2)模块划分时,各个模块要尽量独立,单个模块的功能也要尽量单一,即提高程序的结构化程度。

(3)模块间的接口定义在整个系统内要尽量唯一,接口占用的资源(RAM 单元)在整个系统内要尽量不被其他单元使用,减少模块间的相互干扰。

(4)软件模块内部所使用的公共寄存器(如 A、B、PSW、R0、R1 等)在使用前应该先加以保护,使用后再进行恢复,以免影响其他模块使用。

(5)软件模块代码前应该有该模块的功能描述、接口描述,甚至作者、修改时间等纪录。代码中,关键语句的功能也要有描述,所用变量的含义要有注释,以便其他人员阅读,也便于作者修改代码时参考。

(6)软件设计时,也要考虑软件的抗干扰性能,它是提高程序可靠性的有力保障(比如,软件陷阱及看门狗技术,数据采集时的多次采样技术等)。

5.1.6　仿真调试

单片机应用系统开发仿真环境如图 5.2 所示。

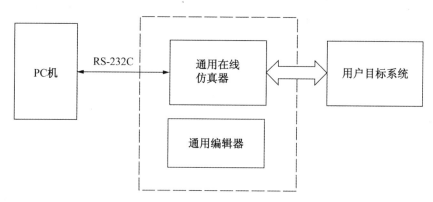

图 5.2 MCS-51 单片机应用系统开发环境

PC 机上运行单片机的仿真调试软件,如 μVision2 IDE,PC 机通过并行口、串行口或者 USB 口与仿真器相连,仿真器与用户目标系统板(简称"目标板")通过专用并行口或者 JTAG 接口相连。这样就构成了一个 MCS-51 单片机的硬件仿真调试环境,可以通过仿真软件对用户目标系统进行在线调试。

单片机系统的调试分为硬件调试、软件调试、系统联调和现场调试四个过程。四个过程的执行顺序如图 5.3 所示。

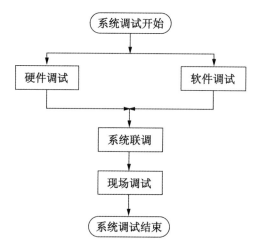

图 5.3 MCS-51 单片机应用系统调试步骤

(1)硬件调试

硬件调试的任务是排除系统的硬件电路故障,包括设计性错误和工艺性故障。单片机应用系统的硬件调试可以按以下几个步骤进行:

①静态调试:用户系统未工作时的测试,分为不加电状态下的目测、万用表测试,加电后的电压测试、典型信号测试。

②模块调试:编写专用的模块功能测试子程序,分别测试各个硬件模块的功能。若有问题,各个模块分别排除,各模块都测试通过后,再编写综合测试程序,测试所有模块的功能。

③联机调试：将系统软件加载，进行联机调试，检测系统功能是否正常。

④抗干扰测试：在系统联调通过后，模拟系统的实际工作环境，分别施加各种干扰信号，测试系统的抗干扰能力。

（2）软件调试

软件调试是利用开发工具进行在线仿真调试，除发现和解决程序错误外，也可以发现硬件故障。程序调试一般是一个模块一个模块地进行，一个子程序一个子程序地调试，最后联起来统调。因此，软件调试可以按以下几个步骤进行：

①分块调试：编写各个分块的程序，分别进行调试，调试时可以使用单步、设置断点等技术，逐步观察仿真环境下各个寄存器及程序状态字、地址指针等是否符合程序运行逻辑。若有问题及时调整。

②组合调试：根据模块间的关系，分别组合各个模块，检查联合工作时的参数传递是否正常、寄存器状态是否正常、程序运行是否无误。

③联机调试：将仿真调试无误后的程序加载到硬件板上，测试有关参数是否正常。联机调试时也可以分模块逐步加载，以便测试各个模块软件在系统中的运行情况。各个模块都正常后再将完整系统加载测试。

④抗干扰测试：模仿系统实际工作环境，进行抗干扰测试。若抗干扰性能不是很好，则尽量用软件抗干扰措施补救，实在不行时才考虑修改硬件。

5.2　电梯控制系统实验

5.2.1　实验内容

利用本实验箱的 MCU 子板、KEY&LED 子板、PIO 子板、Driver 子板共同实现电梯控制功能。要求：通过 KEY&LED 子板中的静态或动态 LED 指示当前楼层（楼层高度选定 6 层）和上升、下降状态；用 PIO 子板中的 LED 发光二极管和 DIP 开关作为楼层设定；用 KEY&LED 子板中的按键作为开门和关门按键；用 Driver 子板中的步进电机模拟电梯上升或下降动作。

5.2.2　实验功能要求

（1）基本功能要求

①能够设定楼层，并根据当前楼层状态自动决定电梯的上升与下降。

②当电梯到达指定楼层时，能够停止运行，并模拟开门指示灯亮。2 秒钟之后，开门指示灯灭，电梯根据设定继续运行。当没有其他楼层设定时，电梯停止运行。

③LED 能够自动显示当前所处的楼层。

④开门按键可以在电梯暂停期间延长停止与开门时间，关门按键可以立即关门。

（2）扩展功能要求

①电梯运行期间防止开门动作。

②模拟真实电梯运行过程。上升期间先把更高层的运行请求执行完毕,再执行下降动作。同样,下降期间,先把更低层的请求执行完毕,再执行上升动作。

③增加 Audio 子板,实现语音提示功能。

④增加红外传感器功能,防止电梯关门期间的夹人。

5.2.3　实验步骤

(1)根据单片机系统设计流程,进行需求分析,编写功能实现基本方案,设计出端口分配表、片外地址分配表。

(2)进行端口连线。

(3)编写程序。

(4)调试程序。

(5)记录系统运行结果。

5.3　程控函数发生器系统实验

5.3.1　实验内容

利用本实验箱的 MCU 子板、Key&LED 子板、AD&DA 子板、LCD 子板加 LCD 12864 模块实现程控函数发生器系统实验。要求:通过 AD&DA 子板中的并行或串行 A/D 实现方波、脉冲波、正弦波、三角波、锯齿波、梯形波等波形信号输出;用 KEY&LED 子板中的键盘选定输出波形,设定波形参数;用 LCD 12864 作为输入提示与输入结果指示。

5.3.2　实验功能要求

(1)基本功能要求

①各种波形频率在 20Hz 到 20kHz 之间可任意设定。

②脉冲波形占空比在 1% 至 99% 之间可以任意设定。

③锯齿波、梯形波的上升沿和下降沿都可以在单脉冲周期的 1% 至 99% 之间设定。

④单周期内信号样值不少于 10 个。

(2)扩展功能要求

①双通道同步输出两个信号的功能。

②利用波形发生器的 WAVE 子板产生某一频率的正弦波;利用 AD&DA 子板的 A/D 功能完成信号采集,完成同步方波转换,将该正弦波所对应的方波通过单片机的某 I/O 口输出,完成正弦波的过零检测功能,通过另一 I/O 口输出过零脉冲。

③分析②中所输入信号的频率及相位,对其进行倍频输出。

④对②中所输入信号进行 AM 调制,要求调制信号的频率为输入信号频率的 1/10,调制深度为 0.2。

5.3.3　实验步骤

(1)根据单片机系统设计流程,进行需求分析,编写功能实现基本方案,设计出端口分配表、片外地址分配表。

(2)进行端口连线。

(3)编写程序。

(4)调试程序。

(5)记录系统运行结果。

5.4　自动国旗升降系统实验

5.4.1　实验内容

利用本实验箱的 MCU 子板、Driver 子板、Audio 子板、LCD 子板加 LCD 12864 模块实现自动国旗升降系统实验。要求:通过 Driver 子板中的步进电机实现国旗升降;用 MCU 子板的 S1M0 按键作为国旗上升开始按键,S3M0 按键作为国旗下降按键,LED4M0 作为国旗上升过程指示灯(在国旗上升过程中点亮,上升结束后以及下降过程中,该指示灯都灭);用 Audio 子板中的 MP3 播放器播放国歌;用 LCD 12864 显示上升或下降过程,并用滑动条块指示升降行程。

5.4.2　实验功能要求

(1)基本功能要求

①按动升旗按键,电机正转,国歌奏响,国歌奏毕,电机停止,升旗结束。

②按动降旗按键,电机反转,反转行程和正转行程相同时,电机停止,降旗结束。

(2)扩展功能要求

①增加 KEY&LED 子板,实现手动输入或手动测量国旗行程,并根据行程结果以及国歌时间长度,自动计算电机转速,实现任意指定高度国旗均可做到曲终旗到顶。下降时,电机速度可以指定,但行程和上升期间相同。

②利用 LCD 显示当前行程,用数字百分比和条块同时指示。

5.4.3　实验步骤

(1)根据单片机系统设计流程,进行需求分析,编写功能实现基本方案,设计出端口分配表、片外地址分配表。

(2)进行端口连线。

(3)编写程序。

(4)调试程序。

(5)记录系统运行结果。

5.5　自动远程抄表系统实验

5.5.1　实验内容

利用本实验箱的 MCU 子板、LCD 子板加 LCD 12864 模块、Sensor 子板、Communication 子板实现自动远程抄表系统实验。要求：通过 Sensor 子板的温度传感器 DS18B20、湿度传感器 DHT11 测量室内温湿度。两台实验箱通过 Communication 子板的 485 总线相互连接，利用 LCD 子板加 LCD 12864 模块显示本机和对方的温湿度值。

5.5.2　实验功能要求

(1)基本功能要求

①正常测量本地温湿度，并进行显示。

②利用 485 通信，设计通信协议，采集对方温湿度，并进行显示。

(2)扩展功能要求

①利用 PC 机 232 口，另外增加 232 转 485 模块，实现 PC 机采集多路实验箱的温湿度值。编写多机通信程序，利用 VB 编写上位机，实现多机数据实时显示，并通过图形方式显示各机温度曲线。

②采用 nRF2401 实现无线通信替代 485，重新进行实验，实现基本功能。

③利用 W5100 实现网络通信，实现基于网络的温湿度采集系统。

5.5.3　实验步骤

(1)根据单片机系统设计流程，进行需求分析，编写功能实现基本方案，设计出端口分配表、片外地址分配表。

(2)进行端口连线。

(3)编写程序。

(4)调试程序。

(5)记录系统运行结果。

参考文献

[1]王洪君.单片机原理及应用.济南:山东大学出版社,2009.

[2]彭伟.单片机 C 语言程序设计实训 100 例:基于 8051＋Proteus 仿真.北京:电子工业出版社,2009.

[3]胡启明.Proteus 从入门到精通 100 例.北京:电子工业出版社,2012.

[4]C51 系列微控制器的开发工具 uVision2 入门教程,http://www.elecfans.com.

[5]PROTEUS 中文教程,http://www.docin.com/p-117333229.html.

[6]PROTEUS 电子线路设计、制版与仿真培训完整版,www.plcworld.cn.

[7]各种元器件手册,http://www.alldatasheetcn.com.

图书在版编目(CIP)数据

单片机原理与应用实验教程/栗华主编. —2 版.
—济南:山东大学出版社,2015.8
高等学校电工电子基础实验系列教材/马传峰,王
洪君总主编
ISBN 978-7-5607-5262-4

Ⅰ. ①单… Ⅱ. ①栗… Ⅲ. ①单片微型计算机—高等
学校—教材 Ⅳ. ①TP368.1

中国版本图书馆 CIP 数据核字(2015)第 073535 号

责任策划:刘旭东
责任编辑:宋亚卿
封面设计:张 荔

出版发行:山东大学出版社
社 址:山东省济南市山大南路 20 号
邮 编:250100
电 话:市场部(0531)88364466
经 销:山东省新华书店
印 刷:泰安金彩印务有限公司
规 格:787 毫米×1092 毫米 1/16
20.5 印张 470 千字
版 次:2015 年 8 月第 2 版
印 次:2015 年 8 月第 2 次印刷
定 价:35.00 元